Luisa Becker-Ritterspach

CRISPR

Luisa Becker-Ritterspach

CRISPR

Genrevolution im Spannungsfeld einer Demokratie

Tectum Verlag

Luisa Becker-Ritterspach
CRISPR
Genrevolution im Spannungsfeld einer Demokratie

ISBN 978-3-8288-4688-3
ePDF 978-3-8288-7771-9
ePub 978-3-8288-7785-6

Umschlaggestaltung: Tectum Verlag, unter Verwendung des Bildes
1088441195 von FlashMovie | www.shutterstock.de

Gesamtverantwortung für Druck und Herstellung:
Nomos Verlagsgesellschaft mbH & Co. KG
Printed in Germany

Besuchen Sie uns im Internet
www.tectum-verlag.de

Bibliografische Informationen der Deutschen Nationalbibliothek

Die Deutsche Nationalbibliothek verzeichnet diese Publikation
in der Deutschen Nationalbibliografie; detaillierte bibliografische
Angaben sind im Internet über http://dnb.d-nb.de abrufbar.

Vorwort

2016 stieß ich zum ersten Mal auf das neue gentechnische Verfahren CRISPR/Cas9 als ich eine Rede für Bundestagspräsident Prof. Dr. Norbert Lammert zu der Thematik vorbereitete. Die hiermit verbundenen Recherchen eröffneten mir einen vertieften Einblick in diese bahnbrechende Technik. Zugleich wurde mir bewusst, dass das Thema in der öffentlichen Debatte kaum Niederschlag fand. Erst als der Nobelpreis für Chemie 2020 den Forscherinnen Jennifer Doudna und Emmanuelle Charpentier für die Entdeckung des auf *genome editing* CRISPR/Cas9 Systems verliehen wurde, führte dies einer breiten Öffentlichkeit die Bedeutung dieses Verfahrens vor Augen. Noch im gleichen Jahr gelang es mit einer ähnlichen Technik auf der Basis von Messenger-RNA (mRNA) die Impfstoffe der Firmen Biontech/Pfizer und Moderna gegen das Virus Covid-19 zu entwickeln. Damit rückte das Thema gentechnischer Veränderungen im Erbgut von Organismen in das Bewusstsein der Bevölkerung. Gerade die Frage, ob der Impfstoff zu Veränderungen im Erbgut führen könnte, wurde in den Medien und der Öffentlichkeit mit Sorge diskutiert. Auch wenn dies durch eine Impfung mittels eines mRNA-Impfstoffes wohl eher unwahrscheinlich ist, wurde die Frage nach genetischen Veränderungen am menschlichen Erbgut erstmals seit der Geburt der mit Hilfe von CRISPR/Cas9 genmanipulierten Zwillinge in China wieder breiter öffentlich diskutiert. Daraus entstand meine Absicht, der Frage der gesellschaftlichen Beteiligung in Politik, Wissenschaft, Wirtschaft und Bürgerengagement nachzugehen.

Meine Dissertation fokussierte sich bereits auf die Fragestellung, wie wir als Gesellschaft mit komplexen Projekten umgehen, die höchst umstritten sind und daher gar nicht oder sehr verzögert geregelt werden. Ob und wie beispielsweise ein Flughafenprojekt, das umweltpolitisch umfangreiche Einschränkungen mit sich bringt, gebaut wird oder ob eine neue Technik wie CRISPR, die unseren genetischen Code für immer verändern könnte, genutzt werden kann, bedarf eines breiten gesellschaftlichen Dialogs, um zu tragfähigen rechtlichen Lösungen zu gelangen. Politik tut sich schwer, solche Themen aufzunehmen oder sie regelt sie im Zuge langer Klagewege, die durch einzelne Interessengruppen angestrengt werden. So kann der *Volonté générale*, das Gemeinwohl nicht verlässliche Geltung erlangen.

Bei der folgenden vertiefenden Recherche konnte ich verfolgen, wie sich Politik, Wissenschaft und Öffentlichkeit überhaupt mit dem Thema CRISPR befassten oder eben auch nicht oder zumindest nicht in angemessener Tiefe. Bei meinen Nachforschungen konzentrierte ich mich vor allem auf Bundestags- und Ausschussprotokolle, Zeitungen und Zeitschriften sowie Konferenzen, um einen Überblick zu gewinnen, welchen Stellenwert CRISPR in der bundesdeutschen Politik hat. Mir fiel auf, dass vorrangig von allen Beteiligten eine Debatte um die ethischen Konsequenzen dieser Technik gefordert wurde, um zu regeln, wie weit diese Technik künftig genutzt werden sollte. Die zentrale Frage war allerdings, was wirklich von den verschiedenen Seiten getan wurde, um die Debatte zu stärken und wie diese Debatte überhaupt aussehen sollte.

Dieses Buch leistet in erster Linie einen Beitrag, um einen besseren Überblick über die Standpunkte der verschiedenen Stakeholder zu finden. Zugleich wird ein Ausblick gegeben, wie dieses Thema abseits von Gerichten in einem öffentlichen Dialog geregelt werden könnte und wie die Gesellschaft bei ethisch konfliktreichen Themen beteiligt werden könnte.

Demokratie in Deutschland ist vor allem ein Weg des Aushandelns von Entscheidungen durch die gewählten Parteien im Parlament. Die Bürger nehmen an diesen Entscheidungen nur indirekt durch Wahlen teil. Diese Form der Beteiligung empfinden viele Bürger als unbefriedigend. Sie fühlen sich bei sie betreffende Themen häufig von ihren Interessenvertretern nicht ausreichend repräsentiert. Seit Jahren geistert das Wort Politikverdrossenheit durch die Medien, die diese Situation umschreiben soll. Ich würde dies eher als politische Beteiligungsverdrossenheit bezeichnen. Befragungen und auch die wachsende Mitgliedsstärke von Umweltverbänden zeigen, dass die Menschen durchaus Interesse an Politik haben. Sie suchen nur neue Wege, wie sie sich an Entscheidungen beteiligen können. Da aber Umweltverbände und Bürgerinitiativen nur bedingt Einfluss auf politische Entscheidungen haben, nutzen sie den Klageweg vor Gericht, um ihre Interessen durchzusetzen. Dieser Schritt ist zwar legitim und doch schwächt er die Demokratie. Damit politische Entscheidungen nicht von Gerichten entschieden werden, bedarf es neuer Möglichkeiten zur Beteiligung und Mitsprache im politischen Prozess. Welche Möglichkeiten die verschiedenen Parteien hierzu anbieten, wird in diesem Buch in Hinblick auf die neue Gentechnologie CRISPR aufgezeigt und diskutiert.

Bei der Bearbeitung stand im Vordergrund, die Nachverfolgung der Befassung mit dem Thema und die hiermit verbundenen Entscheidungswege chronologisch sichtbar zu machen. In diesem Sinne kann dies Buch als Nachschlagwerk für den fachlich interessierten Leser aber auch für politische Amtsträger dienen, um den Prozess der politischen Diskussion zurückverfolgen zu können.

Mein Dank gilt im Besonderen meinem Vater, der mir mit seinem Rat und seinen Korrekturlesungen laufend geholfen hat. Nicht zuletzt möchte ich meinen Kindern danken, die auch während CORONA und Homeschooling, mit ihrer Geduld mir die Möglichkeit gegeben haben, das Buch fertigzustellen.

Inhaltsverzeichnis

Abkürzungsverzeichnis XVII

Begriffserläuterungen XXI

1 Problemstellung 1

2 CRISPR/Cas9 – Einführung 7

3 Aktuelle Gesetzeslage 11

3.1 Grundrechtscharta der Europäischen Union 11

3.2 Embryonenschutzgesetz 12

3.3 Gendiagnostikgesetz 13

3.4 International – Cartagena-Protokoll 14

3.5 Gentechnikgesetz 14

3.6 Deutsches Gentechnikgesetz 15

3.7 Europäisches Gentechnikgesetz 15

3.8 EuGH-Urteil zu CRISPR 25. Juli 2018 16

3.9 Verordnung des Europäischen Parlaments und des Rates vom 15. Juli 2020 ... 17

4 Positionen und Handlungsspielräume der relevanten Akteure 19

4.1 Bundesregierung, Bundesministerien und Bundesämter 20

4.1.1 BMEL-Gesetzentwurf zur Änderung des Gentechnikgesetzes 21

4.1.1.1 Das Innovationsprinzip 22

4.1.2 Koalitionsvertrag 2018 27

4.1.3 EuGH-Urteil 25. Juli 2018 28

4.1.4 Gene Drives ... 29
4.1.5 Somatische Therapie und Eingriff in die Keimbahnzelle ... 32
4.1.6 Deutscher Ethikrat zu CRISPR ... 38
4.1.6.1 Ad-hoc Empfehlung 2017 ... 39
4.1.6.2 Trilaterales Treffen ... 40
4.1.6.3 Geburt der Zwillinge in China ... 40
4.1.6.4 Stellungnahme des Ethikrats am 9. Mai 2019 ... 41
4.1.7 Bioökonomierat zu CRISPR ... 43
4.1.7.1 Stellungnahme Bioökonomierat 2019 ... 43

4.2 Positionen und Handlungsspielraume der Bund/Länder-Arbeitsgemeinschaft Gentechnik ... 47

4.3 Positionen und Handlungsspielräume des Bundestages ... 48
4.3.1 CDU/CSU-Fraktion ... 55
4.3.1.1 Grünen-Antrag 30. September 2015 ... 56
4.3.1.2 Grünen-Antrag 19. Oktober 2016 ... 57
4.3.1.3 BMEL-Gesetzentwurf zur Änderung des Gentechnikgesetzes ... 58
4.3.1.4 Der TA-Bericht ... 58
4.3.1.5 SPD-Gesetzentwurf zur Änderung des Gentechnikgesetzes 24. Oktober 2017 ... 59
4.3.1.6 EuGH-Urteil zu CRISPR 25. Juli 2018 ... 59
4.3.1.7 FDP-Antrag 23. November 2018 ... 60
4.3.1.8 Geburt genmanipulierter Zwillinge in China 29. November 2018 ... 60
4.3.1.9 Grünen-Antrag 10. April 2019 ... 61
4.3.1.10 Grünen-Antrag 8. Mai 2019 ... 61
4.3.1.11 Stellungnahme Deutscher Ethikrat 9. Mai 2019 ... 62
4.3.1.12 FDP-Antrag 14. Mai 2019 ... 63
4.3.1.13 Grünen- Antrag 10. September 2019 ... 63
4.3.1.14 Grünen- Antrag 10. Dezember 2019 ... 64
4.3.2 SPD-Fraktion ... 64
4.3.2.1 Grünen-Antrag 30. September 2015 ... 65
4.3.2.2 Grünen-Antrag 19. Oktober 2016 ... 65
4.3.2.3 BMEL-Gesetzentwurf zur Änderung des Gentechnikgesetzes ... 66
4.3.2.4 TA-Bericht ... 66
4.3.2.5 SPD-Gesetzentwurf zur Änderung Gentechnikgesetzes 24. Oktober 2017 ... 67

4.3.2.6 EuGH-Urteil zu CRISPR 25. Juli 2018 ... 67
4.3.2.7 FDP-Antrag 23. November 2018 ... 68
4.3.2.8 Geburt der genmanipulierten Zwillinge in China 29. November 2018 ... 69
4.3.2.9 Grünen-Antrag 10. April 2019 ... 69
4.3.2.10 Grünen-Antrag 8. Mai 2019 ... 70
4.3.2.11 Stellungnahme Deutscher Ethikrat 9. Mai 2019 ... 70
4.3.2.12 FDP-Antrag 14. Mai 2019 ... 70
4.3.2.13 Grünen-Antrag 10. September 2019 ... 71
4.3.3 AfD-Fraktion ... 72
4.3.3.1 SPD-Gesetzentwurf zur Änderung des Gentechnikgesetzes 24. Oktober 2017 ... 72
4.3.3.2 EuGH-Urteil zu CRISPR 25. Juli 2018 ... 72
4.3.3.3 FDP-Antrag 23. November 2018 ... 73
4.3.3.4 Geburt genmanipulierter Zwillinge in China 29. November 2018 ... 73
4.3.3.5 Grünen-Antrag 10. April 2019 ... 74
4.3.3.6 Grünen-Antrag 8. Mai 2019 ... 74
4.3.3.7 Stellungnahme Deutscher Ethikrat 9. Mai 2019 ... 75
4.3.3.8 FDP-Antrag 14. Mai 2019 ... 75
4.3.3.9 Grünen Antrag 10. September 2019 ... 75
4.3.4 FDP-Fraktion ... 76
4.3.4.1 SPD-Gesetzentwurf zur Änderung des Gentechnikgesetzes 24. Oktober 2017 ... 76
4.3.4.2 EuGH-Urteil zu CRISPR 25. Juli 2018 ... 77
4.3.4.3 FDP-Antrag 23. November 2018 ... 77
4.3.4.4 Geburt der genmanipulierten Zwillinge in China 29. November 2018 ... 78
4.3.4.5 Grünen-Antrag 10. April 2019 ... 79
4.3.4.6 Grünen-Antrag 8. Mai 2019 ... 79
4.3.4.7 Stellungnahme Deutscher Ethikrat 9. Mai 2019 ... 80
4.3.4.8 FDP-Antrag 14. Mai 2019 ... 80
4.3.4.9 Grünen-Antrag 10. September 2019 ... 82
4.3.5 Fraktion DIE LINKE ... 83
4.3.5.1 Grünen Antrag 30. September 2015 ... 83
4.3.5.2 Grünen Antrag 19. Oktober 2016 ... 84
4.3.5.3 BMEL-Gesetzentwurf zur Änderung des Gentechnikgesetzes ... 84

4.3.5.4 TA-Bericht 85
4.3.5.5 SPD-Gesetzentwurf zur Änderung des Gentechnikgesetztes 24. Oktober 2017 85
4.3.5.6 EuGH-Urteil zu CRSIPR 25. Juli 2018 85
4.3.5.7 FDP-Antrag 23. November 2018 86
4.3.5.8 Geburt der genmanipulierten Zwillinge in China 29. November 2018 86
4.3.5.9 Grünen-Antrag 10. April 2019 86
4.3.5.10 Grünen-Antrag 8. Mai 2019 87
4.3.5.11 Stellungnahme Deutscher Ethikrat 9. Mai 2019 87
4.3.5.12 FDP-Antrag 14. Mai 2019 88
4.3.5.13 Grünen-Antrag 10. September 2019 88
4.3.6 BÜNDNIS 90/DIE GRÜNEN-Fraktion 89
4.3.6.1 Grünen-Antrag 30. September 2015 89
4.3.6.2 Grünen-Antrag 19. Oktober 2016 91
4.3.6.3 BMEL-Gesetzentwurf zur Änderung des Gentechnikgesetzes 93
4.3.6.4 TA-Bericht 94
4.3.6.5 SPD-Gesetzentwurf Änderung des Gentechnik-Gesetzes 24. Oktober 2017 94
4.3.6.6 EuGH-Urteil zu CRISPR 25. Juli2018 95
4.3.6.7 FDP-Antrag 23. November 2018 97
4.3.6.8 Geburt der genmanipulierten Zwillinge in China 29. November 2018 97
4.3.6.9 Grünen-Antrag 10. April 2019 98
4.3.6.10 Grünen-Antrag 8. Mai 2019 98
4.3.6.11 Stellungnahme Deutscher Ethikrat 9. Mai 2019 99
4.3.6.12 FDP-Antrag 14. Mai 2019 99
4.3.6.13 Grünen-Antrag 10. September 2019 100

4.4 Positionen und Handlungsspielräume des Bundesrates 101
4.4.1 Entwurf eines Gentechnikgesetzes des Bundesrates 101
4.4.2 Stellungnahme zum BMEL-Gesetzentwurf zur Änderung des Gentechnikgesetzes 102
4.4.3 Entwurf zur Änderung der Gentechniksicherheitsverordnung vom 7. Juni 2019 105

4.5 Positionen und Handlungsspielräume der Bundesparteien 108
4.5.1 CDU 108

4.5.1.1 Grundsatzprogramm 2007 109
4.5.1.2 Gesamtgesellschaftlicher Dialog 110
4.5.1.3 Bundesfachausschuss 110
4.5.1.4 Wahlprogramm Bundestagswahl 2017 111
4.5.1.5 Wahlprogramm Europawahl 2019 113
4.5.2 CSU 114
4.5.2.1 Grundsatzprogramm 2017 114
4.5.2.2 Gesamtgesellschaftlicher Dialog 115
4.5.2.3 Wahlprogramm Bundestagswahl 2017 115
4.5.3 SPD 116
4.5.3.1 Grundsatzprogramm 2007 116
4.5.3.2 Gesamtgesellschaftlicher Dialog 117
4.5.3.3 Regierungsprogramm 2017 117
4.5.3.4 Wahlprogramm Europawahl 2019 118
4.5.4 AfD 119
4.5.4.1 Grundsatzprogramm der AfD von 2016 119
4.5.4.2 Gesamtgesellschaftlichen Dialog 120
4.5.4.3 Wahlprogramm Bundestagswahl 2017 120
4.5.4.4 Wahlprogramm Europawahl 2019 120
4.5.5 FDP 121
4.5.5.1 Grundsatzprogramm 2012 121
4.5.5.2 Gesamtgesellschaftlicher Dialog 122
4.5.5.3 Wahlprogramm Bundestagswahl 2017 123
4.5.5.4 Bundesparteitag FDP 2018 123
4.5.5.5 Walprogramm Europawahl 2019 124
4.5.6 DIE LINKE 124
4.5.6.1 Grundsatzprogramm 2011 125
4.5.6.2 Gesamtgesellschaftlicher Dialog 126
4.5.6.3 Wahlprogramm Bundestagswahl 2017 126
4.5.6.4 Wahlprogramm Europawahl 2019 127
4.5.7 BÜNDNIS 90/DIE GRÜNEN 127
4.5.7.1 Grundsatzprogramm 2002 128
4.5.7.2 Wahlprogramm 2013 129
4.5.7.3 Position der Grünen zum gesamtgesellschaftlichen Dialog 129
4.5.7.4 Wahlprogramm 2017 130
4.5.7.5 Impulspapier 2018 130
4.5.7.6 Wahlprogramm Europawahl 2019 131

4.6 Positionen und Handlungsspielräume der Medien 132
4.6.1 BMEL-Gesetzentwurf zur Änderung des Gentechnikgesetzes 134
4.6.2 EuGH-Urteil Juni 2018 135
4.6.3 Geburt der genmanipulierten Zwillinge in China 29. November 2018 136
4.7 Positionen und Handlungsspielräume der Universitäten, Forschungsinstitute und unabhängigen Institute 137
4.7.1 Forschung an Embryonen April 2015 138
4.7.2 Keimbahneingriff 2017 138
4.7.3 Diskussionspapier der Leopoldina 2017 139
4.7.4 Geburt der Zwillinge in China 29. November 2018 140
4.7.5 Stellungnahme-des Ethikrats zu CRISPR 140
4.7.6 Internationales Moratorium 141
4.7.7 EuGH-Urteil Juni 2018 141
4.7.8 Maßnahmen für Öffentlichkeitsbeteiligung 143
4.8 Positionen und Handlungsspielräume der Umweltverbände 144
4.8.1 Dialogforum vom Bundeslandwirtschaftsministerium 146
4.8.2 BMEL-Gesetzentwurf zur Änderung des Gentechnikgesetzes 147
4.8.3 TA-Bericht (TAB) 148
4.8.4 SPD-Gesetzentwurf zur Änderung des Gentechnikgesetzes 24. Oktober 2017 149
4.8.5 Bericht zum Genome Editing des Bundesministeriums für Landwirtschaft und Ernährung 149
4.8.6 Koalitionsvertrag von SPD und CDU/CSU 2018 150
4.8.7 EuGH-Urteil zu CRISPR 2018 150
4.8.8 Geburt der genmanipulierten Zwillinge in China 29. November 2018 151
4.8.9 Antwort der Bundesregierung zur Forschungsförderung 20. Februar 2019 151
4.8.10 Europawahl 2019 152
4.8.11 Stellungnahme des Ethikrats zu CRISPR 9. Mai 2019 152
4.8.12 Novelle der Bundesregierung zur Gentechnik-Sicherheitsverordnung 153
4.8.13 Moratorium „Gene Drives“ 153
4.8.14 Verbraucherkonferenz Bundesinstitut für Risikoforschung 154
4.8.15 Brief an Landwirtschaftsministerin Julia Klöckner 21. Oktober 2019 154
4.8.16 Arbeitspapier der Brüsseler Generaldirektion Gesundheit und Lebensmittelsicherheit 154

4.8.17 Bericht des Instituts für unabhängige Folgenabschätzung in der Biotechnologie vom 18. November 2019 155
4.8.18 Bioökonomiestrategie Bundesregierung 20. Januar 2020 155

4.9 Positionen und Handlungsspielräume der Wirtschaft 156
4.9.1 Innovationsprinzip 157
4.9.2 Gentechnikrecht 158
4.9.3 EuGH-Urteil zu CRISPR 2018 158
4.9.4 Geburt der genmanipulierten Zwillinge in China 29. November 2018 .. 159
4.9.5 Stellungnahme des Ethikrats Mai 2019 160
4.9.6 Gesellschaftliche Debatte 160

5 Instrumente und Handlungsebenen und Ihrer Akteure zur Regulierung von CRISPR/CAS9 163

5.1 Nationale Ebene 163
5.1.1 Bundesregierung 163
5.1.1.1 Parlament 166
5.1.2 Bürgerbeteiligung 167

5.2 Europäische Ebene 170

5.3 Internationale Ebene 171
5.3.1 Internationale Forschungsgemeinschaft 172
5.3.2 Wirtschafts- und Umweltverbände und Stiftungen 173

6 Fazit 175

7 Literaturverzeichnis 179

7.1 Dokumente Online 179

7.2 Pressemitteilungen 196

7.3 Zeitschriften 198

7.4 Literatur allgemein 198

7.5 Medien 199

Abkürzungsverzeichnis

AbL	Arbeitsgemeinschaft bäuerliche Landwirtschaft
Acatech	Deutsche Akademie der Technikwissenschaften
AfD	Alternative für Deutschland
Agro-Gentechnik	
AMG	Arzneimittelgesetz
BFN	Bundesamt für Naturschutz
BfR	Bundesinstitut für Risikobewertung
BMBF	Bundesministerium für Bildung und Forschung
BMEL	Bundesministerium für Ernährung und Landwirtschaft
BMU	Bundesministerium für Umwelt, Naturschutz und nukleare Sicherheit
BÖLW	Bund Ökologische Lebensmittelwirtschaft
BUND	Bund für Umwelt und Naturschutz e.V.
BVL	Bundesamt für Verbraucherschutz und Lebensmittelsicherheit
BT	Bundestag
BR	Bundesrat
CBD	UN-Biodiversitätskonvention
CDU	Christlich Demokratische Union Deutschlands
CSU	Christlich Soziale Union Deutschlands
CRISPR	clustered regularly interspaced short palindromic repeats
DFG	Deutsche Forschungsgesellschaft
DIP	Dokumentations- und Informationssystem Deutscher Bundestag
DIY-Kit	Do it Yourself Kit für CRISPR/Cas9
EFSA	Europäische Behörde für Lebensmittelsicherheit
EG	Europäische Gemeinschaft

ENSSER	European Network of Scientists for Social and Environmental Responsibility
ESchG	Embryonenschutzgesetz
EU	Europäische Union
EuGH	Europäischer Gerichtshof
FLI	Friedrich-Löffler-Institut
FAZ	Frankfurter Allgemeine Zeitung
FDP	Freie Demokratische Partei (Freie Demokraten)
GG	Grundgesetz
GenTG	Gentechnikgesetz
GRCh	Grundrechtscharta
Guide RNA	Führungs-RNA
GVMO	gentechnisch veränderter Mikroorganismus
GVO	Gentechnisch veränderter Organismus
JKI	Julius-Kühn-Institut
KEF	Kommission für Ethik in der Forschung
IVF	In-Vitro-Fertilisation
LAG	Bund/Länder-Arbeitsgemeinschaft
MdB	Mitglied des Deutschen Bundestages
MdEP	Mitglied des Europäischen Parlaments
MPG	Max-Planck-Gesellschaft
MPG	Medizinproduktgesetz
MRI	Max-Rubner-Institut
NABU	Naturschutzbund Deutschland
NHEJ	Non-homologus end joining
NMT	Neue molekularbiologische Techniken
NT	Neue Techniken
ÖDP	Ökologisch-Demokratische Partei
ODM	Oligonukleotid gerichtete Mutagenese (Verfahren der Genom-Editierung)
PEI	Paul-Ehrlich-Institut
PID	Präimplementationsdiagnostik
RKI	Robert Koch-Institut

RNA	Ribonukleinsäure
SDG	Sustainable Development Goal
SPD	Sozial Demokratische Partei
Synbio	Synthetische Biologie
SZ	Süddeutsche Zeitung
TA-Bericht	Technikfolgeabschätzungsbericht des Deutschen Bundestages
TA-Swiss	Stiftung für Technologiefolgen-Abschätzung Schweiz
TAB	Büro für Technikfolgeabschätzung
TALEN	transcription activator-like effector nuclease
UN	United Nations
UNESCO	United Nations Educational, Scientific and Cultural Organization
WHO	World Health Organization
ZDF	Zweites Deutsches Fernsehen
ZKBS	Zentrale Kommission für die Biologische Sicherheit

Begriffserläuterungen

Biosecurity: Biosecurity bezeichnet Maßnahmen, die die unkontrollierte Verbreitung oder Einführung von gefährlichen Organismen im Menschen, in Tieren oder in der Natur verhindert.

Cas9: *„Cas9 ist ein Cas-Protein des Typ II CRISPR/Cas-Systems."*[1] Das Cas9 Protein wird im CRISPR-Verfahren auch als eigentliche Genschere bezeichnet.

Cartagena-Protokoll: Das Cartagena Protokoll bezeichnet das Internationale Protokoll für biologische Sicherheit. Seinen Namen verdankt es dem letzten Verhandlungsort Cartagena.

DNA: Desoxyribonukleinsäure umfasst das gesamte Erbgut eines Menschen.

Donor DNA: Ist eine Art externe Spender-DNA, die am Doppelstrangbruch der DNA eingefügt wird.

Enhancement: Verstärkung

Gene Drives: Gene Drives ist eine Methode zur beschleunigten Ausbreitung von Genen in Wildpopulationen- z.B. Mücken.

Gene Editing: Gene Editing ist ein allgemeiner Begriff für molekularbiologische Techniken zur zielgerichteten Veränderung von DNA von Menschen, Pflanzen und Tieren.

Gene knock in: Unter „Gene knock in" wird die Einfügung eines zuvor nicht vorhandenen Gens oder veränderten DNA-Sequenzen ins Genom verstanden.

Gene knockout: Unter Gene knockout wird die vollständige Abschaltung eines Gens im Genom verstanden.

---

1 Pflanzenforschung: Cas9, https://www.pflanzenforschung.de/de/pflanzenwissen/lexikon-a-z/cas9-10143, Stand: 20.03.2020.

Grüne Gentechnik: Unter Grüner Gentechnik wird die Nutzung von gentechnischen Verfahren in der Landwirtschaft verstanden.[2]

Herbizid tolerante Pflanzen: Herbizid tolerante Pflanzen sind Kulturpflanzen, die durch die Übertragung bestimmter Gene, die Anwendung von Unkrautvernichtern schadlos überstehen. In Europa sind keine herbizid- toleranten Pflanzen für den kommerziellen Anbau zugelassen.

Keimbahn: Die Keimbahn ist *„die Kette der Fortpflanzungszellen, die ununterbrochen durch die aufeinanderfolgenden Generationen zieht."*[3]

Molekularbiologie: Sie befasst sich mit dem Verständnis von Genen und Proteinen, mit der Verarbeitung und Weitergabe von Informationen in Lebewesen und den molekularen Erklärungen für biologische Vorgänge.[4]

Moratorium: Vereinbarung zwischen Gläubiger und Schuldner, die Zahlungen aufzuschieben

Mutageneseverfahren: Mutageneseverfahren bewirken ungerichtete Mutationen im Erbgut von Pflanzen.

Off-Target-Effekte: Zu Off-Target-Effekten kann es kommen, wenn die Genschere CRISPR/Cas9 nicht an der vorgesehenen Zielposition schneidet. Die Ursache für die ungewollte Veränderung am falschen Abschnitt wird darin gesehen, dass der Abschnitt nur wenige Basenpaare lang ist und eine große Ähnlichkeit mit der Zielregion aufweist.

ON-Target-Effekte: Unter einem On-Target-Effekt wird verstanden, *„dass CRISPR, statt eine spezifische Stelle des Gens zu verändern, seine Funktion reduziert oder ganz ausschaltet."*[5]

---

2 vgl. Bundesministerium für Ernährung und Landwirtschaft: Grüne Gentechnik, https://www.bmel.de/DE/themen/landwirtschaft/gruene-gentechnik/gruene-gentechnik_node.html, Stand: 03.04.2020.

3 Houillon 1969, S. 1.

4 vgl. Universität Bielefeld: Molekularbiologie, https://www.uni-bielefeld.de/fakultaeten/biologie/studium/studiengaenge/bachelor/molekularbiologie/, Stand: 20.03.2020.

5 MTA Dialog: Hat Genschere CRISPR-Cas9 auch Nebenwirkungen?. 20.05.2020, https://www.mta-dialog.de/artikel/hat-genschere-crispr-cas9-auch-nebenwirkungen.html, Stand: 20.08.2020.

Optogenetik: Optogenetik erlaubt Forschern mit Hilfe von optischen Technologien und Genetik (Licht gesteuerten Ionenkanals, Channelrhodopsin 2 (ChR2), und der durch Licht getriebenen Cl-Pumpe Halorhodopsin (NphR)) die Aktivität von Nervenzellen extrem präzise zu stimulieren und zu deaktivieren.[6]

Opt-out-Richtlinie: Die Opt-out-Richtlinie ermöglicht EU-Mitgliedstaaten auf ihrem Territorium zugelassene EU-weit gentechnisch veränderte Pflanzen zu verbieten.

Rote Gentechnik: Sie befasst sich mit der Veränderung und Entschlüsselung von Erbmaterial in der Medizin und biomedizinischen Forschung. Dazu gehören zum Beispiel gentechnisch hergestellte Medikamente, Gentests oder Gentherapien am Menschen.

Somatische Gentherapie: Unter Somatischer Gentherapie wird die Veränderung des Genoms von Körperzellen eines geborenen Menschen verstanden, die zum Ziel hat, genetisch bedingte Erkrankungen zu lindern oder zu heilen.[7]

Synthetische Biologie: Synthetische Biologie vereint Elemente der Molekularbiologie, der Biotechnologie, der Organischen Chemie, der Ingenieurwissenschaften und der Informationstechnologie. Dabei ist es ihr Ziel, biologische Systeme so gut zu verstehen, dass sie nachgebaut und mit weiteren Eigenschaften ausgestattet werden können, die so in der Natur nicht vorkommen.[8]

Weiße Gentechnik: Weiße Gentechnik befasst sich mit der Veränderung von Mikroorganismen, Zellkulturen oder Enzymen, um diese in der industriellen Verarbeitung zu nutzen – zum Beispiel zur Herstellung von Biogas.

---

6 vgl. Max-Planck-Gesellschaft: Optogenetik: Die molekularen Grundlagen und Anwendungen. 2020, https://www.mpg.de/optogenetik-grundlagen-anwendung, Stand: 12.08.2020.

7 vgl. Zellux: Somatische Gentherapie, https://zellux.net/m.php?sid=264#:~:text=Somatische%20Gentherapie%20bezeichnet%20Methoden%2C%20die,bedingter%20Erkrankungen%20zum%20Ziel%20haben, 20.09.2020.

8 vgl. Max-Planck-Gesellschaft: Synthetische Biologie – Leben aus dem Baukasten?, https://www.mpg.de/themenportal/synthetische-biologie, Stand: 20.8.2020.

1 Problemstellung

Als die Biochemikerinnen Jennifer Doudna und Emmanuelle Charpentier 2012 die Genom-Editierung mit Hilfe von CRISPR/Cas9 (CRISPR) in der Fachzeitschrift Science publizierten, konnten sie erahnen, dass sie damit nicht weniger als eine Genrevolution auslösen würden.[9,10] CRISPR, das wie eine weitere neue Müslisorte klingt, ist in der Lage, Genabschnitte im Menschen, in Tieren und Pflanzen, präzise zu schneiden und zu verändern. Damit können genetische Krankheiten geheilt, Pandemien ausgerottet und Pflanzen resistenter gemacht werden. Das klingt faszinierend und fast wie ein Allheilmittel für die Welt. Dennoch warnen sogar die Entdeckerinnen vor den Konsequenzen dieser mächtigen Technik und fordern eine weltweite öffentliche Debatte, wie und ob wir CRISPR überhaupt nutzen sollten. Warum? Wie fast jede neue Technik, bringt CRISPR ebenso Chancen wie Risiken mit sich. Mit Blick auf die aktuelle Pandemie des SARS-Virus COVID-19 lässt sich das gut veranschaulichen. Die CRISPR-Technik wird hier eingesetzt, um Schnelltests sicher zu entwickeln. Sie spielt ebenso eine Rolle bei der Entwicklung eines Impfstoffs und eines antiviralen Mittels gegen die Pandemie. Das zeigt die Chancen dieser Technik und den Grund, warum CRISPR von Bill Gates 2018 als die wichtigste Technologie des 21. Jahrhunderts bezeichnet wurde.[11]

Ebenso lassen sich aber auch mit Hilfe von CRISPR im Labor Viren nach Spezifikationen planen und züchten. Damit können ausgewählte Attribute eines Virus, die für die Auslösung einer Pandemie verantwortlich sind, verstärkt werden. Bereits 2012 gab es in den Niederlan-

---

9 Doudna, J. A.; Charpentier, E. et al.: A Programmable Dual-RNA–Guided DNA Endonuclease in Adaptive Bacterial Immunity. In: Science Vol. 337, Issue 6096. 2012, S. 816–821.

10 2020 erhalten Jennifer Doudna und Emmanuelle Charpentier den Nobelpreis für Chemie.

11 vgl. Gates, B.: What I learned at work this year. 2018, http://www.gatesnotes.com/About-Bill-Gates/Year-in-Review-2018, Stand: 29.12.2018.

den und auch später im deutschen Bundestag eine Debatte über die Gefahr, die von der Veröffentlichung von Forschungsergebnissen zu veränderten Vogelgrippe-Viren ausgehen könnte. Die aktuelle Pandemie (COVID-19, 2020) zeigt die Bedeutung dieses gentechnischen Werkzeugs auf. Entscheidend und nicht zu vergessen ist, dass die eigentliche CRISPR-Debatte um die Frage des Für und Wider der Intervention an der menschlichen Keimbahn kreist, also darum, wo entschieden wird, wer und was wir sind. Darf die menschliche Keimbahn überhaupt verändert werden und wenn ja, zu welchem Zweck? Welche Eingriffe lassen sich aus gesundheitlichen Gründen möglicherweise rechtfertigen und welche nicht? Die Vorstellung der Erzeugung eines genetisch perfekten Menschen mittels CRISPR rüttelt an den Grundfesten des europäischen Wertesystems und unserer Grundordnung, die die Würde des Menschen in den Mittelpunkt stellt. Doch es stellt sich die Frage, ob sich Deutschland auf die Sorge vor dem perfekten Designerbaby zurückziehen kann. Verpasst Deutschland damit eine medizinische Revolution, die zum Verschwinden einer Vielzahl von Krankheiten beitragen könnte? Oder greift die Logik des Heilens zu kurz, wie Habermas schon bei der gentechnischen Debatte über die PID 2001 konstatierte.[12]

Wie mit der Technik umzugehen ist, lässt sich also nicht ganz so leicht beantworten, wie zunächst angenommen – eine breite öffentliche Debatte über die Risiken und Chancen ist mehr als geboten, um Regeln für die Anwendung dieser Technik aufstellen zu können.

Für eine Debatte ist es aber notwendig, dass das Thema auch in der Gesellschaft bekannt ist und hinreichend verstanden wird. Das Bundesinstitut für Risikobewertung führt regelmäßig repräsentative Umfragen zum Bekanntheitsgrad von Gesundheits- und Verbraucherthemen durch, die seit 2017 auch Gene Editing erfassen. Auffällig ist bei den Ergebnissen der Erhebungen, dass das Thema Gene Editing einen geringen Bekanntheitsgrad aufweist und dieser sich seit 2017 auch nicht deutlich verändert hat – er liegt zwischen 12 und 14%.

12 vgl. Habermas 2001, S. 36.

Die jüngste Umfrage von 2019 kommt auf 13%.[13] Ein Austausch zwischen Gesellschaft und Wissenschaft lässt sich damit schwer behaupten, wenn 87% der Bevölkerung das Thema überhaupt nicht bekannt ist.

Warum ist das Thema in der Gesellschaft nicht angekommen? Wie kann eine solche Debatte gestaltet werden? Wer organisiert sie? Wer nimmt an ihr teil? Auf welcher Handlungsebene sollten Regelungen festgelegt werden?

Der deutsche Ethikrat hat sich der Sache bereits früh angenommen und forderte in seiner Ad-Hoc-Empfehlung 2017 eine internationale Regulierung. Die Bundesregierung hat auf nationaler Ebene 2016 einen Dialogprozess gestartet, der einen transparenten Austausch zwischen Gesellschaft und Wissenschaft anregen soll, doch was das konkret bedeutet, wird nicht ganz klar. So heißt es im Bereich der CRISPR/Pflanzenforschung etwas schwammig zum Dialog des Bundesministeriums für Landwirtschaft: *„die Ergebnisse des Dialogprozesses sollen auch in die Kommunikation der EU-Kommission mit Mitgliedsstaaten und Interessensvertreter/innen einfließen.*“[14] Auf europäischer Ebene wurden auch erste Fakten geschaffen, das allerdings ohne Dialog, nämlich vor Gericht. Im Juni 2018 hat der Europäische Gerichtshof ein Urteil gesprochen, das die Grundlagenforschung von CRISPR in Deutschland deutlich einschränken könnte.[15] Das Urteil geht auf eine Interessengruppe französischer Bauern und Umweltverbände zurück, die Klarheit in Bezug auf die Anwendung von neuen molekularbiologischen Verfahren forderten. Hier stellt sich eine weitere Frage, ob einige wenige Interessengruppen über eine Klage allein den europäischen Weg der Nutzung von Pflanzen entscheiden sollten, wenn doch vom Ethikrat, der Bundesregierung aber auch

13 vgl. Bundesinstitut für Risikobewertung: BfR Verbrauchermonitor 2019. 2019, S. 7, https://www.bfr.bund.de/cm/350/bfr-verbrauchermonitor-08-2019.pdf, Stand: 27.10.2019.

14 Bundesministerium für Ernährung und Landwirtschaft: 1. Dialogveranstaltung zu den neuen molekularbiologischen Techniken. 24.04.2017, https://www.bmel.de/SharedDocs/Downloads/DE/_Landwirtschaft/Gruene-Gentechnik/erste_Dialogveranstaltung_NMT.pdf?__blob=publicationFile&v=3, Stand: 27.10.2019.

15 vgl. Gerichtshof der europäischen Union: Urteil des Gerichtshofs (Große Kammer). 25.07.2018, https://eur-lex.europa.eu/legal-content/DE/TXT/PDF/?uri=CELEX:62016CJ0528&from=DE, Stand: 27.10.2019.

der Europäischen Kommission, wie auch von den Wissenschaftlern selbst ein gesamtgesellschaftlicher Dialog gefordert wird. Hier werden Tatsachen geschaffen, bevor überhaupt genau klar ist, welche Risiken, aber auch welche Chancen in dieser Methode stecken. Eine der Entdeckerinnen von CRISPR und Leiterin des Max-Planck-Instituts in Deutschland, Emmanuelle Charpentier, sieht das EUGH-Urteil als eine verpasste Chance.[16] In einem Brief vom November 2018 forderten 130 Wissenschaftler Klarheit und eine differenzierte Regelung, die die CRISPR Forschung nicht generalisierend nur dem Gentechnikgesetz unterstellt.[17] Denn sonst könnte die CRISPR-Forschung zunehmend nach China und die USA abwandern. Schon jetzt führen diese beiden Länder die Publikationsliste an: Bis Mai 2018 kamen im Bereich der wissenschaftlichen Publikationen zu Genome Editing an Modell- und Kulturpflanzen 541 Veröffentlichungen aus China, 387 aus den USA und bereits deutlich abgeschlagen, 87 aus Japan und 81 aus Deutschland.[18] Aber nicht nur wissenschaftlich ist dies möglicherweise eine verpasste Chance. Auch aus demokratischer Sicht stellt sich die Frage, wie Vertrauen in Institutionen hergestellt werden kann, wenn einzelne Gruppen durch Klagen eine gerade erst begonnene Diskussion derart einschränken können.

Will Deutschland bei einer ethischen und rechtlichen Regulierung von CRISPR noch mitreden, muss verstanden werden, was CRISPR bedeutet und wozu es in der Lage ist, welche Risiken und welche Chancen diese Technik ermöglicht und welche ethischen Konsequenzen sich daraus ergeben. Das Faszinierende an CRISPR ist, dass noch nicht alle politischen Weichen gestellt sind, dass die Gesellschaft noch mitbe-

---

16 vgl. Zeit: Dieses Urteil wird CRISPR nicht aufhalten. 26.07.2018, https://www.zeit.de/wissen/gesundheit/2018-07/emmanuelle-charpentier-crispr-genschere-gentechnik-eugh-urteil-genetik/seite-2, Stand: 27.10.2019.

17 vgl. Max-Planck-Gesellschaft: Regulating genome edited organisms as GMOs has negative consequences for agriculture, society and economy. 2018, https://www.mpg.de/13748566/position-paper-crispr.pdf, Stand: 27.10.2019.

18 vgl. Bundesministerium für Ernährung und Landwirtschaft: Übersicht über Nutz- und Zierpflanzen, die mittels neuer molekularbiologischer Techniken für die Bereiche Ernährung, Landwirtschaft und Gartenbau erzeugt wurden – marktorientierte Anwendungen. 20.03.2020, S. 4, https://www.bmel.de/SharedDocs/Downloads/DE/_Landwirtschaft/Gruene-Gentechnik/NMT_Uebersicht-Zier-Nutzpflanzen.pdf?__blob=publicationFile&v=3, Stand: 20.09.2020.

stimmen kann, „wohin die Reise geht“ und damit mitbestimmen kann, wo CRISPR regulatorisch verankert wird. Denn CRISPR steht nicht nur für eine komplexe mikrobiologische Technik, sondern kann für einen Dialog stehen, der auf gesellschaftlicher und letztlich politischer Ebene geführt werden muss, um zu klären, wie und wo diese Technik genutzt werden soll.

CRISPR besitzt eine Besonderheit, und zwar, dass die Umsetzung nicht hinter verschlossenen Türen stattfindet. Die Wissenschaftler selbst fordern seit Jahren den internationalen Dialog – allen voran Jennifer Doudna. Das ist zugleich auch eine Chance, um in einer immer komplexer werdenden Welt und schwindendem Vertrauen in politische, wie wissenschaftliche Institutionen neues Vertrauen in das Handeln von Politik und Wissenschaft zu vermitteln und zu erhalten.

Als Politikwissenschaftlerin möchte ich dazu einen Beitrag leisten und die gesellschaftliche und insbesondere politische Debatte zu diesem Thema in Deutschland stärken. Dazu bedarf es zunächst einer Klärung, was CRISPR eigentlich genau ist und wo es bisher eingesetzt wird. Daran anschließend erfolgt eine Bestandsaufnahme, wie dieses Thema rechtlich in Deutschland bisher verankert ist und wie sich die gesellschaftlichen, institutionellen und wissenschaftliche Kräfte sich hierzu positionieren bzw. ob und welche Handlungsspielräume sie dabei nutzen.

Abschließend sollen die verschiedenen Lösungsvorschläge für einen Umgang mit CRISPR, die in Deutschland, aber vor allem auch auf europäischer und internationaler Ebene vorgeschlagen wurden, diskutiert und bewertet werden: Ist es sinnvoll, CRISPR international zu regeln, oder ist es eher Sache der nationalen Parlamente oder der EU-Kommission? Welche Rolle könnte eine Bürgerbeteiligung spielen?

Das Buch richtet sich sowohl an Fachleute, Politiker, Medien wie den interessierten Bürger.

2 CRISPR/Cas9 – Einführung

CRISPR/Cas9 (clustered regularly interspaced short palindromic repeats – CRISPR-associated proteins) ist ein molekularbiologisches Verfahren, dass das Erbgut von Menschen, Tieren und Pflanzen mit Hilfe einer Art Genschere präzise an einer bestimmten Stelle schneiden und damit verändern soll.[19] Damit können einzelne Gene ausgeschaltet (knock-out), an einer bestimmten Stelle neu eingefügt (knock in) oder aktiviert werden. Nachdem dieser Eingriff abgeschlossen ist, löst sich die Schere in der Regel auf, so dass sie nicht von einer natürlichen Mutation zu unterscheiden ist.[20]

Seinen Ursprung nimmt das Verfahren aus der Immunabwehr von Bakterien. 1987 wurde erstmals eine CRISPR-Sequenz in der DNA des Bakteriums Escherichia coli (E. coli) entdeckt. Zunächst war unklar, welche Bedeutung, die sich wiederholenden Sequenzen haben. Verschiedene Forschergruppen, darunter Stan J. Brouns und John van der Oost konnten 2008 CRISPR als eine Methode des Immunsystems von Bakterien identifizieren, die feindliche Viren effektiv abwehren können.[21] Nachdem verstanden wurde, wie dieses Verfahren genau funktioniert, entwickelten die Biochemikerinnen Jennifer Doudna und Emmanuelle Charpentier die Idee, daraus ein Werkzeug zu entwickeln. Denn CRISPR/Cas9 lässt sich nicht nur in Bakterien erproben, sondern auch in jeder anderen lebenden Zelle. 2012 erfolgte der Durchbruch, indem erfolgreich nachgewiesen wurde, wie mit CRISPR/Cas9

---

19 CRISPR/Cas gehört zu den neuen molekularbiologischen Techniken wie auch ODM, ZFN, TALEN, Meganukleasen.

20 vgl. Max-Planck-Gesellschaft: CRISPR-Cas 9. Eine Schere aus Enzym und RNA, https://www.mpg.de/11018867/crispr-cas9, Stand: 28.10.2019.

21 vgl. Brouns, S; Oost, J. et al.: Small CRISPR RNAs Guide Antiviral Defense in Prokaryotes. In: Science Vol. 321, Issue 5891. 2008, S. 960–964.

die isolierte DNA eines Bakteriums zerschnitten werden kann.[22] 2013 zeigt das Wissenschaftsteam von Feng Zhang am Broad-Institut, wie diese Methode auch bei Pflanzen, Tieren und Menschen einsetzbar ist.

Die Technologie funktioniert folgendermaßen: Die CRISPR-Schere wird zunächst mit einer Führungs-RNA (Guide-RNA) programmiert, so dass sie punktgenau ihr DNA-Abschnitt-Ziel ansteuern kann.[23] Wenn der richtige DNA-Abschnitt erkannt wurde, kommt die Schere, das Cas9-Protein zum Einsatz und schneidet den DNA-Doppelstrang genau an dieser Stelle. Im Folgenden kommt es an dieser Stelle zur Reparatur. Bei der Reparatur gibt es nun mehrere Möglichkeiten. Der geschnittene Bereich repariert sich durch das zelleigene System selbst. Bei Pflanzen und Tieren werden solche Brüche fast immer unverändert durch ein Enzym wieder zusammengefügt oder die Enden des Bruchs werden vor dem Zusammenfügen verkürzt. Den Mechanismus nennt man „*Non-homologus end joining*" (NHEJ). Hierbei lässt sich dieser Mechanismus in einen klassischen NHEJ, der fehlerfrei repariert und ein alternatives NHEJ, welches bei der Reparatur zu Fehlern führen kann, unterscheiden. Zwei Drittel der Reparaturfehler führen zum Ausschalten des betroffenen Gens. Es besteht aber auch die Möglichkeit, dass ein neuer Abschnitt eingefügt wird – eine sogenannte Donor-DNA. Diese kann sich um ein oder einige Nukleotide von der ursprünglich anvisierten Sequenz unterscheiden. Es kommt zu kleinen vorherbestimmten Mutationen. Darüber hinaus ist es auch möglich, die Donor-DNA mit der Zielsequenz identischen und Fremd-DNA zu kombinieren und in die Zelle einzufügen.[24]

Beim präzisen Schneiden von DNA-Abschnitten können aber auch Fehler auftreten. So kann es passieren, dass die „Guide RNA" einen falschen Abschnitt ansteuert und die Schere am falschen Abschnitt

---

22 vgl. Doudna, J. A.; Charpentier, E. et al.: A Programmable Dual-RNA–Guided DNA Endonuclease in Adaptive Bacterial Immunity. In: Science Vol. 337, Isssue 6096. 2012, S. 816–821.

23 Die DNA speichert das Erbgut. Die RNA sorgt für die genetische Informationsübertragung im Körper.

24 vgl. Bundesministerium für Ernährung und Landwirtschaft: Fragen und Antworten: Neue molekularbiologische Techniken (NMT). 13. August 2019, https://www.bmel.de/SharedDocs/FAQs/DE/faq-neuezuechtungstechnologien/FAQ-NeueZuechtungstechnologien_List.html#f68602, Stand: 20.09.2019.

schneidet oder mehrfach schneidet. Solche Fehler werden als Off-Target-Effekte bezeichnet. Weiterhin kann es passieren, dass die Genschere den richtigen Abschnitt ansteuert, jedoch die spezielle Stelle des Gens nicht zuverlässig verändert, sondern seine Funktion entgegen der Erwartung reduziert oder komplett ausschaltet. Dies wird als On-Target-Effekt bezeichnet.

3 Aktuelle Gesetzeslage

Das Grundgesetz setzt zunächst den rechtlichen Rahmen für die Anwendung von Gentechnik und damit auch von CRISPR. Die deutsche Gesetzgebung regelt die weitere Verfahrensweise im Detail. Darüber hinaus sind die europäische Rechtsetzung und internationale Verträge rechtsetzend.

„Die Kunst und Wissenschaft, Forschung und Lehre in Deutschland sind frei.“ So lautet es im Grundgesetz Artikel 5, Abs. 3. Aber Forschung darf nicht alles: Sobald die Forschungsfreiheit dazu führt, dass andere Grundrechte eingeschränkt oder verletzt werden, stößt die Freiheit der Wissenschaft an ihre Grenzen. Hier ist vor allem Artikel 1, Abs. 1 des GG, die Unantastbarkeit der Würde des Menschen als auch die Unversehrtheit des Menschen zu nennen. In Bezug auf die CRISPR-Forschung zur Keimbahnintervention beim Menschen sind die Möglichkeiten und Grenzen der Forschung im deutschen Embryonenschutzgesetz und im Gendiagnostikgesetz am ehesten wieder zu finden. Das Embryonenschutzgesetz bezieht sich allerdings nicht direkt auf die Forschung von CRISPR/Cas9, da zum Zeitpunkt der Verabschiedung des Gesetzes (1990) CRISPR noch nicht entdeckt war.

3.1 Grundrechtscharta der Europäischen Union

Auf europäischer Ebene ist zunächst Art. 3. der Grundrechtscharta (GRCh) der Europäischen Union zu erwähnen. Die Grundrechtscharta der Europäischen Union regelt das Verbot eugenischer Praktiken und damit auch Methoden, die die Verbesserung des menschlichen Genoms zum Ziel haben. Das kann zwar nicht als ein direktes Verbot für einen therapeutischen Eingriff mit Hilfe von CRISPR verstanden werden, wie die Wissenschaftlerin Hardt, feststellt, jedoch wird damit aus ihrer Sicht dem *genetischen Enhancement* ein Riegel vorgeschoben.[25]

Recht auf Unversehrtheit Art. 3 GRCh

(1) Jeder Mensch hat das Recht auf körperliche und geistige Unversehrtheit.
(2) Im Rahmen der Medizin und der Biologie muss insbesondere Folgendes beachtet werden:
a) die freie Einwilligung des Betroffenen nach vorheriger Aufklärung entsprechend den gesetzlich festgelegten Einzelheiten,
b) das Verbot eugenischer Praktiken, insbesondere derjenigen, welche die Selektion von Menschen zum Ziel haben,
c) das Verbot, den menschlichen Körper und Teile davon als solche zur Erzielung von Gewinnen zu nutzen,
d) das Verbot des reproduktiven Klonens von Menschen.[26]

3.2 Embryonenschutzgesetz

Das Embryonenschutzgesetz (ESchG) verbietet in Deutschland die Embryonen-Forschung und damit wohl auch die Embryonen-Forschung mit Hilfe von CRISPR/Cas9. Das Gesetz regelt die künstliche Befruchtung und den Umgang mit Embryonen. Im Gesetz wird genau definiert, was ein Embryo ist und wann die Anwendung in der Fortpflanzungsmedizin als missbräuchlich zu verstehen ist. Im Vordergrund steht der Schutz des Embryos. Im Paragraf 5 des Gesetzes wird das Verbot der künstlichen Veränderung der menschlichen Keimbahnzelle ausgesprochen, was nun auch die Embryonen-Forschung von CRISPR/Cas9 betrifft. Damit ist die Forschung an Embryonen in Deutschland grundsätzlich verboten.

Embryonenschutzgesetz § 5 ESchG

Künstliche Veränderung menschlicher Keimbahnzellen
(1) Wer die Erbinformation einer menschlichen Keimbahnzelle künstlich verändert, wird mit Freiheitsstrafe bis zu fünf Jahren oder mit Geldstrafe bestraft.
(2) Ebenso wird bestraft, wer eine menschliche Keimzelle mit künstlich veränderter Erbinformation zur Befruchtung verwendet.
(3) Der Versuch ist strafbar.

25 vgl. Hardt 2019, S 67.
26 Art. 3 GRCh.

(4) Absatz 1 findet keine Anwendung auf eine künstliche Veränderung der Erbinformation einer außerhalb des Körpers befindlichen Keimzelle, wenn ausgeschlossen ist, dass diese zur Befruchtung verwendet wird, eine künstliche Veränderung der Erbinformation einer sonstigen körpereigenen Keimbahnzelle, die einer toten Leibesfrucht, einem Menschen oder einem Verstorbenen entnommen worden ist, wenn ausgeschlossen ist, dass diese auf einen Embryo, Fötus oder Menschen übertragen wird oder aus ihr eine Keimzelle entsteht, sowie Impfungen, strahlen-, chemotherapeutische oder andere Behandlungen, mit denen eine Veränderung der Erbinformation von Keimbahnzellen nicht beabsichtigt ist.
§ 5 Absatz 4 Nr. 1 ermöglicht jedoch Ausnahmen bei der Veränderung der Keimzelle, wenn das Verfahren in vitro passiert und ausgeschlossen ist, dass es auf den Menschen übertragen wird.[27]

Einer ersten Revision wurde das Embryonenschutzgesetz unterzogen, als sich mit der Präimplementationsdiagnostik die Frage stellte, ob in Deutschland Embryonen genetisch vorsorglich untersucht, werden dürften. Am 7. Juli 2011 entschied der Bundestag, dass die PID in Deutschland mit Einschränkungen erlaubt sei. Das Gesetz ändert zwar nichts an der nach wie vor strafbaren Veränderung der Keimzelle, es könnte aber grundsätzlich als Vorlage für eine Überarbeitung des Embryonenschutzgesetztes im Hinblick auf die neuen Forschungsmöglichkeiten von CRISPR/Cas9 dienen.

3.3 Gendiagnostikgesetz

Das Gendiagnostikgesetz reguliert den Umgang mit genetischen Untersuchungen beim Menschen und die Verwendung menschlicher genetischer Proben. Das Ziel des Gendiagnostikgesetzes ist laut Bundesregierung:

„[…] mit der Untersuchung menschlicher genetischer Eigenschaften verbundenen möglichen Gefahren und genetische Diskriminierung zu verhindern und gleichzeitig die Chancen des Einsatzes genetischer Untersuchungen für den Einzelnen zu wahren.“[28]

---

27 *§ 5 Abs.* 1–4ESchG.

28 Bundesministerium für Gesundheit: Gendiagnostikgesetz. 12.04.2016 https://www.bundesgesundheitsministerium.de/service/begriffe-von-a-z/g/gendiagnostikgesetz.html, Stand: 24.09.2019.

Genetische Untersuchungen sind dabei nur unter rechtswirksamer Einwilligung des Betroffenen zulässig. Bei nicht einwilligungsfähigen Personen muss der gesundheitliche Nutzen für die zu untersuchende Person bestehen. Bei Föten und Embryonen ist nur die Untersuchung von genetischen Eigenschaften erlaubt, die die Gesundheit des Fötus oder Embryos nach der Geburt beeinträchtigen könnten. Genetisch bedingte Krankheiten, die im Erwachsenenalter auftreten könnten, dürfen nicht genetisch vorgeburtlich untersucht werden.

3.4 International – Cartagena-Protokoll

Das Cartagena-Protokoll regelt den Handel und Verkehr von gentechnisch veränderten Organismen seit 2003 völkerrechtlich verbindlich. Ziel ist es, die Umwelt und die Gesundheit vor Gefahren im Bereich der Gentechnik zu schützen. Damit haben Umwelt und Gesundheit erstmals Vorrang vor wirtschaftlichen Interessen. Konkret geht es darum, dass bei der Einfuhr von gentechnisch veränderten Organismen bestimmte Informations- und Entscheidungsverfahren dem Empfängerland zugänglich gemacht werden müssen, um eine Sicherheitsbewertung durchführen zu können. Das Empfängerland kann bei Sicherheitsbedenken die Einfuhr ablehnen. Bisher haben 159 Länder und die Europäische Union das Protokoll ratifiziert.[29]

3.5 Gentechnikgesetz

Im Hinblick auf die genetische Veränderung von Pflanzen sind vor allem das deutsche Gentechnikgesetz von 2008 und die EU-Richtlinie 2001/18/EG maßgebend.

29 Convention on Biological Diversity: Text of the Cartagena Protocol on Bio-safety. 16.07.2013, http://bch.cbd.int/protocol/text/, Stand: 24.09.2019.

3.6 Deutsches Gentechnikgesetz

Eckpfeiler des Gentechnikgesetzes ist die Vorsorgepflicht. Das bedeutet, dass diejenigen, die mit gentechnisch veränderten Produkten umgehen, dafür Sorge tragen müssen, dass Mensch und Umwelt nicht beeinträchtigt werden. Das geht zurück auf das Vorsorgeprinzip, das in Artikel 20a des Grundgesetzes verankert ist.

> *„Der Staat schützt auch in Verantwortung für die künftigen Generationen die natürlichen Lebensgrundlagen und die Tiere im Rahmen der verfassungsmäßigen Ordnung durch die Gesetzgebung und nach Maßgabe von Gesetz und Recht durch die vollziehende Gewalt und die Rechtsprechung.“*[30]

Neben der Vorsorgepflicht besteht die Verpflichtung, gentechnisch veränderte Organismen, die freigesetzt oder angebaut werden, in ein Standortregister einzutragen. Darüber hinaus gilt die Haftungsbestimmung. Das bedeutet, dass einen Ausgleichsanspruch besteht, wenn bei einem Standortnachbarn aufgrund des Eintrags von gentechnisch veränderten Organismen eine wesentliche Beeinträchtigung entsteht und nachgewiesen werden kann.[31]

3.7 Europäisches Gentechnikgesetz

Seit 2003 herrschen in allen EU-Staaten für gentechnisch veränderte Pflanzen die gleichen Richtlinien. Entscheidend ist, dass nur solche Verfahren zugelassen werden, die nach aktuellem Stand der Forschung als sicher für die Umwelt und Gesundheit eingestuft wurden. -eine Bestimmung, der das Vorsorgeprinzip zugrunde liegt. Das Vorsorgeprinzip ist in Art. 191 Abs. des Vertrags über die Arbeitsweise der Europäischen Union geregelt. Dort lautet es wie folgt:

> *„Die Umweltpolitik der Union zielt unter Berücksichtigung der unterschiedlichen Gegebenheiten in den einzelnen Regionen der Union auf ein hohes Schutzniveau ab. Sie beruht auf den Grundsätzen der Vorsorge und Vorbeugung, auf dem Grundsatz, Umweltbeeinträchtigungen mit Vorrang*

30 Art. 20a GG.

31 vgl. Bundesministerium für Ernährung und Landwirtschaft: Das deutsche Gentechnikrecht. 06.08.2019, https://www.bmel.de/DE/Landwirtschaft/Pflanzenbau/Gentechnik/_Texte/Gentechnikrecht.html, Stand: 25.09.2019.

an ihrem Ursprung zu bekämpfen, sowie auf dem Verursacherprinzip. Im Hinblick hierauf umfassen die den Erfordernissen des Umweltschutzes entsprechenden Harmonisierungsmaßnahmen gegebenenfalls eine Schutzklausel, mit der die Mitgliedstaaten ermächtigt werden, aus nicht wirtschaftlich bedingten umweltpolitischen Gründen vorläufige Maßnahmen zu treffen, die einem Kontrollverfahren der Union unterliegen."[32]

Darüber hinaus gibt es seit 2015 eine sogenannte „Opt Out" Richtlinie, die einzelnen EU-Staaten ermöglicht, den Anbau von zugelassenen gentechnisch veränderten Pflanzen im eigenen Land zu verbieten.[33]

3.8 EuGH-Urteil zu CRISPR 25. Juli 2018

Im Bereich der CRISPR-Forschung an Pflanzen ist das Gerichtsurteil des europäischen Gerichtshofs (EuGH) vom 25. Juni 2018 maßgebend. Der EuGH beurteilte in seiner Entscheidung neue molekularbiologische Verfahren, wie zum Beispiel CRISPR als Gentechnik und unterstellt damit dieses Verfahren der Gentechnik-Richtlinie. Die Richtlinie besagt, dass als gentechnisch veränderte Organismen solche Organismen zu bezeichnen sind, deren gentechnisches Material in einer Weise verändert wurde, wie es in der Natur nicht möglich wäre. Zu dem Urteil kam es, weil französische Umwelt- und Agrarverbände in Frankreich geklagt hatten, dass die neuen Verfahren, die gezielt Mutationen entstehen lassen können, für die Gesundheit des Menschen schädlich sein könnten. Sie forderten, dass CRISPR/Cas9, dass bis dahin nicht unter die europäische Gentechnik- Richtlinie von 2001 fiel, auch darunter gefasst werden müsse. Konkret bedeutet die Richtlinie für mit CRISPR/Cas9 veränderte- Pflanzen, dass Lebensmittel, die derart verändert wurden, speziellen Kennzeichnungspflichten unterliegen. Außerdem müssen beispielsweise Pflanzen, bei denen das neue Verfahren angewendet wird, vor der Zulassung auf ihre Sicherheit für den Verbraucher geprüft.

32 Art. 191 Abs. 2AEUV.

33 vgl. Bundesministerium für Ernährung und Landwirtschaft: Fragen und Antworten: Gentechnik in Lebensmitteln. Dürfen in Deutschland gentechnisch veränderte Organismen (GVO) angebaut werden?. 06.08.2019, https://www.bmel.de/DE/Landwirtschaft/Pflanzenbau/Gentechnik/_Texte/GentechnikLebensmittelnFragenUndAntworten.html, Stand: 25.09.2019.

3.9 Verordnung des Europäischen Parlaments und des Rates vom 15. Juli 2020

Im Zuge der COVID-19-Pandemie beschloss das Europäische Parlament und der Europäische Rat am 15. Juli 2020, dass im Zuge der COVID-19-Pandemie bestimmte gentechnische Verfahren, die sich mit der Entwicklung eines Impfstoffes befassen, von der Umweltverträglichkeitsprüfung und Zustimmung der Richtlinien 2001/18/EG und 2009/41/EG ausgenommen sind.

> *„Daher ist es erforderlich, für die Dauer der COVID-19-Pandemie oder so lange COVID-19 eine gesundheitliche Notlage darstellt, eine befristete Ausnahme von den Anforderungen im Hinblick auf eine vorherige Umweltverträglichkeitsprüfung und Zustimmung nach den Richtlinien 2001/18/EG und 2009/41/EG zu gewähren. Die Ausnahme sollte auf klinische Prüfungen mit GVO enthaltenden oder aus GVO bestehenden Prüfpräparaten zur Behandlung oder Verhütung von COVID-19 beschränkt sein. Solange die befristete Ausnahmeregelung gilt, sollten die Umweltverträglichkeitsprüfung und die Zustimmung gemäß den Richtlinien 2001/18/EG und 2009/41/EG keine Voraussetzung für die Durchführung dieser klinischen Prüfungen sein.“*[34]

Die Verordnung bezieht sich zwar nicht direkt auf CRISPR/Cas9 könnte aber ein erster Schritt (nach dem EuGH-Urteil vom 25. Juli 2018) sein, dass auch für CRISPR in Zukunft eine Ausnahmeregelung in Bezug auf die Richtlinien 2001/18/EG und 2009/41/EG festgelegt wird.

34 Amtsblatt der Europäischen Union: Verordnung (EU) 2020/1043 des europäischen Parlaments und des Rates vom 15. Juli 2020, 17.07.2020, https://eur-lex.europa.eu/legal-content/DE/TXT/PDF/?uri=CELEX:32020R1043&from=EN, Stand: 20.02.2021.

4 Positionen und Handlungsspielräume der relevanten Akteure

Die Politik der öffentlichen Hand basiert nicht auf der Entscheidung eines einzelnen Akteurs (des Parlaments oder der Bundesregierung), sondern der Interaktion vieler Handelnder. Bei der Thematisierung, Formulierung als auch der Implementierung eines Gesetzes oder einer Verordnung ist eine bestimme Anzahl von Akteuren grundsätzlich beteiligt.[35] Dazu gehören zunächst Akteure, die eine institutionelle Position innehaben, wie Parlament, Regierung und Parteien. Weiterhin sind dazu Akteure zu zählen, die zwar keine institutionelle Position einnehmen, aber dennoch wichtige Beiträge leisten können, wie Großunternehmen, Umwelt- und Verbraucherverbände und nicht zuletzt die Medien. Dabei soll hier zum einen betrachtet werden, welche Position sie jeweils zu diesem Thema einnehmen und zum anderen, wie sie im Rahmen dieser Konstellation ihren Handlungsspielraum wahrnehmen und entsprechend nutzen. Die Handlungsspielräume der staatlichen Akteure sind dabei zum einen durch das Grundgesetz definiert und begrenzt und zum anderen durch die Informationen, die ihnen zum Zeitpunkt einer Entscheidung bekannt sind, determiniert. Darüber hinaus sind die staatlichen Akteure durch die Koalitionsvereinbarungen, Parteiprogramme und -beschlüsse in ihren Spielräumen begrenzt. Der Handlungsspielraum von Akteuren, die keine institutionelle Position einnehmen, ist dagegen dadurch bestimmt, inwieweit sie ihren Einfluss geltend machen können und so wichtige Beiträge im politischen Prozess leisten.

35 vgl. Schubert/Bandelow 2003, S. 108ff.

4.1 Bundesregierung, Bundesministerien und Bundesämter

Das Bundesministerium für Ernährung und Landwirtschaft (BMEL) ist federführend im Bereich der Gentechnik und damit auch für die Frage zuständig, ob CRISPR/Cas9 überhaupt der Gentechnik zuzurechnen ist.[36] Eine ressortübergreifende Bearbeitung gibt es bisher nicht.[37] Allerdings wird das Thema CRISPR/Cas9 nicht allein von einem Ministerium oder einem unabhängigen Institut bearbeitet, sondern von verschiedenen staatlichen und unabhängigen Funktionsträgern behandelt. Auf dem Gebiet der Gentechnik gehören hierzu das Bundesministerium für Ernährung und Landwirtschaft, Das Bundesministerium für Umwelt und das Bundesministerium für Bildung und Forschung und das Bundesministerium für Gesundheit. Beratend zur Seite stehen ihnen der unabhängige Bioökonomierat, der unabhängige Deutsche Ethikrat, das Deutsche Referenzzentrum für Ethik, das Bundesinstitut für Risikobewertung, das dem Bundesministerium für Ernährung und Landwirtschaft untersteht und weitere Institute. Hierzu gehören ihr unterstellten Fachbehörden, wie das Bundesamt für Verbraucherschutz und Lebensmittelsicherheit (BVL), das Robert Koch-Institut (RKI), das Max-Planck-Institut, das Paul-Ehrlich-Institut (PEI), das Bundesamt für Naturschutz (BfN), das Julius-Kühn-Institut (JKI) und das Friedrich-Löffler-Institut (FLI). Außerdem wird die Bundesregierung durch die Leopoldina-Nationale Akademie der Wissenschaften beraten. Die Fachbehörden und Organisationen erstellen auch

---

36 Bundesministerium für Gesundheit: Gentechnik. 13.11.2015, https://www.bundesgesundheitsministerium.de/service/begriffe-von-a-z/g/gentechnik.html, Stand: 29.09.2019.

37 In einer kleinen Anfrage der Fraktion Bündnis90/ Die Grünen wurde gefragt: *„Gibt es überhaupt eine ressortübergreifende Bearbeitung der Thematik neuer Gentechnikverfahren innerhalb der Bundesregierung, und wenn ja, in welchem Rahmen, mit welchen Teilnehmerinnen und Teilnehmern (Institutionen), welcher Fragestellung und welchen (vorläufigen) Ergebnissen?"* Die Antwort der Bundesregierung lautete: *„Das Bundesministerium für Ernährung und Landwirtschaft (BMEL) hat am 28. September 2016 ein Kolloquium zum Thema CRISPR/Cas veranstaltet. (...) Da es als ersten Schritt um eine Information des BMEL ging, wurde die Beteiligung anderer Ressorts für dieses Kolloquium nicht vorgesehen. Ressortübergreifend wurde das Thema beispielsweise zur Vorbereitung des Agrarrates (...) und in Ressortbesprechungen adressiert."* (BT-Drucks. 18/10301, S. 9, http://dipbt.bundestag.de/dip21/btd/18/103/1810301.pdf, Stand: 29.09.2019.)

nationale, europäische sowie internationale Studien und Analysen zu den Neuen Techniken (NT) bzw. Neuen Züchtungstechniken (NZT).[38]

4.1.1 BMEL-Gesetzentwurf zur Änderung des Gentechnikgesetzes

Ein Blick auf die Tätigkeit des BMEL zeigt, dass es bereits im Dezember 2016 ein „*Grünbuch Ernährung, Landwirtschaft, Ländliche Räume*" herausbrachte, in welchem das Ziel formuliert wurde, zu den neuen molekularbiologischen Techniken eine fundierte Beurteilungsbasis zu schaffen.[39] Das zeigt aber nur eine Seite dessen, was das BMEL angekündigt hatte. Kurz zuvor, am 8. November 2016, legte die Bundesregierung bereits einen Gesetzentwurf des BMEL zur 4. Änderung des Gentechnikgesetztes vor, in dem sie auch eine rechtliche Einordnung des Mutageneseverfahrens CRISPR/Cas9 vornahm. Grundlage für den Gesetzentwurf war die Opt-Out-Richtlinie der EU, die den einzelnen europäischen Staaten ermöglicht, auf EU-Ebene zugelassene genetisch veränderte Pflanzensorten im eignen Land zu verbieten. Hier zeigt sich ein erster Widerspruch. Einerseits wollte das BMEL eine Beurteilungsbasis schaffen, andererseits wurde fast zeitgleich ein Gesetzentwurf des BMEL erarbeitet, der vorab festlegte, wie CRISPR rechtlich einzuordnen sei.

Der Gesetzentwurf führte zu einer Kontroverse zwischen Regierung und Opposition, aber auch innerhalb der Regierung. Die Meinungsverschiedenheit entzündete sich dabei unter anderem daran, dass im Gesetzentwurf der CRISPR/Cas9-Technik ein hohes Maß an Sicherheit attestiert wurde. In der Folge wurde bei der zukünftigen Beurteilung dieser Technik neben dem dominanten Vorsorgeprinzip, ein weiteres Kriterium, nämlich das Innovationsprinzip optional einbezogen. So heißt es im Gesetzentwurf:

38 vgl. BT-Drucks. 18/10301, S. 4, http://dipbt.bundestag.de/dip21/btd/18/103/1810301.pdf, Stand: 29.09.2019.

39 vgl. Bundesministerium für Ernährung und Landwirtschaft: Grünbuch Ernährung, Landwirtschaft, Ländliche Räume. 30.12.2016, https://www.bmel.de/SharedDocs/Downloads/DE/Broschueren/Gruenbuch.pdf?__blob=publicationFile&v=2, Stand: 29.09.2019.

„Die Bundesregierung geht davon aus, dass auch bei der Freisetzung und dem Inverkehrbringen von Organismen, die mittels neuer Züchtungstechniken wie CRISPR/Cas9 erzeugt worden sind, unter Zugrundelegung des Vorsorgeprinzips und des Innovationsprinzips ein hohes Maß an Sicherheit gewährleistet wird. Vorbehaltlich einer anderweitig bindenden Entscheidung auf EU-Ebene werden zu diesem Zweck im Rahmen von Einzelfallprüfungen im Gentechnikrecht eine prozess- und produktbezogene Betrachtung und Bewertung zu Grunde gelegt.“[40]

Damit waren konkurrierende, sogar widersprüchliche Bewertungskriterien definiert worden. Bis zu diesem Zeitpunkt wurde bei der Prüfung der Sicherheit bzw. der Risiken neuer Verfahren allein das Vorsorgeprinzip herangezogen, das im Grundgesetz verankert ist und den Staat verpflichtet, auch in Verantwortung für künftige Generationen die natürlichen Lebensgrundlagen zu schützen.

4.1.1.1 Das Innovationsprinzip

Die Idee des Innovationsprinzips wird einer Gruppe multinationaler Unternehmen zugeschrieben, die in einem offenen Brief am 24. Oktober 2014 an die Präsidenten der EU-Institutionen die Einführung eines Innovationsprinzips forderten.

“[...], we would like to propose the formal adoption of an Innovation Principle in European risk management and regulatory practice. The principle is simple – that whenever precautionary legislation is under consideration, the impact on innovation should also be taken into full account in the policy and legislative process.”[41]

40 BT-Drucks. 18/10459, S. 15, http://dip21.bundestag.de/dip21/btd/18/104/1810459.pdf, Stand: 29.09.2019.

41 Zwölf Chief Executive Officer (CEOs) der folgenden multinationalen Unternehmen unterzeichneten den offenen Brief: AiCuris GmbH, BASF SE, Bayer AG, The Dow Chemical Company, Dow AgroSciences LLS, Dow Corning Corporation, Henkel AG & Company, IBM Europe, Novartis AG, Royal Philips, Solvay S.A., Syngenta AG, – mit dem Hinweis gemeinsam mehr als 21 Milliarden Euro jährlich in Innovationen zu investieren.(Open Letter to José Manuel Barroso, Herman Van Rompuy, Martin Schulz: The Innovation Principle: “Stimulating Economic Recovery”. 24.09.2013, https://corporateeurope.org/sites/default/files/corporation_letter_on_innovation_principle.pdf, Stand: 29.09.2019.)

Umweltorganisationen beurteilten das Innovationsprinzip als gezieltes Lobbymittel der Wirtschaft. Sie fürchteten nämlich eine Aufweichung des Vorsorgeprinzips zu Gunsten wirtschaftlicher Interessen.

Neben der Gruppe multinationaler Unternehmen, die die Einführung eines Innovationsprinzip forderten, befürwortete allerdings auch die Expertenkommission *„Stärkung von Investitionen in Deutschland"* eine stärkere Beförderung von Innovationen. Im Sommer 2014 hatte Bundeswirtschaftsminister Siegmar Gabriel (SPD) die Kommission *„Stärkung von Investitionen in Deutschland"*, beauftragt, einen entsprechenden Bericht zu erstellen. In ihrem Bericht von 2015 erläutert die Expertenkommission die notwendige Verankerung des Innovationprinzips folgendermaßen:

> *„Innovationsprozesse sind inhärent mit Risiken verbunden. Wie innovationsfreundlich die Rahmenbedingungen in einer Gesellschaft sind, hängt deshalb nicht zuletzt davon ab, ob es gesellschaftliche Akzeptanz für Innovationen und die damit verbundenen Risiken gibt. In der gesellschaftlichen Debatte stehen oft die Risiken einer Innovation im Vordergrund, ohne dass damit verbundene Potenzial hinreichend zur Kenntnis zu nehmen. Unternehmen stehen deshalb vor der wichtigen Kommunikationsaufgabe, über die Risiken, aber auch über die Potenziale von Innovationen aufzuklären, wenn sie die gesellschaftliche Akzeptanz ihrer innovativen Aktivitäten erhalten oder gewinnen wollen. Beim Abwägen der Chancen und der Risiken, die sich aus Innovationen ergeben, ist auch die Politik gefordert. Sie sollte beim Verfassen gesetzlicher Regelungen nicht nur potenzielle Risiken, sondern auch die Innovationskonsequenzen der Regelung im Auge haben. Eine Möglichkeit, dies im gesetzgeberischen Prozess zu verankern, wäre das Innovationsprinzip, das im offenen Brief des European Risk Forums an EU-Kommissionspräsident Jean-Claude Juncker gefordert wird. Dieses sieht vor, dass bei jeder Änderung der Gesetzgebung die Auswirkungen des (regulatorischen) Vorhabens auf das Innovationsklima untersucht und adressiert werden müssen."*[42]

Unterstützt wurde der Gesetzentwurf durch eine Stellungnahme des Bundesamtes für Verbraucherschutz und Lebensmittelsicherheit vom

42 Bundesministerium für Wirtschaft und Energie: Stärkung von Investitionen in Deutschlands. Bericht der Expertenkommission im Auftrag des Bundesministers für Wirtschaft und Energie, Sigmar Gabriel. April 2015, S. 61f., https://www.bmwi.de/Redaktion/DE/Downloads/I/investitionskongress-report-gesamtbericht-deutsch-barrierefrei.pdf?__blob=publicationFile&v=1, Stand: 1.10.2019.

28. Februar 2017. Hier hieß es zum Thema der Einordung der neuen Pflanzenzüchtungstechniken:

> *„Organismen, die durch ODM und CRISPR-Cas9-Techniken hervorgerufene Punktmutationen aufweisen, sind keine gentechnisch veränderten Organismen (GVO) im Sinne der Richtlinie."*[43] [44]

Zu einer völlig anderen Einschätzung kam das Bundesamt für Naturschutz (BFN), das dem Bundesumweltministerium (SPD-geführt) unterstellt ist. Die Präsidentin, Beate Jessel, warnte davor, neue Techniken der Gentechnik als nicht zugehörig zu verstehen:

> *„Eine Herausnahme der Neuen Techniken aus dem Gentechnikrecht würde zu erheblichen Regelungslücken sowie zu einer Zersplitterung der Zuständigkeiten führen. Wegen des enormen Potenzials Neuer Techniken ist eine am Vorsorgeprinzip und den Belangen des Umweltschutzes orientierte Risikoprüfung unabdingbar. Dies kann derzeit nur das Gentechnikrecht gewährleisten. Dafür gibt es nach geltender Rechtslage kein passendes Substitut."*[45]

Die Präsidentin des BFN bezog sich dabei auf ein in Auftrag des BFN gegebenes Gutachtens des Umweltrechtlers, Tade M. Spranger. Spranger kommt darin zu dem Ergebnis, das die europäischen Regelungen für den Anbau von Pflanzen, die Tierzucht, die Lebensmittel- und Futtermittelsicherheit und den Umweltschutz nicht ausreichen, neue molekularbiologische Verfahren wie CRISPR/Cas9 auf ihre Umweltauswirkungen zu kontrollieren. Eine ausreichende Kontrolle sieht er nur gewährleistet, wenn durch CRISPR/Cas9 erzeugte Eingriffe in Organismen als gentechnisch verändert verstanden werden und damit unter das europäische Gentechnikrecht fallen.[46]

---

43 Bundesamt für Verbraucherschutz und Lebensmittelsicherheit: Stellungnahme zur gentechnikrechtlichen Einordnung von neuen Pflanzenzüchtungstechniken, insbesondere ODM und CRISPR-Cas9. 28.02.2017, https://www.bvl.bund.de/SharedDocs/Downloads/06_Gentechnik/Stellungnahme_rechtliche_Einordnung_neue_Zuechtungstechniken.pdf;jsessionid=382ED4BEE0B5B0D9DF8CF4E42C1539EE.1_cid360?__blob=publicationFile&v=4, Stand: 28.09.2019.

44 Mit Richtlinie ist hier die EU-Richtlinie 2001/18/EG gemeint.

45 Bundesamt für Naturschutz: Pressemitteilung: Gutachten: Keine ausreichende Kontrolle Neuer Techniken außerhalb des Gentechnikrechts. 15.11.2017, https://www.bfn.de/presse/pressemitteilung.html?no_cache=1&tx_ttnews%5Btt_news%5D=6203&cHash=05c576847c023690a78f4ed301b9ed7f, Stand: 1.10.2019.

46 vgl. Bundesamt für Naturschutz: Zusammenfassung der wesentlichen Ergebnisse des Rechtsgutachtens von Prof. Dr. Dr. Tade M. Spranger. „Umfassende Untersuchung verschiedener europäischer Richtlinien und Verordnungen in Bezug auf

Die Bundesregierung teilte die Meinung nicht. In ihrer Antwort auf eine Kleine Anfrage von BÜNDNIS90/DIE GRÜNEN vom November 2016 erwähnte sie, dass zwar das Gutachten von Spranger vorläge, betonte aber, dass sie an ihrer Position aus dem Gesetzentwurf zur Änderung des Gentechnikrechts festhalte.

> *„Die Bundesregierung geht davon aus, dass auch bei der Freisetzung und dem Inverkehrbringen von Organismen, die mittels neuer Züchtungstechniken wie CRISPR/Cas9 erzeugt worden sind, unter Zugrundelegung des Vorsorgeprinzips und des Innovationsprinzips ein hohes Maß an Sicherheit gewährleistet wird. Vorbehaltlich einer anderweitig bindenden Entscheidung auf EU-Ebene wird zu diesem Zweck im Rahmen von Einzelfallprüfungen im Gentechnikrecht eine prozess- und produktbezogene Betrachtung und Bewertung zugrunde gelegt."*[47]

Der Gesetzentwurf mit der strittigen Passage zu CRISPR scheiterte im Mai 2017 im Bundestag. In einem Statement erklärte die mitregierende SPD-Fraktion, dass sie dem Antrag nicht zustimmen konnte, da die von ihr geforderten Änderungen nicht in den Antrag eingebracht worden waren.[48]

Wie nun mit CRISPR umgegangen werden sollte, blieb zunächst einmal offen. Im selben Zeitraum der Abstimmung über den Gesetzentwurf im Bundestag hatte das Bundesministerium für Landwirtschaft allerdings in einem Dialogprozess am 27. April 2017 entsprechend der Ankündigung aus dem Grünbuch, eine Beurteilungsbasis für die *„Neuen Molekularbiologischen Techniken"* (NMT) zu schaffen, bereits begonnen. Welchen tatsächlichen Einfluss der Dialogprozess auf eine mögliche Regulierung auf Bundes- bzw. EU-Ebene haben würde, blieb jedoch unklar. Zur Auftaktveranstaltung zum Thema *„Die Anwendung des Genome Editing in Forschung und Praxis"* kamen 200 Gäste ins

---

ihre Möglichkeiten der Regulierung von Umweltauswirkungen Neuer Techniken neben dem Gentechnikrecht". 27.11.2017, https://www.bfn.de/fileadmin/BfN/recht/Dokumente/NT_Auffangrechte_RGutachten_Zusammenfassung.pdf, Stand: 01.10.2019.

47 BT-Drucks. 18/10301, S. 7, http://dipbt.bundestag.de/dip21/btd/18/103/1810301.pdf, Stand: 01.10.2019.

48 vgl. SPD-Fraktion: Pressemitteilung: CDU/CSU verweigert praktikable Regelung für Gentechnik-Anbauverbote. 18.05.2017, https://www.spdfraktion.de/presse/pressemitteilungen/cducsu-verweigert-praktikable-regelung-gentechnik-anbauverbote, Stand: 01.10.2019.

Ministerium, wobei nicht klar ersichtlich war, nach welchen Kriterien die Einladung der Teilnehmer erfolgt war.

Nach der ersten Dialogveranstaltung kristallisierte sich laut Protokoll der Veranstaltung heraus, dass weiterer Diskussionsbedarf bestand und die Erörterung von Chancen und Risiken sowie von ökologischen und sozioökonomischen Herausforderungen des „Genome Editing“ bei der nächsten Veranstaltung im Mittelpunkt stehen sollte. Kontrovers wurde in der zweiten Diskussionsveranstaltung vom 26. Juni 2017 u.a. die Frage der Definition von Gentechnik und damit verbundenen Risiken und in der Folge die rechtliche Regulierung debattiert. Neben dem Vorsorgeprinzip wurde in der Diskussion auch das Innovationsprinzip zur Beurteilung der neuen Techniken erörtert. Jedoch kam man hier zu dem Ergebnis, dass das Innovationsprinzip zwar seine Berechtigung, aber keine Gleichrangigkeit zum Vorsorgeprinzip haben sollte.[49]

Wissenschaftlich begleitet wurde der Dialog durch einen Bericht der Ressortforschungseinrichtungen vom 17. Juli 2017, der vom Bundesministerium für Landwirtschaft in Auftrag gegeben worden war. Beteiligt waren dabei das Bundesamt für Verbraucherschutz und Lebensmittelsicherheit (BVL), das Bundesinstitut für Risikobewertung (BfR), das Friedrich-Löffler-Institut (FLI), das Julius-Kühn-Institut (JKI), das Thünen-Institut (TI) und das Max-Rubner-Institut (MRI). Darüber hinaus wurden über den Geschäftsbereich des BMEL hinaus Stellungnahmen des Bundesamtes für Naturschutz (BfN) und des Robert-Koch-Institutes (RKI) berücksichtigt. Der Bericht kam zu dem Ergebnis, dass neue molekularbiologische Techniken wie CRISPR nach derzeitigem Kenntnisstand präzisere, effektivere und sicherere Genmodifikationen hervorbringen können, als dies bei bisherigen Mutageneseverfahren der Fall ist. Eine rechtliche Einordnung nahm der Bericht nicht vor,

49 vgl. Bundesministerium für Ernährung und Landwirtschaft: Kriterien für einen verantwortungsvollen Umgang mit Genome Editing. 2. Dialogveranstaltung zu den neuen molekularbiologischen Techniken. 26.06.2016, https://www.bmel.de/SharedDocs/Downloads/DE/_Landwirtschaft/Gruene-Gentechnik/Dokumentation_2_Dialogveranstaltung_NMT.pdf?__blob=publicationFile&v=3, Stand: 02.10.2019.

sondern sollte als Beitrag für die öffentliche Diskussion verstanden werden.[50]

Nach dem Scheitern des Gesetzentwurfs entschied die Bundesregierung, zunächst das Urteil des europäischen Gerichtshofs abzuwarten, bevor sie offiziell zum Thema Stellung beziehen würde.

4.1.2 Koalitionsvertrag 2018

Auch im Koalitionsvertrag der Bundesregierung von 2018 wurde keine Beurteilung von CRISPR vorgenommen. CDU/CSU und SPD vereinbarten für das Gebiet der *„Grünen Gentechnik neue molekularbiologischer Züchtungstechnologien"* – dazu zählt auch CRISPR/Cas9 – diese Methode auf europäischer oder gegebenenfalls nationaler Ebene zu regeln. Entscheidende Maßgabe sollte dabei die Gewährleistung des Vorsorgeprinzips und die der Wahlfreiheit sein.[51] Das Innovationsprinzip wurde im Koalitionsvertrag hinsichtlich der neuen Techniken nicht mehr erwähnt.

Wie unterschiedlich sich SPD und CDU zur Regulierung des Themas positionierten und es deshalb auch aus dem Koalitionsvertrag aussparten, zeigt sich an der Haltung der Bundesumweltministerin und der Landwirtschaftsministerin zu dem Thema.

Bundesumweltministerin Svenja Schulze (SPD) sprach sich bereits vor dem Urteil für eine Regulierung von CRISPR/Cas9 aus. So betonte Ministerin Schulze gegenüber dem Deutschlandfunk:

> *„Was für mich ganz klar ist, es darf keine Einführung von Gentechnik durch die Hintertür geben. Wir müssen darauf achten, dass die Menschen*

---

50 vgl. Bundesministerium für Ernährung und Landwirtschaft: Wissenschaftlicher Bericht zu den neuen Techniken in der Pflanzenzüchtung und der Tierzucht und ihren Verwendungen im Bereich der Ernährung und Landwirtschaft. 23.02.2018, https://www.bmel.de/SharedDocs/Downloads/DE/_Landwirtschaft/Gruene-Gentechnik/Bericht_Neue_Zuechtungstechniken.pdf?__blob=publicationFile&v=3, Stand: 02.10.2019.

51 vgl. Presse- und Informationsamt Bundesregierung: Europäischer Gerichtshof urteilt: Strenge Vorgaben für Gentechnik-Verfahren.25.07.2018,https://www.bundesregierung.de/breg-de/aktuelles/strenge-vorgaben-fuer-gentechnik-verfahren-1517256, Stand: 02.10.2019.

weiterhin Wahlfreiheit haben, dass sie sich entscheiden können, wollen sie genetisch veränderte Produkte essen oder nicht. Wir wollen erstmal nicht, dass gentechnische Produkte im Freiland ausgesetzt werden. Dass hier Züchtungen einfach so möglich sind, und wir das nicht mehr kontrollieren und ‚einfangen' können."[52]

Landwirtschaftsministerin Julia Klöckner wollte dagegen zunächst das Urteil abwarten.[53] Hier zeigt sich, dass die unterschiedliche Ausrichtung der Koalitionspartner SPD und CDU/CSU den Handlungsspielraum der Regierung in Bezug auf CRISPR deutlich einschränkte und Versuche, das Thema zu regulieren zum Scheitern brachte.

4.1.3 EuGH-Urteil 25. Juli 2018

Erst nach dem Urteil des EuGHs im Juli 2018 nahm die Bundesregierung erstmals eindeutig Stellung zu dem Thema. Das Umwelt-, das Landwirtschafts- und das Forschungsministerium begrüßten das Urteil. Auch das Bundesamt für Verbraucherschutz, als eine nachgeordnete Behörde des Bundesministeriums für Landwirtschaft, folgte der Einschätzung des Gerichts, dass die CRISPR/Cas9-Methode als Gentechnik zu bezeichnen sei, obwohl es 2017 noch in einer Stellungnahme das Gegenteil erklärt hatte.[54]

Dabei blieb es aber nicht lange. Im September 2018 machte Landwirtschaftsministerin Julia Klöckner (CDU) einen neuen Vorstoß und wies darauf hin, dass man CRISPR/Cas9 nicht mit bisherigen grünen

52 Deutschlandfunk: EuGH urteilt über umstrittene Gentechnik-Methode. 24.07.2018, https://www.deutschlandfunk.de/biotechnologie-eugh-urteilt-ueber-umstrittene-gentechnik.724.de.html?dram:article_id=423732, Stand: 02.10.2019.

53 ebd.

54 vgl. Bundesamt für Verbraucherschutz und Lebensmittelsicherheit: Stellungnahme zur gentechnikrechtlichen Einordnung von neuen Pflanzenzüchtungstechniken, insbesondere ODM und CRISPR-Cas9. 28.02.2017.S. 2, https://www.bvl.bund.de/SharedDocs/Downloads/06_Gentechnik/Stellungnahme_rechtliche_Einordnung_neue_Zuechtungstechniken.pdf;jsessionid=382ED4BEE0B5B0D9DF8CF4E42C1539EE.1_cid360?__blob=publicationFile&v=4, Stand: 28.09.2019.

gentechnischen Verfahren vermischen sollte und wollte eher auf eine Änderung des europäischen Gentechnikrechts hinwirken.[55]

Es zeigt sich, dass im Bereich der Grünen Gentechnik innerhalb der Bundesregierung noch reichlich Diskussions- und Informationsbedarf bestand. Daraus entstand aber nicht eine Debatte, die von der Bundesregierung angestoßen worden wäre. Bisherige Vorstöße sind nur erfolgt, weil es aufgrund der europäischen Gesetzeslage einen Novellierungsbedarf gab. Eine einheitliche Linie der Bundesregierung ist nicht festzustellen. Das bestätigte auch die Bundesregierung selbst Anfang 2020, die in Bezug auf die Anträge der FDP „*Chancen neuer Züchtungsmethoden erkennen – Für ein technologieoffenes Gentechnikrecht*“ bzw. der Grünen „*Agrarwende statt Gentechnik – Neue Gentechniken im Sinne des Vorsorgeprinzips regulieren und ökologische Landwirtschaft fördern*“ betonte, dass sich die Bundesregierung beim Thema CRISPR/Cas9 noch im internen Diskussionsprozess befände.[56] Dadurch konnte die Bundesregierung das Thema auch nicht öffentlichkeitswirksam adressieren.

Als Knackpunkt erwies sich vor allem die rechtliche Definition der Methode. Fällt CRISPR unter den Begriff Gentechnik, greift das Gentechnikrecht. Somit würde CRISPR als künstliche Methode verstanden und patentierbar sein, so dass im Pflanzenbereich, multinationale Groß-Unternehmen im Vorteil sein könnten, da sie die teuren Patente auf Pflanzen finanziell leichter stemmen können.

4.1.4 Gene Drives

Eine übereinstimmende Position nahm die Bundesregierung im Dezember 2016 in Bezug auf die „*Gene Drive-Technik*“ ein, die auf CRISPR/Cas9 zurückgeht. Diese bezeichnete sie eindeutig als Gentechnik, die somit einer gesonderten Sicherheitsprüfung unterliegt. Die Bun-

55 vgl. Reuters: Klöckner will gegen Einschränkungen neuer Gentechnik angehen. 05.09.2018, https://de.reuters.com/article/deutschland-agrar-gentechnik-idDEKCN1LL240, Stand: 03.10.2019.

56 vgl. BT-Drucks. 19/16565, S. 12, http://dip21.bundestag.de/dip21/btd/19/165/1916565.pdf, Stand: 03.10.2019.

desregierung beantwortete eine kleine Anfrage der Grünen dementsprechend:

> *„Die Bundesregierung ist sich einig, dass Organismen, die unter den Begriff „Gene Drive“ fallen, als GVO im Sinne des Gentechnikgesetzes (GenTG) eingestuft werden. Daher ist in Deutschland und der EU vor Freisetzungen und Inverkehrbringen entsprechender Organismen die vorgesehene Risikoprüfung durchzuführen. Die Zentrale Kommission für die Biologische Sicherheit (ZKBS) hat hierzu eine Stellungnahme zur Sicherheitsbewertung von gentechnischen Arbeiten mit Gene-Drive-Systemen in gentechnische Anlagen abgegeben. Danach gilt vorsorglich Sicherheitsstufe 2 und es sind Einzelfallprüfungen erforderlich.“*[57]

Im März 2019 wollte die Bundesregierung dementsprechend auch die Sicherheitsstandards für den Umgang von Gene Drives im Labor verbindlich festlegen. Dazu formulierte sie einen Entwurf für eine Novellierung der Gentechniksicherheitsverordnung. Der Entwurf sah eine Einstufung der Methode in Sicherheitsstufe 2 (von vier) vor, wie die ZKBS es in ihrer Stellungnahme 2016 bereits vorgeschlagen hatte.[58] Der Sicherheitsstufe 2 werden im Gentechnikgesetz solche gentechnischen Arbeiten zugeordnet, bei denen der gentechnisch veränderte Organismus insgesamt ein geringes Risiko darstellt.[59] Anschließend wurde der Entwurf dem Bundesrat am 7. Juni 2019 vorgelegt, dessen Zustimmung bei Verordnungen und Verwaltungsvorschriften generell notwendig ist. Der Agrar- und Umweltausschuss des Bundesrats befasste sich mit der Novelle und gab anschließend einige Empfehlungen ab, die unter anderem eine Änderung der Sicherheitsstufe vorsah. Laut dem Wochenmagazin *Der Spiegel* intervenierte daraufhin das Bundeslandwirtschaftsministerium in einem Schreiben und sprach von fach-

57 BT-Drucks. 18/10583, http://dip21.bundestag.de/dip21/btd/18/105/1810583.pdf, Stand. 03.10.2019.

58 vgl. Bundesministerium für Ernährung und Landwirtschaft: Entwurf: Verordnung zur Neuordnung des Rechts über die Sicherheitsstufen und Sicherheitsmaßnahmen bei gentechnischen Arbeiten in gentechnischen Anlagen. 22.06.2018, https://www.bmel.de/SharedDocs/Downloads/DE/Glaeserne-Gesetze/Referentenentwuerfe/GenTSV-E.pdf?__blob=publicationFile&v=2, Stand: 03.10.2019.

59 vgl. Gentechnik-Sicherheitsverordnung – GenTSV, https://www.gesetze-im-internet.de/gentsv/BJNR023400990.html, Stand. 03.10.2019.

lichen Bedenken.[60] Der Bundesrat stimmte der Verordnung jedoch erst mit den entsprechenden Änderungen zu. So beschloss er u.a. eine Änderung der Sicherheitsstufe 2 auf 3. Genetischen Arbeiten, die der Sicherheitsstufe 3 unterliegen, wird ein höheres Gefährdungspotential zugeordnet als der Sicherheitsstufe 2. Damit ging der Bundesrat über die Sicherheitsanforderungen der Bundesregierung hinaus. Anschließend trat die Verordnung in Kraft.[61]

Auf internationaler Ebene positionierte sich die Bundesregierung jedoch nicht eindeutig in Bezug auf die rechtliche Einordnung von *„Gene Drives"*. Das ist eigentlich nicht nachzuvollziehen, zumal hier eine gemeinsame Positionierung innerhalb der Regierung, vorlag. Bei der internationalen Biodiversitätskonvention wurde im November 2018 von verschiedenen Umweltorganisationen ein Moratorium für die Nutzung von *„Gene Drives"* gefordert. Das Moratorium sah ein zeitlich begrenztes Verbot der Freisetzung von Organismen vor, die *„Gene Drives"* in sich tragen. Im Beschlussentwurf der Konferenz war jedoch kein Moratorium mehr vorgesehen. Bei den Beratungen war die Bundesregierung durch Bundesumweltministerin Svenja Schulze (SPD) vertreten. Ihr Ministerium betonte dabei, dass es die Nutzung von *„Gene Drives"* für kritisch hält. Das geht auf seine Antwort auf einen offenen Brief mehrerer Organisationen zurück.

> *„Wir setzen uns aus Vorsorgegründen dafür ein, dass in Deutschland und Europa keine Freisetzung von Organismen, die Gene Drive enthalten, erfolgt, solange negative Effekte auf die Biodiversität nicht ausgeschlossen werden können."*[62]

Ob sich die Bundesregierung für ein Moratorium im Vorfeld der UN-Biodiversitätskonvention einsetzen wollte, bleibt unklar. Fest steht, dass sich die Bundesregierung für eine Risikobewertung von „Gene

60 vgl. Der Spiegel: Gentechnik: Streit um Sicherheit. Juni 2019, https://www.saveourseeds.org/fileadmin/pics/SOS/genedrives/Spiegel-Artikel_GenTSV_zugeschnitten.jpg, Stand: 03.10.2019.

61 vgl. BR-Plenarprotokoll 978. 07.06.2019. S. 248f., https://www.bundesrat.de/SharedDocs/downloads/DE/plenarprotokolle/2019/Plenarprotokoll-978.pdf?__blob=publicationFile&v=2, Stand: 03.10.2019.

62 Bundesministerium für Umwelt, Naturschutz und nukleare Sicherheit: Antwortschreiben. Offener Brief vom 4. Juli 2018 2018. Gefahren von „Gene Drive"- Organismen. 24.09.2018, https://www.testbiotech.org/sites/default/files/Antwort%20BMU_Gene%20Drive_2018%20%281%29.pdf, Stand: 04.10.2019.

Drives" im Cartagena-Protokoll aussprach, nicht aber ein Moratorium unterstützte.

> *„Um ein hohes Maß an Sicherheit zu gewährleisten, unterstützt die Bundesregierung grundsätzlich die laufenden Prozesse zur Verbesserung der Risikobewertung unter dem Cartagena Protokoll. Hierunter fallen auch Verbesserungen der Risikobewertung von „Gene Drive".*[63]

Die Zurückhaltung in der Positionierung lässt sich damit erklären, dass die Bundesregierung insgesamt noch keine einheitliche Position in Bezug auf CRISPR besitzt und sich daher bei wichtigen Entscheidungen auf europäischer und internationaler Ebene enthält.

Um verbindliche Beschlüsse bei der Biodiversitätskonferenz zu erzielen, hätten darüber hinaus alle 200 Vertragsstaaten die UN-Konvention unterzeichnen müssen, dazu gehört auch, dass ein Moratorium einstimmig beschlossen werden muss. Da insbesondere afrikanische Staaten sich von der Gene-Drive-Methode eine Ausrottung von Malaria versprechen, waren die Chancen für ein Moratorium, das sich für ein zeitlich begrenztes Verbot der Freisetzung von *„Gene Drive"* Organismen einsetzte, von Beginn an eher als gering einzuschätzen gewesen.[64]

4.1.5 Somatische Therapie und Eingriff in die Keimbahnzelle

In der Humanmedizin unterscheidet die Bundesregierung grundsätzlich zwischen Keimbahnintervention und somatischer Therapie. Im Gegensatz zur Grünen Gentechnik, folgt sie hier einer einheitlichen Linie. Während bei der Keimbahnintervention eher Zurückhaltung, bis Ablehnung vorherrscht, zeigt sie sich in Bezug auf die somatische Therapie offen. Auf Anfrage der Opposition im Bundestag hat die Bundesregierung 2016 eine Einschätzung der neuen Methoden um

---

63 BT-Drucks. 18/10583, http://dip21.bundestag.de/dip21/btd/18/105/1810583.pdf, Stand: 04.10.2019.

64 vgl. Nature: UN treaty agrees to limit gene drives but rejects a moratorium. 29.11.2018, https://www.nature.com/articles/d41586-018-07600-w, Stand: 04.10.2019.

CRISPR/Cas9 im Hinblick auf die Humanmedizin gegeben. Dabei betonte sie die Chancen in der somatischen Therapie.

> *„Im Bereich der Humanmedizin bieten die Neuen Techniken große Chancen zur Entwicklung und Herstellung von Impfstoffen und biomedizinischen Arzneimitteln. Dadurch könnte die Heilung von bisher unheilbaren Krankheiten möglich werden. Geschehen könnte diese z. B.*
>
> – *durch präzise Korrektur eines defekten Gens bei monogenetischen Erkrankungen (somatische Gentherapie, im Tierversuch an Blutstammzellen bereits erfolgreich durchgeführt),*
> – *durch Inaktivierung eines Gens bzw. gezielte Veränderung der Nukleinsäuresequenz eines zellulären Gens (wird in den USA bereits in mehreren klinischen Prüfungen erprobt)*
> – *durch gezielte Integration zusätzlicher Nukleinsäuresequenzen an bestimmten Stellen im Genom, was den Gentransfer effizienter und/oder sicherer macht (zu derartigen Produkten wurden bereits wissenschaftliche Beratungsgespräche am Paul-Ehrlich-Institut durchgeführt).“*[65]

Im Hinblick auf die Risiken der somatischen Therapie am Patienten betonte die Bundesregierung, dass insbesondere *„Off-target-Effekte“* auf den einzelnen Patienten beschränkt blieben.[66]

Die einheitliche Linie lässt sich auch damit erklären, dass es von der Bundesregierung im Bereich der Humanmedizin bisher keinen Vorstoß gab, die bestehenden Gesetze zu novellieren. Auch besteht aufgrund der bestehenden europäischen Rechtsnorm noch keine Notwendigkeit zu einer Anpassung. Allerdings befasst sich das Bundesministerium für Bildung und Forschung mit diesem Themenbereich, dessen Fokus neben der Forschungsförderung vor allem in der Stärkung der öffentlichen Debatte liegt. Im Rahmenprogramm des Bundesministeriums für Bildung und Forschung wird CRIPSR als sogenannte Sprunginnovation definiert, die gezielt gefördert werden soll.

> *„Um langfristig international konkurrenzfähig zu bleiben, wird das Bundesministerium für Bildung und Forschung die Überführung von Ideen aus Forschung und Entwicklung in die Anwendung mit Potenzial für Sprunginnovationen gezielt fördern. Dazu wird eine spezialisierte Förderorganisation gegründet, Innovationswettbewerbe und Spitzenprojekte sollen gefördert werden. In Frei- und Experimentierräumen sollen mithilfe themen-, diszi-*

65 BT-Drucks. 18/10301, S. 2, https://dip21.bundestag.de/dip21/btd/18/103/1810301.pdf, Stand: 04.10.2019.

66 ebd.

plin- und technologieoffener Ansätze gesellschaftlich relevante Herausforderungen und Problemstellungen gelöst werden. Für die Unterstützung von neu in der Gesundheitsforschung entstehenden Innovationsfeldern wird das Bundesministerium für Bildung und Forschung zudem die Förderung von innovativen Netzwerken intensivieren: Insbesondere an den Schnittstellen von Branchen, Wissenschaftsdisziplinen und -kulturen sollen neue Anwendungsfelder und Technologien mit Erneuerungspotenzial für die deutsche Gesundheitswirtschaft entstehen."[67]

Um für die neuen molekularbiologischen Verfahren ethische und rechtliche Regulierungsempfehlungen zu erstellen, sowie die Kommunikation zwischen Wissenschaften, Politik und Gesellschaft in diesem Themenbereich zu fördern, hat das BMBF 6 Verbundprojekte (REALiGN-HD, GEENGOV, GenE-TyPE, ELSA-GEA, Genom-ELECTION, BAGE) initiiert, die hier kurz vorgestellt werden.

REALiGN-HD

REALiGN-HD hat das Ziel, einen rechtlichen Rahmen für den Bereich der Gentherapie beim Menschen zu erarbeiten. Interdisziplinär sollen gemeinsam ethische und rechtliche Implikationen untersucht und letztlich Regulierungsempfehlungen entwickelt werden.[68]

GEENGOV – Governance biomedizinischer Genom-Editierung

Das Projekt GEENGOV untersucht und entwickelt ähnlich wie REALiGN-HD Handlungsempfehlungen, allerdings im Therapiebereich bei genetisch bedingten Erkrankungen, die durch Genomeditierung an Körperzellen möglicherweise behandelt werden können und sollen. Verschiedene Fragestellungen werden dabei behandelt, die sich sowohl mit der Risikoabwägung als auch mit Einwilligungsfragen oder der

67 Bundesministerium für Bildung und Forschung: Rahmenprogramm: Gesundheitsforschung der Bundesregierung. November 2018, S. 25 https://www.bmbf.de/upload_filestore/pub/Rahmenprogramm_Gesundheitsforschung.pdf, Stand: 04.10.2109.

68 vgl. Bundesministerium für Bildung und Forschung: Forschung fördern. REALiGN-HD – Ethische und rechtliche Konzepte für die Anwendung neuer Techniken einer präzisen Genomeditierung bei hereditären Erkrankungen. 2016, https://www.gesundheitsforschung-bmbf.de/de/realign-hd-ethische-und-rechtliche-konzepte-fur-die-anwendung-neuer-techniken-einer-5441.php, Stand: 04.10.2109.

Anwendung und Regulation durch Gesetze und andere institutionelle Organisationsformen befassen.[69]

GenE-TyPE

GenE-TyPE befasst sich mit einer ethischen, naturwissenschaftlichen und rechtlichen Analyse der Genom-Editierung und ihrer Anwendung am Menschen. Auch hier ist das Ziel, eine Bewertung und letztlich eine Stellungnahme zu veröffentlichen, die den gesetzgeberischen Handlungsbedarf aufzeigt. Die Arbeitsgruppe arbeitet interdisziplinär und besteht aus Naturwissenschaftlern, Ethikern und Rechtswissenschaftlern.[70]

ELSA-GEA

Der 4. Förderschwerpunkt „*Ethische, rechtliche und soziale Aspekte in den Lebenswissenschaften*" (ELSA-GEA) hat zum Ziel, interdisziplinär Fragestellungen zu beforschen, so dass rechtliche und ethische Fragen in den Lebenswissenschaften von Beginn an miteinbezogen werden. ELSA geht auf eine Richtlinie des BMBF vom August 2015 zurück. Sie dient zugleich als Wissengrundlage für den gesellschaftlichen Dialog und die Vorbereitung von gesetzgeberischen Maßnahmen sowie politischen Handlungsempfehlungen. Hierfür wurde eigens eine Dialog Plattform (www.dialog-gea.de) geschaffen. Die ELSA-Forschung fließt wiederum auch in die Themenbearbeitung des Deutschen Ethikrates ein.

---

69 vgl. Bundesministerium für Bildung und Forschung: GEENGOV – Governance biomedizinischer Genom-Editierung. 2016, https://www.gesundheitsforschung-bmbf.de/de/geengov-governance-biomedizinischer-genom-editierung-5472.php, Stand: 05.10.2019.

70 vgl. Bundesministerium für Bildung und Forschung: GenE-TyPE – Eine naturwissenschaftliche, ethische und rechtliche Analyse moderner Verfahren der Genom-Editierung und deren möglicher Anwendungen. 2016, https://www.gesundheitsforschung-bmbf.de/de/gene-type-eine-naturwissenschaftliche-ethische-und-rechtliche-analyse-moderner-verfahren-5475.php, Stand. 05.10.2019.

BAGE

Ein weiteres, 5. Projekt des BMBF ist BAGE – Genom ELECTION. Hier geht es um die Demokratisierung der Wissenschaft im Bereich der molekularen Medizin wie in der Pflanzenzucht. Ziel ist es, Gutachten zu erstellen, die zugleich ethische, rechtliche und kommunikationswissenschaftliche Leitlinien definieren.[71]

In einer Antwort auf eine Kleine Anfrage von BÜNDNIS90/DIE GRÜNEN im Bundestag umschreibt die Bundesregierung die Funktion von ELSA und Genom Election folgendermaßen:

> „*Die im Rahmen der Förderung gewonnenen wissenschaftlichen Ergebnisse sollen der Öffentlichkeit in geeigneter Weise zugänglich gemacht werden. Die Forschungsprojekte leisten hierdurch einen Beitrag zu einem informierten wissenschaftlichen und gesellschaftlichen Diskurs. Inhalt und Form der Information der Öffentlichkeit und des Diskurses mit der Öffentlichkeit werden durch die Projektverantwortlichen bestimmt.*“[72]

Gefördert werden die Projekte Genom ELECTION mit 481.000 Euro und ELSA-GEA mit 1.022000 Euro.[73] Ziel dieser Projekte ist es, zum einen der Öffentlichkeit die wissenschaftlichen Ergebnisse zugänglich zu machen und zum anderen den informierten wissenschaftlichen und gesellschaftlichen Diskurs zu ermöglichen und zu fördern.

Genom-Editierung

Um das Thema des 6. Projektes: Genom-Editierung Schülern und Studenten näher zu bringen, wurde das Verbundprojekt „*Genom-Editierung*“ vom BMBF ins Leben gerufen. Es befasst sich mit den Welt- und Menschenbildern der möglichen zukünftigen Anwender. Ziel ist es, junge Menschen in den öffentlichen Diskurs einzubinden und

71 vgl. Bundesministerium für Bildung und Forschung: Genom ELECTION – Ethische, rechtliche und kommunikationswissenschaftliche Aspekte im Bereich der molekularen Medizin und Nutzpflanzenzüchtung. 2016, https://www.gesundheitsforschung-bmbf.de/de/genomelection-ethische-rechtliche-und-kommunikationswissenschaftliche-aspekte-im-bereich-5460.php, Stand: 05.10.2019.

72 BT-Drucks. 19/7926, S. 9, http://dip21.bundestag.de/dip21/btd/19/079/1907926.pdf, Stand: 05.10.2019.

73 ebd., S. 9.

auf verantwortungsvolles Urteilen und Handeln vorzubereiten, so das BMBF.[74]

Als eine weitere Maßnahme des BMBF zur Information und Beteiligung der Gesellschaft an Forschung ist die *„Citizen Science"* zu nennen. Hier geht es im weiteren Sinne um rechtliche und ethische Aspekte von CRISPR/Cas9. Allerdings können Bürgerinnen und Bürger selbst ihren Teil zur Forschung beitragen und damit zu Erforschern ihrer eigenen Beschwerden werden. Die Initiative fußt auf der Richtlinie zur Förderung von bürgerwissenschaftlichen Vorhaben.[75]

Wie reagiert nun aber die Öffentlichkeit? Partizipiert sie? Nimmt sie am Dialog teil?

In einer ersten repräsentativen Bevölkerungsbefragung des Bundesinstituts für Risikoforschung (BfR) vom Februar 2017 wurde nach der Bekanntheit des Begriffs *„Gene Editing"* in der deutschen Bevölkerung gefragt. Laut dem BfR Verbraucher Monitor war nur 14% der Deutschen der Begriff bekannt. Im Vergleich dazu war der Begriff „gentechnikveränderte Lebensmittel" 95% der Deutschen bekannt. Im Februar 2018 bestätigten in einer erneuten Umfrage des BfR sogar nur 12% von dem Begriff „Gene Editing" gehört zu haben. Im August 2018 stieg der Wert wiederum auf 14%. Im Februar 2019 sank die Zahl auf 13% der der befragten deutschen Bevölkerung.[76] Damit nimmt *„Gene Editing"* und somit auch CRISPR/Cas9 nach wie vor eine Randstellung

---

74 vgl. Bundesministerium für Bildung und Forschung: BAGE – Ethische Bewertungskompetenz und Alltagsphantasien von Jugendlichen und Studierenden zu den Möglichkeiten der Genom Editierung BAGE. 2016,https://www.gesundheitsforschung-bmbf.de/de/bage-ethische-bewertungskompetenz-und-alltagsphantasien-von-jugendlichen-und-studierenden-5468.php, Stand: 06.10.2019.

75 vgl. Bundesministerium für Bildung und Forschung: Rahmenprogramm: Gesundheitsforschung der Bundesregierung. November 2018, https://www.bmbf.de/upload_filestore/pub/Rahmenprogramm_Gesundheitsforschung.pdf, Stand: 06.10.2019.

76 vgl. Bundesinstitut für Risikobewertung: BfR Verbrauchermonitor 2019. August 2019, S. 7, https://www.bfr.bund.de/cm/350/bfr-verbrauchermonitor-08-2019.pdf, Stand: 27.10.2019; Bundesinstitut für Risikobewertung: BfR Verbrauchermonitor 2018. August 2018, S. 7, https://www.bfr.bund.de/cm/350/bfr-verbrauchermonitor-08-2018.pdf, Stand: 27.10.2019; Bundesinstitut für Risikobewertung: BfR Verbrauchermonitor 2017. August2017, S. 7, https://www.bfr.bund.de/cm/350/bfr-verbrauchermonitor-08-2017.pdf, Stand: 27.10.2019.

im Bewusstsein der Deutschen ein. Von einem breiten öffentlichen Dialog kann demnach keine Rede sein.

Das BfR führte im August und September 2019 eine Verbraucherkonferenz zum Thema „*Genome Editing*" durch, die Bürgerinnen und Bürgern eine direkte Beteiligung ermöglichen soll. Ziel der Konferenz war es laut Bundesregierung, „*[...]Erkenntnisse über die gesellschaftliche Wahrnehmung bestimmter Problembereiche in der Genchirurgie liefern und den öffentlichen Diskurs darüber anregen bzw. unterstützen.*"[77] Die Expertinnen und Experten wurden dabei durch die zwanzig teilnehmenden Verbraucherinnen und Verbraucher bestimmt. Am Ende der Konferenz sollte eine Stellungnahme zustande kommen, die anschließend als Verbrauchervotum Repräsentantinnen und Repräsentanten aus den Bereichen Politik, Wissenschaft, Wirtschaft und Zivilgesellschaft übergeben wird.[78]

Es zeigt sich, dass die Bundesregierung das Thema aufgenommen hat. Neben kleineren Dialogformaten gibt es eine Vielzahl an von der Bundesregierung unterstützten wissenschaftlichen Projekten, die insbesondere die ethische und rechtliche Seite betrachten. Eine klare Positionierung der Bundesregierung, die sich für oder gegen eine Regulierung von CRISPR ausspricht, gibt es jedoch nicht. Dadurch kann Deutschland auch international keine gewichtige Rolle zu diesem Thema einnehmen und hinkt Entscheidungen auf EU- und internationaler Ebene eher hinterher.

4.1.6 Deutscher Ethikrat zu CRISPR

Der Deutsche Ethikrat ist ein unabhängiges Beratungsgremium der Bundesregierung und des Bundestages. Der Ethikrat wird zur Hälfte von Bundesregierung und Bundestag gewählt. Er erstellt Empfehlungen für politisches und gesetzgeberisches Handeln – insbesondere im

77 BT-Drucks. 19/11950, S. 83, http://dipbt.bundestag.de/dip21/btd/19/119/1911950.pdf, Stand: 06.10.2109.

78 vgl. Bundesinstitut für Risikobewertung: Die häufigsten Fragen (FAQ) zur BfR-Verbraucherkonferenz Genome Editing. 15.07.2019, https://www.bfr.bund.de/cm/343/die-haeufigsten-fragen-zur-bfr-verbraucherkonferenz-genome-editing-2019-07-15.pdf, Stand: 06.10.2019.

Bereich der Lebenswissenschaften. Weiterhin dient er als Sprachrohr zur Information der Öffentlichkeit und zur Förderung der Diskussion in der Gesellschaft. Allerdings besitzt er keine Entscheidungsfunktion. Dennoch sind die Berichte häufig wegweisend für die Meinungsbildung bei ethischen Konfliktthemen. Mit dem Thema CRISPR/Cas9 hat sich der Ethikrat auf verschiedenen Ebenen beschäftigt und übernimmt damit eine Hauptrolle in der Diskussion zu diesem Thema. Das soll im Folgenden näher betrachtet werden.

4.1.6.1 Ad-hoc Empfehlung 2017

Bei seiner Jahrestagung im Juli 2016 diskutierte der Ethikrat mit Wissenschaftlern und Forschern aus unterschiedlichen Fachgebieten über CRISPR/Cas9. Dabei wurde sowohl darüber diskutiert, ob eine Anwendung in der menschlichen Keimbahn vertretbar, als auch der Frage nachgegangen, ob ein wissenschaftliches Moratorium notwendig sei. Am 29. September 2017 hat der Ethikrat eine erste Ad-hoc Empfehlung zum Thema CRISPR/Cas9 verfasst. In seiner Ad-hoc Empfehlung sprach er die Notwendigkeit der Beschäftigung mit diesem Thema auf gesellschaftlicher wie politischer Ebene an, da die Forschung schneller voranschreitet als erwartet. Dabei stellte er eine Reihe an Fragen und Problemen zur Diskussion, die auf allen Ebenen der Politik, bis hin zur Weltgemeinschaft, geklärt werden müssen. Abschließend empfahl er der Bundesregierung und dem Bundestag, die Initiative zu ergreifen und die mögliche Keimbahnintervention beim Menschen auf der Ebene der Vereinten Nationen zu heben und sich dort für die oben skizzierten Maßnahmen (Organisation und Durchführung einer internationalen Konferenz und Verabschiedung von global verbindlichen Regularien oder völkerrechtlichen Konventionen) einzusetzen. Eine Klärung auf nationaler Ebene hielt der Rat für nicht ausreichend, da die Wissenschaft grenzüberschreitend arbeitet.[79] Im Juni 2018 veranstaltete der Ethikrat eine Tagung zum Thema *„Des Menschen Würde in*

79 vgl. Deutscher Ethikrat: Ad-Hoc Empfehlung: Keimbahneingriffe am menschlichen Embryo: Deutscher Ethikrat fordert globalen politischen Diskurs und internationale Regulierung. 29.09. 2017, https://www.ethikrat.org/fileadmin/Publikationen/Ad-hoc-Empfehlungen/deutsch/empfehlung-keimbahneingriffe-am-menschlichen-embryo.pdf, Stand: 12.12.2019.

unserer Hand – Herausforderungen durch neue Technologien", bei der auch die Technik CRISPR/Cas9 diskutiert wurde.

4.1.6.2 Trilaterales Treffen

In einem trilateralen Treffen der Ethikräte von Frankreich, Großbritannien und Deutschland im Jahr 2018 wurde unter anderem das Papier des britischen Ethikrats zum Umgang mit „*Genome Editing and human reproduction*" diskutiert, dass unter bestimmten Umständen den Eingriff in die menschliche Keimbahnzelle für ethisch vertretbar hält.[80] Bei diesem Treffen ging es vor allem um den Austausch von Positionen. Eine gemeinsame Erklärung wurde nicht verabschiedet.

4.1.6.3 Geburt der Zwillinge in China

In einem Infobrief vom Januar 2019 äußerte sich der Rat erneut zum Thema und verurteilte den angeblichen Eingriff des chinesischen Wissenschaftlers He scharf und bezeichnete den Eingriff als Verletzung ethischer Verpflichtungen. Auch der Vorsitzende des Ethikrats, Peter Dabrock, äußerte sich zum Eingriff in China: „*Der Einsatz von Genome-Editing am menschlichen Embryo ist zum jetzigen Zeitpunkt und beim derzeitigen Stand der Technik in keiner Weise zu verantworten, erst recht nicht ohne einen dringenden medizinischen Grund*".[81]

80 Zu den Vorschlägen des britischen Ethikrats zählen: "*Reproductive cells that have been subject to heritable genome editing interventions should only be used for purposes that are consistent with the welfare of the future person. The use of heritable genome editing interventions would only be ethically acceptable if carried out in accordance with principles of social justice and solidarity. If heritable genome editing were to become feasible, those whose genomes have been edited should be entitled to the same enjoyment of human rights as everyone else.*" (Nuffield Council on Bioethics: Genome editing and human reproduction: social and ethical issues short guide. 2016, S. 8, https://www.nuffieldbioethics.org/assets/pdfs/Genome-editing-and-human-reproduction-short-guide.pdf, Stand: 12.12.2019.)

81 Deutscher Ethikrat: Pressemitteilung: Anwendung von Keimbahneingriffen derzeit ethisch nicht vertretbar. 26.11.2018, https://www.ethikrat.org/mitteilungen/2018/anwendung-von-keimbahneingriffen-derzeit-ethisch-nicht-vertretbar/, Stand: 12.12.2019.

4.1.6.4 Stellungnahme des Ethikrats am 9. Mai 2019

Mit seiner Stellungnahme zum Genome-Editing vom 9. Mai 2019 wich der Ethikrat deutlich von dieser Position ab. Stattdessen knüpfte der Ethikrat an die Ergebnisse des trilateralen Treffens von 2018 an und erklärt, ähnlich wie der Ethikrat von Großbritannien, dass der Einsatz von „Genome-Editing“ am Embryo unter bestimmten Umständen in der Zukunft vertretbar sein könnte und ethische Gesichtspunkte nicht grundsätzlich ein Verbot der Intervention an der Keimbahn bedeuten müssen. Damit geht der Ethikrat in seiner Bewertung deutlich über die bisherige Haltung der Regierungsparteien hinaus – die eine Keimbahnintervention am menschlichen Embryo ablehnt – und schafft für die Zukunft die Grundlage, dass unter Anwendung bestimmter Kriterien die Keimbahnintervention rechtlich in Deutschland erlaubt werden könnte.

Der Rat betonte aber auch, dass hier nicht nur eine Chancen-Risiko-Abwägung notwendig wird, sondern vor allem die ethischen Orientierungsmaßstäbe, wie Menschenwürde, Lebens- und Integritätsschutz, Freiheit, Schädigungsvermeidung und Wohltätigkeit, Natürlichkeit, Gerechtigkeit, Solidarität und Verantwortung zugrunde zu legen sind.[82] Als einen weiteren wichtigen Punkt wurde die Sicherheit und Wirksamkeit der Methode angegeben. Die internationale Wissenschaftsgemeinde forderte er zur Verabschiedung eines Moratoriums auf. Die politischen Akteure forderte er auf, auf internationaler Ebene, möglichst durch die UN, eine verbindliche internationale Regelung zu erwirken. Darüber hinaus forderte er eine internationale Institution, die einheitliche wissenschaftliche und ethische Standards erarbeitet und einen nationalen, wie internationalen Diskurs führt. Als seine Aufgabe sah der Ethikrat, die verschiedenen Argumente für die gesellschaftliche Debatte zu strukturieren und transparent zu machen und formuliert dazu sechs Fragen, deren Beantwortung er im Rahmen dieses Themas für zentral hält.

„• *Frage 1: Ist die menschliche Keimbahn unantastbar?*
• *Frage 2: Darf/soll man das Ziel, in die Keimbahn einzugreifen, verfolgen?*

82 vgl. Deutscher Ethikrat: Stellungnahme: Eingriffe in die menschliche Keimbahn. 09.05.2019, S. 30, file:///C:/Users/lbr/Downloads/stellungnahme-eingriffe-in-die-menschliche-keimbahn%20(1).pdf, Stand: 12.12.2019.

- *Frage 3: Darf/soll verbrauchende Forschung an menschlichen Embryonen in vitro durchgeführt werden?*
- *Frage 4: Darf/soll man auf Ergebnisse der verbrauchenden Embryonenforschung Dritter zurückgreifen, auch wenn man solche Forschung selbst ablehnt?*
- *Frage 5: Darf/soll man zur klinischen Forschung übergehen?*
- *Frage 6: Darf/soll man Keimbahneingriffe zur Vermeidung monogener Krankheitsanlagen, zur Reduzierung von Krankheitsrisiken oder zu Enhancement-Zwecken (durchführen?"*[83]

Die Beantwortung der Fragen fiel im Ethikrat dabei sehr unterschiedlich aus, wobei die Fragen 1 und 5 einstimmig beantwortet wurden. Der Ethikrat hielt den Eingriff in die Keimbahn nicht für unantastbar. Den Übergang zur klinischen Forschung lehnte er dagegen im Moment ab. Letztlich hielt der überwiegende Teil des Rates eine Anwendung von Keimbahneingriffen bei monogenen (monogene Krankheitsanlagen sind, Anlagen, die auf einem Gen liegen) Krankheitsanlagen für möglich. Bei der Reduzierung von Krankheitsrisiken wie auch im Bereich des „Enhancement" war aus seiner Sicht eine generalisierende Beurteilung nicht möglich.

Der Ethikrat sah eine besondere Hürde bei der Keimbahnintervention auf technischer Ebene. Zum einen können Fehler auftreten, so zum Beispiel Mosaike oder „off-Target-Effects". Zum anderen kann bisher nach einem möglichen Eingriff noch nicht sicher überprüft werden, ob tatsächlich keine Fehler aufgetreten sind.

Rein rechtlich sah der Ethikrat national wie international keine klare Regelung vorliegen, die diesen Bereich sicher abdeckt. Daher fordert er für den Fall, dass die Keimbahnintervention sich ethisch als auch wissenschaftlich als gangbares Verfahren erweist, die rechtlichen Standards angepasst werden.

Mit seiner Stellungnahme hat sich der Ethikrat nicht nur am weitesten zu dem Thema vorgewagt, sondern es auch öffentlichkeitswirksam vertreten. Die Stellungnahme wurde in verschiedenen Medien behandelt. Ein intensiver politischer Diskurs entwickelte sich aber nicht

83 Deutscher Ethikrat: Stellungnahme: Eingriffe in die menschliche Keimbahn. 09.05.2019, S. 45, https://www.ethikrat.org/fileadmin/Publikationen/Stellungnahmen/deutsch/stellungnahme-eingriffe-in-die-menschliche-keimbahn.pdf, Stand: 12.12.2019.

daraus. Dabei zeigt sich einmal mehr, dass auch der Ethikrat auf eine Positionierung der Bundesregierung angewiesen ist, die wiederum die Ergebnisse öffentlichkeitswirksam weitertransportiert.

4.1.7 Bioökonomierat zu CRISPR

Neben dem Ethikrat gibt es eine weitere Institution, die der Regierung beratend zur Seite steht und den Dialog mitgestaltet. Der Bioökonomierat ist ein unabhängiges Beratungsgremium der Bundesregierung und berät sie zu Fragen der Nutzung biologischer Ressourcen, d.h. zu Produkten, Verfahren und Dienstleistungen in allen wirtschaftlichen Sektoren im Rahmen eines zukunftsfähigen Wirtschaftssystems.[84] Er kann also Vorschläge, Stellungnahmen und Kommentare zu aktuellen Entwicklungen im Bereich Neuer gentechnischer Verfahren unterbreiten. Politische Entscheidungen kann dieses Gremium zwar nicht treffen, dennoch gibt es in seiner Stellungnahme vom Januar 2019 sehr weitreichende Handlungsempfehlungen, die bei einer Novellierung der Gesetze berücksichtigt werden könnten.

Nachdem der EuGH im Juli 2018 zu neuen Gentechnikverfahren urteilte, forderte der Bioökonomierat in einem Kommentar zum Urteil einen Kompromiss ein, der vor allem auch berücksichtigt, dass das Verfahren nicht als klassisches Gentechnikverfahren verstanden wird. Dabei argumentierte er, dass im Nachhinein die Veränderung der Pflanzen mittels CRISPR von natürlichen Mutationen gar nicht mehr unterscheidbar sei und folgte hier – anders als der EuGH – einer ergebnisorientierten Auslegung der Methode.

4.1.7.1 Stellungnahme Bioökonomierat 2019

Im Januar 2019 brachte der Rat eine Stellungnahme heraus, die sich konkret mit der Nutzung des „Genome-Editing“ befasste. In seiner Stellungnahme forderte der Rat die Politik in Deutschland und der EU dazu auf, die bisherigen relevanten Gesetze zur Gentechnik zu

84 vgl. Bioökonomierat: Was ist Bioökonomie? 2019, http://biooekonomierat.de/biooekonomie/, Stand: 12.12.2019.

novellieren. In seiner Begründung für die Forderung sprach der Rat zwei Punkte an, die aus seiner Sicht eine Novellierung notwendig machen: Zum einen nannte er das EuGH-Urteil. Der Rat befürchtete, dass die regulativen Hürden, dazu führen könnten, dass Europa den Anschluss an die neue Entwicklung verpasst und zugleich diese auch nicht mehr mitbestimmen kann. Zum anderen verwies er auf die großen Risiken, die in bestimmten Bereichen mit der Technik verbunden sind, die es aus seiner Sicht notwendig machen, Schutzvorschriften zu erlassen. Konkret forderte er eine Novellierung des Gentechnikrechts, welches klarstellen sollte, welche Genome-Editing-Verfahren erlaubt, welche verboten und welche nur mit besonderer Genehmigung erlaubt sein sollten. Der Bioökonomierat stellte dafür eine Leitlinie zur Diskussion, die die Anwendung bei Pflanzen, Nutztieren, Insekten, Fischen und anderen aquatischen Organismen und Mikroorganismen umfasste. Die Anwendung am Menschen wurde in dieser Stellungnahme jedoch nicht betrachtet.[85]

So unterschied er bei der erlaubten Anwendung zunächst einmal über die Größe der veränderten Genabschnitte bei Pflanzen. Konkret schlug der Rat vor, dass bei Pflanzen die Kennzeichnungspflicht entfallen könnte und eine Freisetzung nicht genehmigungspflichtig wäre, wenn durch „Genome-Editing" z.B. weniger als 20 Basenpaare verändert werden.[86] Für Deutschland würde dies bedeuten, dass das Sortenzulassungsrecht zur Anwendung käme. Allerdings wies der Rat auch darauf hin, dass möglicherweise die Freisetzung sogenannter herbizidtoleranter Pflanzen auch nicht genehmigungspflichtig wäre.[87] Dies ist aber ökologisch umstritten. Deshalb fordert der Rat, solche Ausnahmen zum Beispiel unter dem Pflanzenschutzrecht zu erfassen.[88]

---

85 vgl. Bioökonomierat: Genome Editing: Europa benötigt ein neues Gentechnikrecht. 16.01.2019, http://biooekonomierat.de/fileadmin/Publikationen/berichte/BOERMEMO_07_final.pdf, Stand: 12.12.2019.

86 ebd. S. 2.

87 Unter herbizidtolerant versteht man, dass eine Pflanze gegenüber Herbiziden unempfindlich ist und damit den Einsatz von Unkrautvernichtern schadlos überstehen kann. In Europa sind derzeit keine genetisch veränderten herbizidtoleranten Nutzpflanzen zugelassen.

88 vgl. Bioökonomierat: Genome Editing: Europa benötigt ein neues Gentechnikrecht. S. 2, 16.01.2019, http://biooekonomierat.de/fileadmin/Publikationen/berichte/BOERMEMO_07_final.pdf, Stand: 12.12.2019.

Bei der Tierzucht ging er weniger von ökologischen als von ethischen Problemen aus und forderte deshalb eine umfassende Nutztierstrategie und eine Leitlinie für die künftige Tierzucht. Da Nutztierstrategien – so der Rat – überwiegend auf nationaler Ebene festgelegt werden, das Gentechnikrecht aber auf der EU-Ebene novelliert werden sollte, bedurfte es aus der Sicht des Rates eines Minimalkonsenses. Die einzelnen EU-Staaten könnten dann mittels einer „Opt-out-Regelung", wie sie in der Pflanzenzucht bereits besteht, in ihren Nutzungsstrategien eine striktere Reglementierung vornehmen.[89]

Bei der genetischen Veränderung von Insekten sah der Rat zum einen ein Potenzial in der Verbesserung des biologischen Pflanzenschutzes und zum anderen in der Einflussnahme auf_Populationen von Schädlingen. Da hier jedoch die Risiken aus seiner Sicht besonders hoch wären, da die Rückholbarkeit genetisch veränderter Insekten aus seiner Sicht nicht gegeben wäre und durch „Gene Drive" die Erbmerkmale an fast alle Nachkommen der Population vererbt würden, riet er zu besonderer Vorsicht. Deshalb forderte der Rat eine Implementierung internationaler Transparenzregeln im Bereich von Insekten.[90]

Ähnlich sah es bei Fischen aus, da diese wie Insekten ein hohes Verbreitungspotenzial haben und mittels „Gene Drive" Populationen schneller verändert werden können. Auch hier forderte er internationale Transparenzregeln.[91]

Bei Mikroorganismen sah der Rat keine Notwendigkeit ein aufwendiges Genehmigungsverfahren einzuleiten. Werden die Organismen allerdings freigesetzt oder in Lebens- und Futtermitteln eingesetzt, sollten sie auch bei vorgeschriebenen Überprüfungen konventionell hergestellter Mikroorganismen angewendet werden. Geht das „Genome Editing" über natürliche Prozesse und die Mutagenese hinaus, sollte es unter das Gentechnikrecht fallen. In einem weiteren Punkt ging der Bioökonomierat konkret auf die Produktbezeichnung ein. Für gentechnisch veränderte Produkte, die auf eine Punktmutation oder wenige Basenpaare zurückgehen, sollten diese nicht als Gentechnik eingestuft werden und damit auch nicht kennzeichnungspflichtig sein.

89 ebd. S. 2f..
90 ebd. S. 3.
91 ebd. S. 3.

Würden diese Produkte aber doch unter ein novelliertes Gentechnikrecht fallen, sollten diese Produkte nicht kennzeichnungspflichtig sein, da sonst keine Rechtssicherheit im Warenverkehr gegeben wäre. Es wurde hier argumentiert, dass aufgrund der mangelnden Nachweisbarkeit solcher Produkte eine Kennzeichnungspflicht mit erheblichen Schwierigkeiten zu kämpfen hätte. Der Rat sprach sich hier für eine freiwillige Kennzeichnung „ohne Gentechnik" aus. Damit bliebe die Wahlfreiheit der Konsumenten weiter gesichert.[92]

Im Bereich der Forschung ging er vor allem auch darauf ein, dass CRISPR nicht nur von etablierten Instituten und Forschungslaboren, sondern auch von Privatpersonen genutzt werden kann. Daher forderte er, dass sich jeder, der diese Technik nutzt, sich in einem behördlichen Register anmelden muss. Darüber hinaus forderte er eine internationale Plattform des Austauschs, bei der Erfahrungen der Regulierung und des Monitorings ausgetauscht werden können (Global Genome Observatory).[93]

Im Bereich der Grundlagenforschung forderte er mehr staatliche Förderung – vor allem auch Ausbildungsprogramme und vorwettbewerbliche Förderung. Ein Kriterium der Förderung sollte vor allem der gesamtgesellschaftliche Nutzen sein.[94]

In Bezug auf die Biodiversität, sah der Rat zwei mögliche Entwicklungen, die durch „Gene Editing" entstehen könnten. Es könnte sowohl die Biodiversität befördern als auch verringern. Deshalb schlug er vor, in Modellregionen einen Probeanbau zu betreiben und wissenschaftlich zu begleiten. Darüber hinaus hielt er ein Monitoring für notwendig und dabei „Gene Editing" von Beginn an einzubeziehen.[95]

Ein weiteres Feld war das Patentrecht und die Frage, ob „Natur" patentiert werden kann. Ebenso spielten open source- Daten und Technologien eine Rolle. Dafür schlug er ein internationales interdisziplinäres Konsortium vor, dass sich mit diesen Fragen beschäftigt und international tragfähige Regeln ausarbeitet.[96]

92 ebd. S. 3
93 ebd. S. 4f..
94 ebd. S. 4f..
95 ebd. S. 5.
96 ebd. S. 5

Abschließend forderte er einen gesellschaftlichen Dialog, der auf Bürgerbeteiligung und demokratische Öffentlichkeit ausgerichtet wäre. Dabei ging es nicht unbedingt um einen Konsens, sondern mehr um einen Dialog. Es sollten dazu Verfahrensformen entwickelt werden, die wissenschaftlich bis zur Wirksamkeit begleitet werden.[97]

Die Forderungen des Bioökonomierats wurden von der Bundeslandwirtschaftsministerin Julia Klöckner unterstützt, die ebenso eine Novellierung des Gentechnikrechts auf der EU-Ebene forderte.[98] Allerdings berief sie sich in ihren Statements nicht auf den Bioökonomierat. So bleibt unklar, inwieweit der Rat die Debatte öffentlich erkennbar mitgestalten kann.

4.2 Positionen und Handlungsspielraume der Bund/Länder-Arbeitsgemeinschaft Gentechnik

Deutschland ist ein föderales Land und das zeigt sich einmal mehr bei der Gentechnik, wo die Abstimmung zwischen Bund und Ländern in einer Arbeitsgemeinschaft, der Bund/Länder-Arbeitsgemeinschaft organisiert wird.

Die Bund/Länder-Arbeitsgemeinschaft (LAG) koordiniert die notwendige Abstimmung zwischen Bund und Ländern in Fragen der Gentechnik. Die 16 Bundesländer sind jeweils mit einem stimmberechtigten Mitglied vertreten. Das Bundesministerium für Ernährung und Landwirtschaft entsendet ein stimmberechtigtes Mitglied und die Gesundheitsministerkonferenz ist mit zwei Mitgliedern vertreten. Insgesamt sind 19 Mitglieder vertreten.

Im Tätigkeitsbericht des LAG vom 21. Februar 2018 hatte sich die Arbeitsgemeinschaft auch mit neuen molekularbiologischen Techniken befasst. Dabei legte sich die LAG auf eine Position fest. Sie kam zu dem Schluss, dass es für diesen Bereich noch Klärungsbedarf gäbe, der

97 ebd. S. 6.

98 vgl. Bundesministerium für Ernährung und Landwirtschaft: Wie ist die Haltung des BMEL zu den NMT?. 13.08.2019, https://www.bmel.de/SharedDocs/FAQs/DE/faq-neuezuechtungstechnologien/FAQ-NeueZuechtungstechnologien_List.html#f68608, Stand: 31.11.2019.

auf europäischer Ebene beantwortet werden sollte und forderte den Bund auf, in diese Richtung tätig zu werden. Darüber hinaus wurde entschieden, dass sich die Länder gegenseitig über Entscheidungen zu neuen Techniken, die nicht unter das Gentechnikrecht fallen, informieren. Eine Änderung des Gentechnikgesetztes wurde an dieser Stelle nicht eingefordert.

Darüber hinaus behandelte die LAG die Internetüberwachung von genveränderten Organismen als einen Punkt, der zunächst einmal auf nationaler Ebene betrachtet werden sollte. Dabei ging es vor allem um den in Deutschland nicht zugelassenen Online-Verkauf von genveränderten Organismen und Do-it-yourself-Kits (DIY-Kits) zur Erzeugung von genveränderten Organismen. Die LAG beschloss, die Öffentlichkeit auf die Rechtslage beim Erwerb eines solchen DIY-Kits besonders aufmerksam zu machen und eine Mitteilung auf den jeweiligen Internetpräsenzen zu veröffentlichen. Weiterhin sollte geprüft werden, ob ein Monitoring der Entwicklung des Online-Handels von DIY-Kits durchgeführt werden könnte.[99] Hier zeigt sich, dass die LAG im Vergleich zur Bundesregierung in Bezug auf den Handel proaktiv Handlungsvorschläge machte. Zu einer Gesetzesänderung des Gentechnikrechts nahm sie jedoch keine Stellung, obwohl die Länder hierzu bereits 2016 einen Änderungsvorschlag im Bundesrat eingebracht hatten.

4.3 Positionen und Handlungsspielräume des Bundestages

In einem Artikel der Frankfurter Allgemeinen Zeitung (FAZ) vom 26. November 2018 wurde nach der Geburt der genmanipulierten chinesischen Zwillinge die Frage gestellt, welche Reaktion des Bundestages es hierzu gab. In dem Zeitungsbeitrag wurde lediglich eine *„vornehme Zurückhaltung“* der Abgeordneten zu diesem Thema kon-

99 vgl. Bund/Länder-Arbeitsgemeinschaft: Tätigkeitsbericht der Bund/Länder-Arbeitsgemeinschaft Gentechnik (LAG). 21.02.1018, https://www.lag-gentechnik.de/documents/taetigkeitsbericht_2016-2017_1538744162.pdf, Stand. 06.10.2019.

statiert.[100] Auch eine Aktuelle Stunde zum Thema gab es bisher nicht. Aktuelle Stunden werden in der Regel im Bundestag anberaumt, wenn es weiteren Fragebedarf der Parlamentarier zu einem Thema nach einer Fragestunde gibt. Es ist aber auch möglich, zu einem gesellschaftspolitisch aktuellen Thema eine Aktuelle Stunde zu verlangen. Auch in einem Beitrag des ZDF wird von einer erstaunlichen Zurückhaltung bei dem Thema gesprochen. Das wird vor allem darauf zurückzuführt, dass Gentechnik ein unpopuläres Thema und mit diffusen Ängsten in der Bevölkerung behaftet ist.[101] Es ist fraglich, ob dies als Hauptursache für die Zurückhaltung der Politik herhalten kann. Der Frage muss nachgegangen werden, aus welchen Gründen der Bundestag sich nicht in die Debatte einbringt.

Zunächst ist festzuhalten, dass der Bundestag ein Ausschuss-Parlament ist. Das bedeutet, dass die wesentliche Arbeit in den Ausschüssen stattfindet. Daher scheint zunächst ein Blick auf die Ausschuss-Arbeit sinnvoll. Und hier zeigt sich an mehreren Beispielen, dass das Thema in den relevanten Ausschüssen in den vergangenen Jahren durchaus eine Rolle spielte. So gab zum Beispiel der Ausschuss für Bildung, Forschung und Technikfolgenabschätzung 2011 beim Büro für Technikfolgeabschätzung (TAB) einen Arbeitsbericht zum Thema „*Synthetische Biologie – die nächste Stufe der Bio- und Gentechnologie*“ in Auftrag. Das TAB legte am 7. Januar 2016 einen Bericht zum Thema vor. Dabei wurde im Bericht erstmals auch das Genome-Editing-Verfahren der Synthetischen Biologie zugeordnet. Eine zentrale Rolle nahm die Risikoabschätzung und Risikoregulierung im Bericht ein, wobei die Politik aufgefordert wurde, sich frühzeitig mit dem Thema Genome Editing auseinanderzusetzen und einen gesellschaftlichen Dialog über die Chancen und Risiken zu eröffnen.[102]

---

100 vgl. Frankfurter Allgemeine: Politiker zu Crispr-Zwillingen: Und sagten kein einziges Wort. 04.12.2018, https://www.faz.net/aktuell/feuilleton/debatten/warum-schweigt-der-bundestag-zu-den-crispr-babys-15922791.html, Stand: 06.10.2019.

101 vgl. ZDF: Debatte um Genschere – Schweigen im Regierungsviertel. 18.01.2019, https://www.zdf.de/nachrichten/heute/heescher-politik-und-genschere-100.html, Stand: 06.10.2109.

102 vgl. BT-Drucks. 18/7216, http://dip21.bundestag.de/dip21/btd/18/072/1807216.pdf, Stand: 07.10.2019.

Am 8. Oktober 2015 befasste sich der Ausschuss mit der gemeinsamen Stellungnahme zum Thema „*Chancen und Grenzen des Genome Editing*“ der Nationalen Akademie der Wissenschaften Leopoldina, der Deutschen Akademie der Technikwissenschaften (acatech), der Union der deutschen Akademien der Wissenschaften, der Deutsche Forschungsgemeinschaft (DFG) als Kooperationspartner.[103] Ebenso wurde in der 18. Legislaturperiode für die 19. Legislaturperiode eine Untersuchung zum Thema „*Genome Editing beim Menschen*“ beim Büro für Technikfolgeabschätzung in Auftrag gegeben, die anschließend den Abgeordneten und Gremien zur Verfügung stehen soll. Die Untersuchungsergebnisse sind auch öffentlich zugänglich. Der Ausschuss und das TAB führten darüber hinaus am 29. September 2016 ein öffentliches Fachgespräch zum Thema „*Synthetische Biologie, Genome Editing, Biohacking – Herausforderungen der neuen Gentechnologien*“ durch. Dieser Bericht erhielt auch Aufmerksamkeit in der Öffentlichkeit, richtet sich aber dennoch vor allem an ein Fachpublikum. Es gibt noch ein weiteres Instrument, das der Bundestag nutzen kann, um wichtige Themen dauerhaft auf die Agenda zu heben – Die Beauftragung einer Enquete-Kommission. Eine Enquete-Kommission zum Thema Lebenswissenschaften ist bisher nicht eingerichtet worden. Dies ist ein wichtiger Punkt, weshalb der Bundestag das Thema nicht sichtbar nach außen vertritt. Diese Beratungsfunktion übernimmt allerdings der Ethikrat, dessen Mitglieder zur Hälfte vom Bundestag gewählt werden. Gleichwohl sind die Stellung und der Entscheidungsrahmen des Ethikrats nicht mit der, bzw. dem des Bundestages vergleichbar. Allerdings wird der Bundestag wegen der stärkeren Außenwirkung des Ethikrats zu ethischen Themen weniger wahrgenommen. Dies erklärt wohl zu einem Teil die in den Medien aufgeworfene Frage, was den Bundestag bei diesem Thema beizutragen hat.

Neben der Aktuellen Stunde und der Ausschussarbeit als Informations- und Diskussionsort verfügt das Parlament über einige Kontrollinstrumente, um sich über die Positionen und Maßnahmen der Regierung zu einem bestimmten Thema zu informieren und zu debattieren. Dazu

103 vgl. BT-Ausschuss-Drucks.18/404, S. 47,https://www.bundestag.de/resource/blob/532588/aab69563c1cc8ffa6801c1cb085a82fd/18_wahlperiode-data.pdf, Stand: 07.10.2019.

gehören: Kleine und Große Anfragen, Schriftliche Fragen und Fragestunden und die Regierungsbefragungen. Kleine Anfragen werden von der Bundesregierung ausschließlich schriftlich beantwortet, während Große Anfragen auch im Plenum debattiert werden. Um eine solche Anfrage zu stellen, bedarf es fünf Prozent der Abgeordneten oder eine einzelne Fraktion. Im Allgemeinen gibt es sehr viel mehr Kleine als Große Anfragen.[104] Bis zu vier Schriftliche Fragen pro Monat kann auch jeder einzelne Abgeordnete an die Bundesregierung stellen. Die Regierung hat eine Woche Zeit, um diese zu beantworten. Außerdem kann jeder Abgeordnete für die Fragestunde bis zu zwei Fragen pro Sitzungswoche an die Regierung richten.[105] Hinzu kommt noch die Regierungsbefragung. Nach den Kabinettsitzungen am Mittwoch haben die Abgeordneten die Möglichkeit, im Plenum die Regierung zu den Ergebnissen ihrer Beratungsgespräche zu befragen. Die hier genannten Kontrollrechte werden vor allem von der Opposition wahrgenommen. Um dabei ausreichend Aufmerksamkeit zu erhalten, bedarf es einer starken Opposition. Zu Zeiten der großen Koalition ist die Opposition naturgemäß in mehrere kleinere, sich zum Teil konträr gegenüberstehende Fraktionen aufgesplittert. Das macht es für die Fragenden schwerer, die gewünschte Aufmerksamkeit des Parlaments zu gewinnen.

Betrachten wir die letzten acht Jahre im Bundestag, so zeigt sich, dass CRISPR oder mit CRISPR verbundene Themen zwar nicht häufig im Mittelpunkt standen, jedoch relativ früh in den Fokus der Abgeordneten rückten. Auch verschiedene Kontrollinstrumente wurden genutzt. Dennoch gab es bisher keinen – oder zumindest keinen erfolgreichen Gesetzesbeschluss bzw. eine Gesetzesänderung zum Thema CRISPR im Bundestag.

Hier ein kurzer Überblick zu einigen Anträgen und Anfragen zum Thema *„Neue Gentechnikverfahren“* im Bundestag:

- Am 30. September 2015 brachten die Fraktion BÜNDNIS90/DIE GRÜNEN einen Antrag zu *„Biosicherheit bei Hochrisikoforschung*

104 In der 17. Wahlperiode gab es insgesamt 54 Große und 3629 Kleine Anfragen.

105 vgl. Deutscher Bundestag: Parlament. Instrumente der Kontrolle. 2019, https://www.bundestag.de/parlament/aufgaben/regierungskontrolle_neu/kontrolle/instru-255462, Stand: 07.10.2019.

in den Lebenswissenschaften stärken" ein, der am 9. Juni 2016 im Bundestag debattiert und abgelehnt wurde.[106]

- Am 21. Oktober 2016 brachte die Fraktion BÜNDNIS90/DIE GRÜNEN eine kleine Anfrage an die Bundesregierung zur „*Einstufung von und Umgang mit neuen Gentechnikverfahren*" in den Bundestag ein, die am 10. November 2016 beantwortet wurde.[107]
- Am 9. November 2016 brachte die Fraktion BÜNDNIS90/DIE GRÜNEN eine weitere kleine Anfrage an die Bundesregierung zur 13. Konferenz der UN-Biodiversitätskonvention – Verhandlungspositionen der Bundesregierung, in Bezug auf neue gentechnische Verfahren ein, die am 7. Dezember 2016 von der Bundesregierung beantwortet wurde.[108]
- Am 28. November 2016 brachte die Bundesregierung ein Gesetzentwurf „*zur Änderung des Gentechnikgesetzes*" in den Bundestag ein.[109] Nach einer ersten Lesung wurde der Entwurf in die zuständigen Ausschüsse überwiesen. Die Ausschüsse kamen in Bezug auf die Einordnung neuer gentechnischer Verfahren der Bundesregierung im Entwurf zu folgender Empfehlung, die an den Bundesrat weitergeleitet wurde:

  > *„Die in der Begründung zum Gesetzentwurf dargelegte Auffassung der Bundesregierung zu den neuen Züchtungstechniken wird von den beiden Ausschüssen nicht geteilt. Zum einen fehle der Bezug zum Regelungsteil des Gesetzentwurfs. Zum anderen müsse auch beim Umgang mit diesen neuen Gentechniken dem Vorsorgeprinzip oberste Priorität eingeräumt werden. Dessen Gleichsetzung mit dem Innovationsprinzip werde abgelehnt.*"[110]

Am 16.12.2016 nahm der Bundesrat zum Entwurf im 1. Durchgang Stellung. Am 25.1.2017 erhielt der Bundestag die Stellungnahme des

---

106 BT-Drucks. 18/6204, http://dip21.bundestag.de/dip21/btd/18/062/1806204.pdf, Stand: 07.10.2019.

107 BT-Drucks. 18/10138, http://dip21.bundestag.de/dip21/btd/18/101/1810138.pdf, Stand: 07.10.2019.

108 BT-Drucks. 18/10309, http://dipbt.bundestag.de/doc/btd/18/103/1810309.pdf; Stand: 07.10.2109; BT-Drucks. 18/10583, http://dip21.bundestag.de/dip21/btd/18/105/1810583.pdf, Stand: 07.10.2109.

109 BT-Drucks.18/10459,http://dip21.bundestag.de/dip21/btd/18/104/1810459.pdf, Stand: 07.10.2109.

110 BR-Drucks. 650/16, https://www.bundesrat.de/SharedDocs/TO/952/erl/31.pdf?__blob=publicationFile&v=1, Stand: 0710.2019.

Bundesrates und die Gegenäußerung der Bundesregierung, die wiederum am 17.2.2017 an die zuständigen Ausschüsse zur Beratung überwiesen wurden. Im Mai 2017 wurde in der Presse öffentlich gemacht, dass der Gesetzentwurf nicht mehr in dieser Wahlperiode verabschiedet werde.[111]

- Am 28. November 2018 wurde bei der Regierungsbefragung das Thema der genmanipulierten Zwillinge in China im Bundestag kurz aufgegriffen. Der Bundesminister für Arbeit und Soziales, Hubertus Heil (SPD), mutmaßte, dass ein solcher Umgang mit menschlichem Leben mit der Erklärung der Menschenrechte der Vereinten Nationen kollidiere.[112]
- Am 29. November 2018 wurde zum Thema CRISPR/Cas9 ein Antrag der FDP debattiert – (allerdings erst in den späten Abendstunden) und zur Überweisung in die zuständigen Ausschüsse weitergeleitet.[113]
- Am 22. Januar 2019 brachte die Fraktion BÜNDNIS90/DIE GRÜNEN eine Kleine Anfrage an die Bundesregierung zum Thema *„Forschungsförderung des Bundes für die Agrogentechnik inklusive neuer Gentechnikverfahren"* in den Bundestag ein, die am 20. Februar 2019 beantwortet wurde.[114]
- Am 5. April 2019 stellte die FDP eine Kleine Anfrage an die Bundesregierung zum Thema *„Optogenetik – Chancen in der Anwendung"*, die am 25. April 2019 beantwortet wurde.
- Am 9. April 2019 brachte die FDP-Fraktion einen Antrag zu *„Innovation und Chancen nutzen – Innovationsprinzip bei Gesetzgebung und behördlichen Entscheidungen einführen"* in den Bundestag ein. Die FDP forderte darin, dass Innovationsprinzip neben das Vorsorgeprinzip im Gesetzgebungsverfahren zu stellen. Somit würde auch

111 vgl. Handelsblatt: SPD erklärt Gesetz zum Anbauverbot für gescheitert. 16.05.2017, https://www.handelsblatt.com/politik/deutschland/genmais-in-deutschland-spd-erklaert-gesetz-zum-anbauverbot-fuer-gescheitert/19823312.html, Stand: 07.10.2019.

112 vgl. BT-Drucks.19/67,https://dipbt.bundestag.de/doc/btp/19/19067.pdf, Stand: 07.10.2019.

113 vgl. BT-Drucks.19/5996, http://dip21.bundestag.de/dip21/btd/19/059/1905996.pdf, Stand: 07.10.2019.

114 BT-Drucks.19/7926, http://dip21.bundestag.de/dip21/btd/19/079/1907926.pdf, Stand: 07.10.2019.

in Hinblick auf eine zukünftige Gesetzgebung bei CRISPR neben den Risiken und Gefahren auch das Innovationspotenzial bei der Gesetzgebung Rechnung getragen werden.[115]

- Am 9. April 2019 brachte ebenfalls BÜNDNIS90/DIE GRÜNEN Fraktion einen Antrag zum *„Vorsorgeprinzip als Innovationsmotor"* in den Bundestag ein. Hierin forderten sie, dass das Vorsorgeprinzip zur Beurteilung der Risikoabschätzung in Gesetzgebungsverfahren nicht in Frage gestellt und beibehalten wird.[116].
- Am 8. Mai 2019 brachte die Fraktion BÜNDNIS90/DIE GRÜNEN einen Antrag zum Thema *„Gentechnik beibehalten – Regulierung im Einklang mit dem Vorsorgeprinzip auch in Zukunft sichern"* in den Bundestag ein.[117]
- 2019 wurde eine vom Deutschen Bundestag beauftragte Untersuchung mit dem Titel *„Genome Editing am Menschen"* beim Büro für Technikfolgen-Abschätzung beim Deutschen Bundestag (TAB) bearbeitet, die Ende 2019 abgeschlossen sein sollte.[118]
- Am 19. Juli 2019 stellte die FDP-Fraktion eine Kleine Anfrage an die Bundesregierung zur Gründung der Fachstelle für Gentechnik und Umwelt, die am 13. August 2019 beantwortet wurde.[119]

Neben seiner Kontrollfunktion gegenüber der Regierung kann das Parlament auch eigene Gesetzesinitiativen anstoßen. Aber auch hier gilt, dass Gesetzesinitiativen vor allem einer starken Opposition bedürfen. Das zeigt sich am Versuch der SPD 2017, das Gentechnikgesetzes neu zu regeln. Am 24. Oktober 2017 brachte die SPD-Fraktion einen Gesetzentwurf *„eines ... Gesetzes zur Änderung des Gentechnikgesetzes"* ein, durch das deutschlandweit der Anbau gentechnisch manipulierte

115 BT-Drucks.19/9224, http://dip21.bundestag.de/dip21/btd/19/092/1909224.pdf, Stand: 07.10.2019.

116 BT-Drucks.19/9270, http://dip21.bundestag.de/dip21/btd/19/092/1909270.pdf, Stand: 07.10.2019.

117 BT-Drucks.19/9952, http://dip21.bundestag.de/dip21/btd/19/099/1909952.pdf, Stand: 07.10.2019.

118 Büro für Technikfolgenabschätzung: Genome Editing am Menschen. 04.12.2019, https://www.tab-beim-bundestag.de/de/untersuchungen/u30900.html, Stand: 07.10.2019.

119 BT-Drucks.19/3456, http://dip21.bundestag.de/dip21/btd/19/034/1903456.pdf, Stand: 07.10.2019.

Pflanzen zu verbieten sei.[120] In ihrer kurzen Phase der Opposition versuchten sie das Thema neu zu regeln. Der Entwurf wurde aber nicht weiter in den Ausschüssen bearbeitet, da die SPD nach dem Scheitern der Koalitionsverhandlungen von CDU/CSU, BÜNDNIS90/DIE GRÜNEN und der FDP erneut in eine große Koalition eintrat. Ob der Gesetzentwurf der SPD bei einer Jamaika-Koalition durch den Bundestag verabschiedet worden wäre, ist zwar fraglich, aber zumindest hätte eine Debatte um das Thema mehr Gewicht erhalten.

Im Folgenden wird untersucht, wie die einzelnen Fraktionen das Thema behandelten, welche Fraktion den Diskurs im Bundestag beförderte und wie sie sich zum Thema positionierten. Darüber hinaus wird der Frage nachgegangen, wie weit die Einschätzungen der Fraktionen bei dem Thema auseinanderliegen. Es soll betrachtet werden, inwieweit sich die Differenzen als Ursache identifizieren lassen und warum der Bundestag nicht sichtbar am Diskurs mitwirkt.

4.3.1 CDU/CSU-Fraktion

Die CDU/CSU Fraktion war in Bezug auf das Thema Gene Editing, bis auf den von ihr unterstützten Gesetzesentwurf der Bundesregierung, nicht besonders aktiv. Ihre Position wird insbesondere durch Ihre Stellungnahmen zu den Anträgen der Oppositionsparteien bzw. durch Äußerungen zu bestimmten wissenschaftlichen Meilensteinen in diesem Bereich offensichtlich. Die CDU-Fraktion versteht CRISPR/Cas9 nicht eindeutig als Gentechnik und steht der neuen Methode eher offen gegenüber. Gerade im Bereich der Landwirtschaft sieht sie große Chancen. In der Humanmedizin setzt sie sich für Forschung ein. Eingriffe in die Keimbahnzelle bei Embryonen lehnt sie jedoch ab. Die CDU-Fraktion brachte allerdings selbst keine eigenen Anträge zum Thema ein. Sie positionierte sich aber zu den verschiedenen Anträgen der Opposition und lehnte schließlich alle Anträge zum Thema ab. Wie sich die Fraktion im Einzelnen zu den verschiedenen Anträgen,

120 BT-Drucks.19/14, http://dip21.bundestag.de/dip21/btd/19/000/1900014.pdf, Stand: 07.10.2019.

die im Bundestag zum Thema eingebracht wurden, positioniert hat, wird im Folgenden aufgezeigt.

4.3.1.1 Grünen-Antrag 30. September 2015

Die Debatte des Grünen-Antrags zum Thema *„Biosicherheit bei Hochrisikoforschung in den Lebenswissenschaften stärken"* vom 9. Juni 2016 zeigt die anfängliche Positionierung der CDU zu neuen molekularbiologischen Verfahren auf. Die CDU lehnte den Antrag der Grünen nicht nur ab, sondern setzten auf eine Selbstregulierung der Wissenschaft. Begründet wurde dies, weil Sie im Antrag der Grünen einen Eingriff in die Forschungsfreiheit sahen, da dort eine stärkere Reglementierung der Wissenschaft in diesem Bereich gefordert wurde.[121] Diese Positionierung ist insofern interessant, da der Antrag der Grünen im Ergebnis die Gefahr einer Veröffentlichung von Forschungsergebnissen über gentechnisch veränderte SARS- Grippeviren behandelte, die bei Missbrauch oder einem Unfall eine Pandemie auslösen könnten. So könnten Bio-Terroristen die Forschungsergebnisse für sich nutzen und als Waffe umwandeln. Angesichts der aktuellen Pandemie durch den SARS-Erreger COVID-19 erstaunt die Positionierung der CDU/CSU-Fraktion heute nicht wenig, zumal der Ethikrat damals einen gesetzlichen Regelungsbedarf beim Umgang mit besorgniserregenden biosecurity-relevanten Forschungsvorhaben für geboten hielt. Durch den aktuellen Ausbruch einer Pandemie durch COVID-19, würde sich die Abwägungsfrage der Sicherheit der Bevölkerung gegenüber der Forschungsfreiheit bei der CDU heute möglicherweise anders stellen.

Die Fraktion der CDU/CSU wies in ihrer Argumentation darauf hin, dass sie eine Stärkung der Biosicherheit bei Hochrisikoforschung in den Lebenswissenschaften grundsätzlich unterstütze. Es wäre jedoch zu fragen, wie eine gesetzliche Grundlage zur Verfolgung dieser Absicht gestaltet werden könnte. Grundsätzlich sollte dem Prinzip gefolgt werden, dass der Gesetzgeber nur so viel wie nötig, bzw. so wenig wie möglich regelt. Die Möglichkeiten der Nutzung und des

121 vgl. BT-Drucks.18/176, S. 137, http://dip21.bundestag.de/dip21/btp/18/18176.pdf, Stand: 08.10.2109.

Missbrauchs von Forschung ließen sich angesichts der ständig wandelnden Forschungslandschaft nur schwer erfassen und kontrollieren. Daneben sah die Fraktion – anders als die Antragsteller – die Gefahr der Einschränkung der Forschungsfreiheit. Auch die Verantwortung im Bereich der Hochrisikoforschung läge grundsätzlich bei den Forscherinnen und Forschern selbst, so dass auch die Entscheidung einer Kommission nicht zu einer Entlastung verantwortlichen Handels führen könnte. In diesem Sinne könnte der Empfehlung des Ethikrates somit nicht entsprochen werden. Die Empfehlungen der DFG und der Leopoldina wurden als bereits ausreichend angesehen. An allen deutschen Forschungseinrichtungen wäre bis zum Jahr 2017 eine Kommission für Ethik in der Forschung (KEF) zu etablieren, um sachgerecht und verantwortungsvoll über Diskussionsfälle aus der eigenen Arbeit entscheiden zu können. Im Einzelfall, wenn eine angemessene Entscheidung vor Ort nicht möglich wäre, könnten zudem Ad-hoc-Arbeitsgruppen eingesetzt werden. Man warnte jedoch vor der Einschätzung, dass die Wissenschaftler einer Kommission qualifizierter in der Einschätzung von Sicherheitsrisiken wären als die Kolleginnen und Kollegen, die unmittelbar mit der Forschung befasst wären. Die Fraktion der CDU/CSU plädiere daher vor dem Hintergrund ihrer vorgetragenen Argumente für die Ablehnung des Antrags.[122]

4.3.1.2 Grünen-Antrag 19. Oktober 2016

Der nächste Antrag zu den neuen molekularbiologischen Verfahren folgte erst ein Jahr später, was zeigt, dass die Relevanz des Themas, aber auch der Regelungsbedarf im Bundestag zu diesem Zeitpunkt noch nicht als besonders dringlich angesehen wurde. Der Antrag von Bündnis90/Die Grünen zum Thema *„Gentechnikfreiheit Deutschlands sichern“* wurde in der Debatte im Bundestag von der CDU-Fraktion wiederum abgelehnt. Der Antrag beinhaltete, dem Entwurf des Bundesrates zur Änderung des Gentechnikgesetztes zuzustimmen und des Weiteren auf EU-Ebene eine Klarstellung der rechtlichen Einstufung neuer gentechnischer Verfahren und deren Regulierung gemäß Frei-

122 vgl. BT-Drucks. 18/8698, S. 6, http://dipbt.bundestag.de/dip21/btd/18/086/18086 98.pdf, Stand: 08.10.2019.

setzungsrichtlinie zu erwirken. Da die Bundesregierung bereits einen eigenen Entwurf zur Änderung des Gentechnikgesetzes erarbeitet hatte, lehnte die CDU-Fraktion den Antrag ab. Der CDU-Abgeordnete Kees de Vries begründete seine Ablehnung dementsprechend damit, dass nach der Ressortabstimmung, der Entwurf eines Vierten Gesetzes zur Änderung des Gentechnikgesetzes der Bundesregierung vorläge.[123]

4.3.1.3 BMEL-Gesetzentwurf zur Änderung des Gentechnikgesetzes

Dem Antrag der Grünen folgte die Bundestagsdebatte vom 2. Dezember 2016 zum Regierungsantrag zur Änderung des Gentechnikgesetzes. In der ersten Lesung brachte der Bundestagsabgeordnete Kees de Vries seine Verärgerung zum Ausdruck, dass die SPD den Gesetzentwurf nicht mittragen wollte. Zugleich ging er auf die Passage zu neuen gentechnischen Verfahren ein und betonte, dass CRISPR/Cas9 ohne Artensprung sicher wäre.[124] Damit positionierte sich die CDU-Fraktion eindeutig gegenüber CRISPR als sichere Methode. Gleichzeitig wurde hier deutlich, dass die Regierungsfraktionen weder eine einheitliche Position zum Thema besaßen noch in der Lage waren, gemeinsam ein Gesetz zum Thema zu beschließen.

4.3.1.4 Der TA-Bericht

Als nächster größerer Meilenstein zum Thema folgte der Bericht für Technikfolgenabschätzung (TA-Bericht) zur synthetischen Biologie. Bei der Beratung des TA-Berichts für Synthetische Biologie – die nächste Stufe der Bio- und Gentechnologie – kam der CDU-Abgeordnete Stephan Albani zu folgendem Resümee:

Zunächst einmal forderte er eine Klarstellung der Definition, was Synthetische Biologie ist und was sie nicht einschließt. Zugleich betonte er die Chancen, die dieses Forschungsfeld eröffnet – insbesondere bei molekularbiologisch basierten Diagnose- und Therapieverfahren, der Impfstoffentwicklung sowie der Krebsbehandlung. Als einen zweiten

123 vgl. BT-Drucks.18/196, S. 106, http://dipbt.bundestag.de/dip21/btp/18/18196.pdf #P.19509, Stand: 08.10.2019.

124 vgl. BT-Drucks.18/207, S. 56, http://dip21.bundestag.de/dip21/btp/18/18207.pdf, Stand: 0810.2019.

Punkt erwähnte er die Finanzierung von Biotech-Start-ups, die er für noch ausbaufähiger hielt. Als dritten Punkt forderte er eine sachbezogene Diskussion der Gesellschaft, die durch die Politik eingeleitet und moderiert werden sollte. Er sah den TA-Bericht als ersten wichtigen Schritt.[125]

4.3.1.5 SPD-Gesetzentwurf zur Änderung des Gentechnikgesetzes 24. Oktober 2017

Der Gesetzentwurf der SPD-Fraktion wurde nicht weiter behandelt, da die SPD nach dem Scheitern der Koalitionsverhandlungen zwischen Grünen, FDP und CDU/CSU erneut in eine große Koalition eintrat, so dass der Entwurf de facto fallengelassen wurde.[126] Dies zeigt, dass durch die große Koalition Entscheidungen zur Änderung des Gentechnikrechts derzeit nicht möglich waren, und das Parlament hinsichtlich dieser Thematik nicht handlungsfähig war.

4.3.1.6 EuGH-Urteil zu CRISPR 25. Juli 2018

Das EuGH Urteil vom 25. Juli 2018 zur Genschere beurteilte der CDU-Bundestagsabgeordnete Michael von Abercron kritisch:

> *„Das Urteil ist leider ein Nachteil für den Forschungsstandort Europa. Die engen Grundsätze der GVO-Richtlinie stammen aus einer Zeit, in der CRISPR/Cas noch ferne Zukunftsmusik war. Selbstverständlich steht der Verbraucherschutz an erster Stelle, doch müssen wir uns die Frage stellen, ob wir anderen Ländern, die weitaus weniger Interesse am Verbraucherschutz haben als wir, einen Forschungsvorsprung in diesem Thema geben wollen.“*[127]

125 vgl. BT-Drucks.18/225, S. 160f.http://dipbt.bundestag.de/dip21/btp/18/18225.pdf, Stand: 08.10.2019.

126 vgl. Deutscher Bundestag: Dokumentations- und Informationssystem. Basisinformationen über den Vorgang: …Gesetz zur Änderung des Gentechnikgesetzes. 2017, http://dipbt.bundestag.de/dip21.web/bt?rp=http://dipbt.bundestag.de/dip21.web/searchProcedures/simple_search.do?nummer=19/14%26method=Suchen%26wahlperiode=%26herausgeber=BT, Stand: 08.10.2019.

127 Abercron v., M.: Zum heutigen Urteil des EUGH in Bezug zur sog. "Genschere" CRISPR/Cas. 25.07.2018,https://www.von-abercron.de/lokal_1_1_53_CRISPR-Cas.html, Stand: 08.10.2019.

4.3.1.7 FDP-Antrag 23. November 2018

Aber auch dem Antrag der FDP *„Technologischen Fortschritt nicht aufhalten – Neue Verfahren in der Gentherapie einsetzen“* vom 23. November 2018 begegnete die CDU/CSU Fraktion mit Skepsis und stimmte im Ausschuss für eine Ablehnung des Antrags gemeinsam mit SPD, DIE LINKE. und BÜNDNIS90/DIE GRÜNEN gegen die Stimmen der Fraktionen der AFD und FDP. In ihrer Begründung betonten sie, dass sich die CDU der Chancen und Möglichkeiten von CRISPR/Cas9 schon lange bewusst seien. Sie bezeichnete die Methode als *„hervorragende Technik, die Chancen biete, aber bei der noch nicht die Umsetzungsreife bestehe.“* Auf die Risiken der Methode gingen sie dabei nicht gesondert ein. Sie kritisierten vor allem, dass der Antrag *„am Anfang unverhohlen euphorisch sei, in der Mitte eher vage und am Schluss überflüssig, da die geforderten Maßnahmen ganz überwiegend bereits im Rahmenprogramm enthalten seien, bis hin zu dem Dialog mit der Gesellschaft“*.[128]

Die generelle Positionierung der FDP zum Thema kritisierten sie allerdings nicht.

4.3.1.8 Geburt genmanipulierter Zwillinge in China 29. November 2018

In einer Pressemitteilung vom 29. November 2018 äußerten sich die bildungs- und forschungspolitischen Sprecher der CDU/CSU-Fraktion im Deutschen Bundestag, Albert Rupprecht, und die zuständige Berichterstatterin, Katrin Staffler zur Geburt der angeblich Genom-veränderten Zwillinge in China. Zunächst einmal verurteilten sie das Vorgehen und begründeten ihre Haltung vor allem mit der Unantastbarkeit der Würde des Menschen. Interessant ist dabei, dass nicht ganz klar wird, ob sie die Keimbahn-Intervention generell ablehnen. So heißt es in der Mitteilung etwas unscharf: *„Ein verantwortlicher Umgang muss beim genomeediting die zentrale Prämisse sein. Dieses Gebot darf nicht nur in jenen Ländern gelten, in denen Versuche an*

128 BT-Drucks. 19/16576,13, http://dip21.bundestag.de/dip21/btd/19/165/1916576.pdf, Stand. 10.10.2019.

menschlichem Erbgut bereits verboten sind.“[129] Klarer waren sie in ihrer Forderung für das zukünftige Vorgehen. So forderten sie ein internationales Abkommen für ethisches Handeln in der Wissenschaft.

4.3.1.9 Grünen-Antrag 10. April 2019

Der Antrag von BÜNDNIS 90/DIE GRÜNEN-Fraktion zum „*Vorsorgeprinzip als Innovationsmotor*“ wurde, wie zu erwarten, von der CDU/CSU-Fraktion abgelehnt. Das ist auch nicht weiter verwunderlich, wenn man bedenkt, dass die CDU in der letzten Legislaturperiode das Innovationsprinzip im Gentechnikrecht verankern wollte. Allerdings betonten sie in ihrer Begründung für ihre Ablehnung nicht, dass sie ein Innovationsprinzip konkurrierend einführen wollten, sondern lediglich, dass das Vorsorgeprinzip nicht zur Disposition stände. Dennoch kritisierten sie auch, dass Risiken abzuwägen seien und nicht etwa unter dem Deckmantel des Vorsorgeprinzips bagatellisiert werden könnten.[130] Diese Argumentation lässt sich eher als ein sowohl als auch, als einen klaren Vorrang für das Vorsorgeprinzip verstehen.

4.3.1.10 Grünen-Antrag 8. Mai 2019

Den Antrag der Grünen vom 8. Mai 2019 zum Thema „*Die Freisetzungsrichtlinie 2001/18/EG in ihrer Regelungsschärfe auch für neue Gentechnik beibehalten – Regulierung im Einklang mit dem Vorsorgeprinzip auch in Zukunft sichern*“ lehnte die CDU-Fraktion ebenfalls ab, wie aus der Beschlussempfehlung des Ausschusses für Ernährung und Landwirtschaft im Bundestag hervorgeht.[131] Den Antrag, der sich auf das EuGH Urteil vom Juni 2018 bezog, hielt die CDU/CSU Fraktion für falsch. Einmal mehr bekräftigten sie, dass die Richter am EuGH nicht die richtige Entscheidung getroffen haben, da sie „[…] *keine Ex-*

129 CDU/CSU-Fraktion: Pressemitteilung: Die Würde des Menschen ist Grundlage jeder Forschung. 28.11.2018,https://www.cducsu.de/presse/pressemitteilungen/die-wuerde-des-menschen-ist-grundlage-jeder-forschung, Stand: 10.10.2019.

130 vgl. BT-Drucks. 19/15947, S. 4, http://dipbt.bundestag.de/dip21/btd/19/159/1915974.pdf, Stand: 10.02.2020.

131 vgl. BT-Drucks. 19/11179, S. 2, http://dip21.bundestag.de/dip21/btd/19/111/1911179.pdf, Stand: 10.10.2019.

perten in der Biotechnologie seien."[132] Die CDU/CSU-Fraktion forderte deshalb „[...] *die veraltete Gesetzgebung auf der Ebene der Europäischen Union (EU) im Bereich des Gentechnikrechts der Entwicklung im Bereich der neuen Züchtungstechniken anzupassen.*"[133] Was hieße, dass CRISPR nicht als Gentechnik zu verstehen wäre. Ihre Position begründeten sie dabei damit, dass es ethisch nicht zu verantworten sei, Methoden mit geringen Risiken und hohem Nutzen nicht weiterzuentwickeln. Zweitens wurde die Methode in Anrainerstaaten der EU sowieso praktiziert, so dass Europa ins Hintertreffen geraten könnte. Darüber hinaus könnten CRISPR-Produkte auf dem Markt landen, da die EU sowieso nicht die Möglichkeit hat, dies zu kontrollieren.[134]

4.3.1.11 Stellungnahme Deutscher Ethikrat 9. Mai 2019

Zur Stellungnahme des Deutschen Ethikrats „*Keimbahneingriffe am menschlichen Embryo*" gaben der forschungspolitische Sprecher der CSU/CSU-Fraktion Albert Rupprecht und die zuständige Berichterstatterin Katrin Staffler und Stephan Albani eine Erklärung ab. Dabei zeigte sich, dass Albert Rupprecht im Gegensatz zu Staffler und Albani eher eine zurückhaltende Position einnahm. Rupprecht betonte insbesondere den Schutz und die Würde des Menschen als oberstes Gebot und Richtschnur für die Forschung und erwähnte nochmals den Vorfall der Zwillingsmädchen in China, der zeige, dass eine ethische Begleitung neuer Technologien unabdingbar sei. Staffler und Albani betonten dagegen stärker die Chancen der somatischen Gentherapie für den Patienten, wiesen aber auch auf die Risiken bei Keimbahneigriffen am menschlichen Embryo hin. Staffler forderte ebenfalls wie in der Stellungnahme des Ethikrats einen internationalen Dialog und zeigte sich erfreut, dass mit dem Beitrag des Ethikrats die Debatte Fahrt aufnehmen könnte. Albani ging darüber hinaus auf den Beitrag

132 ebd. S. 5.
133 ebd. S. 5.
134 ebd. S. 5.

ein, den Deutschland als Medizinstandort leisten könne und forderte einen klaren Rechtsrahmen und frühzeitige Förderung.[135]

4.3.1.12 FDP-Antrag 14. Mai 2019

Den Antrag der FDP zum Thema „*Chancen neuer Züchtungsmethoden erkennen – Für ein technologieoffenes Gentechnikrecht*“ lehnte die CDU/CSU Fraktion im Ausschuss für Ernährung und Landwirtschaft ab. Interessant ist dabei die Argumentation der CDU/CSU. Zum einen zeigte sie Sympathie für den Grundgedanken in Bezug auf die neuen Züchtungsgedanken. Zum anderen unterstellte sie der FDP jedoch Populismus und betonte, dass die öffentliche Debatte zu dem Thema noch zu früh sei und außerdem Meinungsunterschiede zwischen CDU und SPD noch nicht ausgeräumt seien.[136]

Zur Erinnerung: Die Bundesregierung aus CDU/CSU und SPD hatte selbst 2016 eine Änderung des Gentechnikgesetzes vorgeschlagen, in dem die neuen Techniken wie CRISPR als sicher eingestuft wurden. Zu diesem Zeitpunkt hatte die öffentliche Debatte gerade begonnen. Fest steht, dass damals der Entwurf im Bundestag an der Uneinigkeit zwischen SPD und CDU/CSU scheiterte.

4.3.1.13 Grünen- Antrag 10. September 2019

Ebenso, wie der Antrag der FDP vom Mai 2019 lehnte die Fraktion der CDU/CSU den Antrag von BÜNDNIS 90/DIE GRÜNEN zur „*Agrarwende statt Gentechnik – Neue Gentechniken im Sinne des Vorsorgeprinzips regulieren und ökologische Landwirtschaft fördern*“ ab. Hier argumentierte sie, dass der Umgang mit den neuen Züchtungstechnologien bei den Grünen veraltet sei. Aus Sicht der CDU reichte nicht allein eine Agrarwende, wie sie die Grünen anstreben. Dabei kommt auch die CDU-Positionierung zu den neuen Züchtungsmethoden klar zur Geltung: Aus ihrer Sicht ist CRISPR eine „*saubere Sache*“ im Ge-

135 vgl. CDU/CSU-Fraktion: Pressemitteilung: Die Würde des Menschen ist Grundlage jeder Forschung. 28.11.2018,https://www.cducsu.de/presse/pressemitteilungen/die-wuerde-des-menschen-ist-grundlage-jeder-forschung, Stand: 10.10.2019.

136 vgl. BT-Drucks. 19/16565, S. 10, http://dip21.bundestag.de/dip21/btd/19/165/1916565.pdf, Stand: 10.02.2020.

gensatz zu konventionellen Pflanzenzüchtungen, die beispielsweise mit Hilfe von Bestrahlung oder Chemie erzeugt werden und nicht als Gentechnik gelten. Darüber hinaus argumentierten sie, dass die Methode außerhalb des eigenen Einflussbereiches gar nicht aufzuhalten sei, da der deutsche Staat nicht in der Lage wäre, bei importierter Ware nachzuvollziehen, ob CRISPR benutzt wurde.[137]

4.3.1.14 Grünen- Antrag 10. Dezember 2019

Die Haltung der CDU-Fraktion zum Thema CRISPR vor dem Hintergrund der klimabedingten Bedrohungen, lässt sich gut an Peter Steins (CDU/CSU) Debattenbeitrag zum Antrag der Fraktion BÜNDNIS-90/DIE GRÜNEN vom13. Dezember 2019 aufzeigen. *„[...] ich glaube, wir werden uns auch über das Thema CRISPR/Cas unterhalten müssen, weil dieser technologische Ansatz natürlich eine Hilfe sein kann, Saatgut, Pflanzgut schneller und effektiver an Klimaänderungen anzupassen.“*[138] Auch hier wird einmal mehr deutlich, dass die CDU-Fraktion im Bereich der Grünen Gentechnik in CRSIPR vor allem große Chancen sieht, während eventuelle Risiken eher übergangen werden.

Es zeigt sich, dass die CDU/CSU sich klar zum Thema positionierte. Alle Anträge der Oppositionsfraktionen lehnte sie ab. Eigene Anträge brachte sie nicht ein, was zeigt, dass die CDU/CSU das Thema nicht im Bundestag voranbrachte. Dies lässt sich einmal mehr darauf zurückführen, dass SPD und CDU/CSU für eine gemeinsame Initiative zu weit in den Meinungen auseinanderliegen.

4.3.2 SPD-Fraktion

Auf der Webseite der SPD-Fraktion positioniert sie sich als die Partei im Bundestag, die für gentechnikfreie Landwirtschaft und damit

137 ebd., S. 10.

138 BT-Drucks. 19/135, S. 56, http://dip21.bundestag.de/dip21/btp/19/19135.pdf, Stand: 11.10.2019.

für gentechnikfreie Lebensmittel steht.[139] Wie diese Positionierung im Einzelnen ihr Abstimmungsverhalten bei den eingebrachten Anträgen beeinflusste, wird im Folgenden analysiert.

4.3.2.1 Grünen-Antrag 30. September 2015

Den Grünen-Antrag zum Thema *„Biosicherheit bei Hochrisikoforschung in den Lebenswissenschaften stärken"* lehnte die SPD-Fraktion ab, obwohl sie konstatierte, dass der Antrag differenziert sei und die Debatte zum Thema stärke. Gleichwohl forderten sie, alle betroffenen Wissenschaftsbereiche stärker einzubeziehen und dem Ansatz der DFG und der Leopoldina zu folgen, die einen bereichsübergreifenden Ausschuss einsetzen wollen. Darüber hinaus setzen sie ähnlich wie die CDU/CSU auf eine Selbstregulierung und Verantwortungsübernahme der Wissenschaft und betonen damit die Forschungsfreiheit. Um die Fortschritte im Bereich der Sensibilisierung und Information zur Biosicherheit an den Hochschulen und Forschungseinrichtungen zu überprüfen, schlagen sie eine jährliche Kontrolle vor.[140]

4.3.2.2 Grünen-Antrag 19. Oktober 2016

Bei der Beratung im Bundestag am 20. Oktober 2016 nahm die SPD-Fraktion zum Antrag der Grünen *„Gentechnikfreiheit Deutschlands sichern"*, sowie zur ersten Beratung des vom Bundesrat eingebrachten Entwurfs eines „... *Gesetzes zur Änderung des Gentechnikgesetzes"* Stellung, wobei der Abgeordnete Carsten Träger (SPD) betonte: *„Um es noch einmal klipp und klar zu sagen: Wir als Sozialdemokraten wollen keine Grüne Gentechnik."*[141] Darüber hinaus wies er darauf hin, dass bei diesem Thema die SPD mit den Grünen und der Linken einer Meinung sind.[142] Durch diese Positionierung der SPD war bereits abzu-

139 vgl. SPD-Fraktion: Statement von Carsten Träger: Verbraucher wollen Transparenz. 3.05.2021, https://www.spdfraktion.de/presse/statements/verbraucher-wollen-transparenz, Stand: 21.04.2021.

140 vgl. BT-Drucks. 18/8698, S. 6, http://dipbt.bundestag.de/dip21/btd/18/086/1808698.pdf, Stand: 11.10.2019.

141 BT-Plenarprotokoll, 18/196, S. 112, http://dipbt.bundestag.de/dip21/btp/18/18196.pdf#P.19509, Stand: 11.10.2019.

142 ebd. S. 112.

sehen, dass der Gesetzentwurf der Bundesregierung zur Änderung des Gentechnikgesetzes nicht durch die SPD-Fraktion unterstützt werden würde.

4.3.2.3 BMEL-Gesetzentwurf zur Änderung des Gentechnikgesetzes

Bei der Debatte zur Änderung des Entwurfs zum Gentechnikgesetz, die in der letzten Legislaturperiode geführt wurde, nahm die SPD-Fraktion zum fraglichen Passus über CRISPR im Hinblick auf das Innovationsprinzip klar Stellung. In der Debatte vom 12. Dezember 2016 wurde dies in der Rede von Elvira Dobrinski-Weiß, MdB, und Dr. Matthias Miersch, MdB, betont, die insbesondere den Passus zum Innovationsprinzip kritisierten.[143] Die SPD-Fraktion im Bundestag weigerte sich, im weiteren Verlauf dem Kabinettsentwurf zuzustimmen. Zu einer zweiten Beratung des Gesetzentwurfs kam es im Bundestag dann nicht mehr.

Die kritische Haltung gegenüber neuen Biotechnologien wurde auch nochmals in einem Antwortschreiben der verbraucherpolitischen Sprecherin der SPD, Elvira Dobrinski-Weiß, MdB, von 2017 deutlich.

> *„Besonders in der Diskussion sind seit Kurzem die so genannten Neuen Züchtungstechniken und das Genome Editing. Wir wollen nicht, dass mithilfe dieser Technologien erzeugte Pflanzen unreguliert auf den Markt gelangen. Das Vorsorgeprinzip muss uneingeschränkt gelten und Maßstab politischer Entscheidungen sein."*[144]

4.3.2.4 TA-Bericht

Der Bundestagsabgeordnete René Röspel gab seine Stellungnahme zum TA-Bericht zu Protokoll.[145]

---

143 vgl. BT-Drucks. 18/207, S. 57, http://dip21.bundestag.de/dip21/btp/18/18207.pdf, Stand: 11.10.2019.

144 Testbiotech: Antwort: Elvira Drobinski-Weiß (SPD, MdB). 2017, https://www.testbiotech.org/gentechnik-grenzen/reaktionen/antwort_dobrinski-wei%C3%9F, Stand: 10.10.2019.

145 vgl. BT-Drucks. 18/225, http://dipbt.bundestag.de/dip21/btp/18/18225.pdf#P.22636, Stand: 10.10.2019.

4.3.2.5 SPD-Gesetzentwurf zur Änderung Gentechnikgesetzes 24. Oktober 2017

Nach der Bundestagswahl im Oktober 2017 und noch vor dem Eintritt in eine neue „Große Koalition“ machte die SPD in ihrer kurzen Oppositionsrolle den Vorstoß, ein eigenes neues Gesetz zur Gentechnik einzubringen, das deutschlandweit den Anbau von gentechnischen Pflanzen verbieten sollte.

> *„Mit dem vorliegenden Entwurf eines Änderungsgesetzes wird ein Regelungsrahmen vorgeschlagen, um die seit Inkrafttreten der Änderungsrichtlinie eröffnete Möglichkeit von Anbaubeschränkungen oder -untersagungen für gentechnisch veränderte Organismen in Deutschland nutzen zu können. Ziel des Vorhabens ist es, ein bundesweit zentrales und einheitliches Verfahren zu etablieren und bundesweit geltende Beschränkungen bzw. Verbote zu erreichen.“*[146]

Der Gesetzentwurf ist jedoch bisher nicht beraten worden, da die SPD als Koalitionspartner der Bundesregierung den Entwurf nicht weiter vorantrieb.[147] Dass der Entwurf nicht weiter in den Ausschüssen bearbeitet wurde, zeigt die Uneinigkeit von SPD und CDU/CSU bei diesem Thema.

4.3.2.6 EuGH-Urteil zu CRISPR 25. Juli 2018

In einem Statement vom 25. Juli 2018 begrüßte die SPD-Fraktion das Urteil des EuGHs zur Einordnung neuer molekulargenetischer Techniken und sprach sich damit für eine prozessorientierte Bewertung aus.

> *„Als SPD-Bundestagsfraktion begrüßen wir die Entscheidung des EuGHs nachdrücklich. Demnach werden auch moderne, molekulare Methoden wie CRISPR/Cas als Gentechnik definiert und fallen unter die entsprechenden gesetzlichen Regelungen. Konkret heißt das, dass beispielsweise Getreide, das mit der sogenannten Genschere erzeugt wurde, als gentechnisch veränderter*

146 BT-Drucks.19/14, http://dip21.bundestag.de/dip21/btd/19/000/1900014.pdf, Stand: 10.10.2019.

147 vgl. DIP: Basisinformation zum Vorgang: ... Gesetz zur Änderung des Gentechnikgesetzes. 24.10.2017, http://dipbt.bundestag.de/dip21.web/bt?rp=http://dipbt.bundestag.de/dip21.web/searchProcedures/simple_search.do?nummer=19/14%26method=Suchen%26wahlperiode=%26herausgeber=BT, Stand: 10.10.2019.

Organismus (GVO) gekennzeichnet werden und sich stärkeren Kontrollen unterziehen muss.“[148]

Bezugnehmend auf die Äußerung der Bundeslandwirtschaftsministerin Klöckner, die sich nach dem Urteil des EuGHs für eine Änderung des Gentechnikrechts auf EU-Ebene einsetzte, forderte die SPD-Fraktion die Ministerin auf, sich an den Koalitionsvertrag zu halten und stattdessen einen Gesetzentwurf vorzulegen, der den Anbau von gentechnisch veränderten Pflanzen in Deutschland grundsätzlich untersagt und somit dem Vorsorgeprinzip Rechnung trägt.[149]

4.3.2.7 FDP-Antrag 23. November 2018

Auf den Antrag der FDP zu neuen Genverfahren reagierte der Bundestagsabgeordnete René Röspel (SPD) in der Aussprache im Bundestag am 29. November 2018 kritisch. Insbesondere die Keimbahnintervention hielt die SPD für zu risikoreich und gab der Patientensicherheit Vorrang, so dass sie eine Zustimmung zum Antrag, der eine Anpassung der derzeitigen Gesetzgebung an den Forschungsstand fordert, für unrealistisch hielt.[150] In der Beschlussempfehlung des Ausschusses lehnte die SPD-Fraktion, wie bereits in der Aussprache angedeutet, den Antrag der FDP ab. Dabei argumentierte sie, dass es fraktionsübergreifend überwiegend klar sei, dass CRISPR/Cas9 im Bereich der Gentherapie große Chancen bestehen. Im Bereich der Keimbahnintervention sähe dies allerdings anders aus. Einen weiteren Punkt, eine Änderung des Stammzellengesetzes, wie von der FDP vorgeschlagen, konnte die SPD nicht nachvollziehen. Ebenso erklärte sie erneut, dass sie sich durch Gentechnik verändertes Pflanzenmaterial, zu dem sie

148 SPD-Fraktion: Pressemitteilung: SPD-Bundestagsfraktion begrüßt EuGH-Urteil zur modernen Gentechnik. 25.07.2018, https://www.spdfraktion.de/presse/pressemitteilungen/spd-bundestagsfraktion-begruesst-eugh-urteil-modernen-gentechnik, Stand: 10.10.2019.

149 vgl. SPD-Fraktion: Pressemitteilung: Klöckner muss Anbau von gentechnisch veränderten Pflanzen untersagen. 26.9.2018, https://www.spdfraktion.de/presse/statements/kloeckner-muss-anbau-gentechnisch-veraenderten-pflanzen-deutschland-grundsaetzlich, Stand: 10.10.2019.

150 vgl. BT-Drucks. 19/68, S. 9, https://dipbt.bundestag.de/dip21/btp/19/19068.pdf, Stand: 11.10.2109.

auch solche, die durch die Methode CRISPR verändert wurden, zähle, auf deutschen Äckern ablehne.[151]

4.3.2.8 Geburt der genmanipulierten Zwillinge in China 29. November 2018

Für die SPD kommentierte deren zuständiger Berichterstatter René Röspel das Geburtsereignis. Er bezeichnete die Meldung aus China als Grenzüberschreitung und fürchtete, dass die Kinder nicht nur einen gesundheitlichen Schaden durch die genetische Manipulation davontragen könnten, sondern vor allem, dass sie der Forschung als „Versuchskaninchen" dienen würden. Als zentrales ethisches Problem bei den Versuchen sah er, dass nicht menschliche Eingriffe ins Erbgut von Ungeborenen darüber entscheiden dürfen, wie deren Nachkommen genetisch ausgestattet seien. Zugleich nutzte er die Debatte um die China-Zwillinge als Seitenhieb auf den FDP-Antrag und fragte sich, *„[...] ob die aktuellen Entwicklungen in China der 'technologische Fortschritt' ist, den sich die FDP vorstellt."*[152]

4.3.2.9 Grünen-Antrag 10. April 2019

Der Antrag der Fraktion BÜNDNIS 90/DIE GRÜNEN zum *„Vorsorgeprinzip als Innovationsmotor"* wurde von der SPD-Fraktion abgelehnt. Die SPD-Fraktion schloss sich in diesem Fall der Kritik der CDU/CSU-Fraktion an und erwähnte darüber hinaus noch, dass der Grünen-Antrag das Vorsorgeprinzip auf einen Innovationsfaktor reduziere. Weiterhin bezogen sie sich auf die Verankerung des Vorsorgeprinzips auf EU-Ebene, so dass eine Abweichung von deutscher Seite rechtlich gar nicht möglich wäre.[153]

151 vgl. BT-Drucks.19/16576, S. 9, http://dip21.bundestag.de/dip21/btd/19/165/1916576.pdf, Stand: 11.10.2019.

152 Wissenschaftsforum der Sozialdemokratie: Geburt von genmanipulierten Babys: Grenzüberschreitung in China. 27.11.2018, https://forscher.de/category/meldungen/page/3/, Stand: 11.10.2019.

153 vgl. BT-Drucks.19/15974, S. 4,http://dipbt.bundestag.de/dip21/btd/19/159/1915974.pdf, Stand: 11.02.2020.

4.3.2.10 Grünen-Antrag 8. Mai 2019

Der Antrag der Fraktion BÜNDNIS 90/DIE GRÜNEN *„Die Freisetzungsrichtlinie 2001/18/EG in ihrer Regelungsschärfe auch für neue Gentechnik beibehalten – Regulierung im Einklang mit dem Vorsorgeprinzip auch in Zukunft sichern"*, wurde von der SPD-Fraktion ebenfalls mit den Stimmen der CDU-Fraktion und der FDP-Fraktion am 26. Juni 2019 abgelehnt.[154] In der Beschlussempfehlung des Ausschusses für Landwirtschaft wird die Ablehnung der SPD allerdings nicht näher erläutert.

4.3.2.11 Stellungnahme Deutscher Ethikrat 9. Mai 2019

Zur Stellungnahme zu *„Keimbahneingriffe am menschlichen Embryo"* des Deutschen Ethikrats äußerte sich die SPD-Fraktion auf ihrer Webseite kritisch. Dabei betonte sie zwar, dass sie die Forderung des Deutschen Ethikrats nach einem internationalen Moratorium ausdrücklich begrüße und auf seine Realisierbarkeit überprüfen würde, gleichwohl zeigte sie sich deutlich erstaunt, dass der Ethikrat Eingriffe in die menschliche Keimbahn unter bestimmten Bedingungen überhaupt für zulässig hielt. Insbesondere sah die Fraktion es als wenig hilfreich an, dass der Ethikrat die technische Machbarkeit als wichtigste Voraussetzung und nicht ethische Bedenken als Maßstab gegen den Eingriff in die Keimbahn ansah.[155]

4.3.2.12 FDP-Antrag 14. Mai 2019

Den Antrag der FDP zum Thema *„Chancen neuer Züchtungsmethoden erkennen – Für ein technologieoffenes Gentechnikrecht"* lehnte die SPD-Fraktion im Ausschuss für Ernährung und Landwirtschaft ab. Anstatt jedoch auf den Antrag sofort einzugehen, erwähnte die SPD zunächst einmal die Meinungsverschiedenheiten zwischen CDU/CSU

---

154 vgl. BT-Drucks. 19/11179, S. 2, http://dip21.bundestag.de/dip21/btd/19/111/1911179.pdf, Stand: 11.10.2019.

155 vgl. SPD-Fraktion: Pressemitteilung: Deutscher Ethikrat für Moratorium bei Keimbahneingriffen am Menschen. 19.05.2019, https://www.spdfraktion.de/presse/pressemitteilungen/deutscher-ethikrat-moratorium-keimbahneingriffen-menschen, Stand: 11.10.2019.

in Bezug auf neue Züchtungstechnologie, die zunächst ausgeräumt werden müssten. Anschließend kritisierte sie die Position der FDP, die Genome-Editing-Verfahren als herkömmliche Pflanzenzüchtungen bezeichneten und damit, aus Sicht der SPD, das Urteil des EuGHs vom 25. Juli 2018 ignoriere. Das EuGH bezeichnete in seinem Urteil diese Verfahren als Gentechnik und unterstellte sie damit den Sicherheitsprüfungen und Kennzeichnungen des Gentechnikrechts. Die SPD-Fraktion betonte in diesem Zusammenhang erneut, dass sie sich hinter die Regelung des EuGHs stelle.[156]

4.3.2.13 Grünen-Antrag 10. September 2019

Die SPD-Fraktion lehnte – wie bereits den vorherigen Antrag der Grünen zum Vorsorgeprinzip – den Antrag von BÜNDNIS 90/DIE GRÜNEN zur „*Agrarwende statt Gentechnik – Neue Gentechniken im Sinne des Vorsorgeprinzips regulieren und ökologische Landwirtschaft fördern*“ im Ausschuss ab. Dabei konstatierte, dass sie den Antrag durchaus nachvollziehen könnten, sahen ihn aber als überflüssig an, da es aus ihrer Sicht gemäß dem EU-Gentechnikrecht keinen Handlungsbedarf gäbe. Interessant ist in diesem Zusammenhang, dass die SPD-Fraktion an dieser Stelle die Regierung anmahnt – der sie selbst angehört – einen Vorschlag zum Umgang mit Opt-out Regelung der EU zu machen.[157] Es entsteht hier der Eindruck, dass die SPD dem Antrag gerne zustimmen würde, sich aber aufgrund ihres Koalitionspartners für eine Ablehnung entscheiden musste.

Die SPD-Fraktion hat sich mit ihrer Gesetzesinitiative zu Beginn der 19. Legislaturperiode zumindest um eine Regelung der Gentechnik bemüht. Die Anträge der Oppositionsfraktionen lehnte sie jedoch durchgehend ab oder enthielt sich. Durch ihr klare Ablehnung CRISPRs im Bereich der Grünen Gentechnik und bei der Keimbahnintervention bleibt ihr auch nur wenig Spielraum für einen Kompromiss. Eine weitere Initiative von der SPD ist daher eher unwahrscheinlich. Die

156 vgl. BT-Drucks. 19/16565, S. 10, http://dip21.bundestag.de/dip21/btd/19/165/1916565.pdf, Stand: 11.02.2020.

157 ebd., S. 11f..

SPD steht dem Thema CRISPR eher negativ gegenüber. Sie ist Teil der Debatte, führt sie aber nicht an.

4.3.3 AfD-Fraktion

Da die AfD erst seit der 19. Legislaturperiode im Bundestag vertreten ist, können hier ihre Beiträge erst seit 2017 behandelt werden. Die AfD positioniert sich in Bezug auf CRISPR gegen Eingriffe in die menschliche Keimbahn. Im Bereich der somatischen Diagnostik und Therapie weist sie jedoch auf die Chancen in diesem Bereich hin.[158] Im Bereich der Landwirtschaft spricht sie sich für den Anbau gentechnikfreier Produkte aus, geht aber nicht näher auf CRISPR ein.[159] Wie die AfD sich im Detail zu CRISPR äußert, soll anhand ihrer Stellungnahmen zu den verschiedenen Anträgen analysiert werden. Fest steht, dass sie zum Thema keine eigenen Anträge, auch keine Kleinen oder Großen Fragen gestellt hat.

4.3.3.1 SPD-Gesetzentwurf zur Änderung des Gentechnikgesetzes 24. Oktober 2017

Der Gesetzentwurf der SPD wurde von der AfD nicht kommentiert, da er nicht im Ausschuss beraten wurde.

4.3.3.2 EuGH-Urteil zu CRISPR 25. Juli 2018

Zum EuGH-Urteil zu CRISPR findet sich kein Kommentar der AfD-Fraktion.

158 vgl. AfD-Fraktion: Gehrke: Genetik kann Türen öffnen aber auch Diskriminierung fördern. 25.04.2019, https://www.AfDbundestag.de/gehrke-genetik-kann-tueren-oeffnen-aber-auch-diskriminierung-foerdern/, Stand: 11.10.2019.

159 vgl. AfD-Fraktion: Protschka: Politische Rahmenbedingungen für Rapsanbau verbessern!.18.11.2019, https://www.AfDbundestag.de/protschka-politische-rahmenbedingungen-fuer-rapsanbau-verbessern/, Stand: 12.12.2019.

4.3.3.3 FDP-Antrag 23. November 2018

Für die AfD sprach bei der Aussprache über den FDP-Antrag vom November 2018 der Abgeordnete Dr. Götz Frömming. Er unterschied zunächst bei der Bewertung von CRISPR/Cas9 zwischen somatischer oder Keimbahn-Intervention. Bei der somatischen Therapie stellt die AfD in Aussicht, die FDP in ihrem Antrag zu unterstützen. Auf dem Gebiet der Keimbahnintervention betonte sie dagegen ethische Aspekte, insbesondere, dass die Auswirkungen auf folgende Generationen nicht absehbar sind. In diesem Punkt unterstützte sie die Forderung eines Moratoriums und berief sich hierbei auf Forderungen der Interdisziplinären Arbeitsgruppe „*Gentechnologiebericht*" der Berlin-Brandenburgischen Akademie der Wissenschaften und der Nationalen Akademie der Wissenschaften – Leopoldin, die Deutsche Akademie der Technikwissenschaften – acatech, – der Akademie-Union sowie der Deutschen Forschungsgemeinschaft, die in Stellungnahmen zu einer ersten Bewertung und zum weiteren Umgang mit Genome Editing beim Menschen sich für ein internationales Moratorium für Keimbahninterventionen aussprachen.[160] Bei der Abstimmung im Ausschuss enthielt sich die AfD. In ihrer Begründung argumentierte sie, dass viele Maßnahmen, die die FDP in ihrem Antrag vorschlage, in die richtige Richtung weisen. Allerdings sah sie eine Änderung des Embryonenschutzgesetzes für nicht geboten, wenn die FDP als einziges Kriterium die FDP den technologischen Fortschritt betonen würde.[161]

4.3.3.4 Geburt genmanipulierter Zwillinge in China 29. November 2018

Das Vorgehen chinesischer Wissenschaftler, genetisch veränderte Zwillinge auf die Welt zu bringen wurde auch von der AfD-Fraktion kritisch kommentiert. Sie schlossen sich der weltweiten Empörung an und unterstützten den Vorschlag des Gentechnologieberichts von 2015 der Berlin-Brandenburgischen Akademie der Wissenschaften und da-

160 vgl. BT-Drucks.19/68, S. 196, http://dipbt.bundestag.de/dip21/btp/19/19068.pdf#P.7872, Stand: 11.10.2019.

161 vgl. BT-Drucks.19/16576, S. 8, http://dip21.bundestag.de/dip21/btd/19/165/1916576.pdf, Stand: 11.10.2019.

nach der gemeinsamen Stellungnahme der Nationalen Akademie der Wissenschaften – Leopoldina, der Deutschen Akademie der Technikwissenschaften – acatech, der Akademie-Union sowie der Deutschen Forschungsgemeinschaft an, die ein internationales Moratorium für die Keimbahnintervention forderten.[162]

4.3.3.5 Grünen-Antrag 10. April 2019

Der Antrag von BÜNDNIS 90/DIE GRÜNEN „*Vorsorgeprinzip als Innovationsmotor*" wurde von der Fraktion der AFD ebenfalls abgelehnt. Die AfD argumentiert, dass das Vorsorgeprinzip nicht zugleich ein Innovationsmotor sein könne. Aus ihrer Sicht würde eine rechtliche Anwendung dieser Auslegung des Prinzips erheblich Wettbewerbseinschränkungen für die EU und Deutschland im internationalen Wettstreit bedeuten. Eine Begründung liefert die AFD allerdings nicht.[163]

4.3.3.6 Grünen-Antrag 8. Mai 2019

Bei der Abstimmung zum Antrag der Grünen vom 26. Juni zum Thema „*Die Freisetzungsrichtlinie 2001/18/EG in ihrer Regelungsschärfe auch für neue Gentechnik beibehalten – Regulierung im Einklang mit dem Vorsorgeprinzip auch in Zukunft sichern*", enthielt sich die AfD-Fraktion im Ausschuss. In Ihrer Begründung für ihre Enthaltung argumentierte sie, dass sie zwar die Gentechnik durchaus skeptisch sehe, aber der Forschung und der Wissenschaft insgesamt offen gegenüberstehe[164] Die AfD-Fraktion erläuterte, dass sie insgesamt Genome-Editing-Verfahren, wie z.B. CRISPR/Cas9 als sichere und zielgenaue Genmutationen verstehe. Darüber hinaus wies sie darauf hin, dass diese Verfahren günstig seien und viel weniger Zeit in Anspruch nehmen als klassische Pflanzenzüchtungen. Sie verstehen CRISPR/Cas9 nicht als Gentechnik, weil aus ihrer Sicht kein fremdes, sondern nur eigenes Erbgut verwendet wird. Wie damit weiter umgegangen werden soll,

162 vgl. BT-Drucks. 19/68, S. 196, http://dipbt.bundestag.de/dip21/btp/19/19068.pdf #P.7872, Stand: 11.10.2019.

163 vgl. BT-Drucks.19/15947, S. 4, http://dipbt.bundestag.de/dip21/btd/19/159/1915974.pdf, Stand: 11.02.2020.

164 vgl. BT-Drucks.19/11179, http://dip21.bundestag.de/dip21/btd/19/111/1911179.pdf, Stand: 11.02.2020.

darüber war sich die Fraktion nicht sicher. Aus ihrer Sicht sollte noch weiter daran geforscht werden, um sich ein besseres Bild zu machen.[165]

4.3.3.7 Stellungnahme Deutscher Ethikrat 9. Mai 2019

Zur Stellungnahme des Ethikrats zu neuen Genome-Editing-Verfahren, fand sich auf der Webseite der AfD-Fraktion im Bundestag kein Kommentar.

4.3.3.8 FDP-Antrag 14. Mai 2019

Auch bei dem Antrag der FDP- Fraktion zum Thema „*Chancen neuer Züchtungsmethoden erkennen – Für ein technologieoffenes Gentechnikrecht*“ enthielt sich die Fraktion der AfD, wie auch schon zuvor bei den Anträgen der FDP. Ihr Abstimmungsverhalten erklärte sie damit, dass sie zwar bisher den Einsatz von Gentechnik in der Landwirtschaft ablehne, gleichwohl die Perspektiven der Wissenschaft in der Gentechnik weiter vorangetrieben und ausgebaut werden sollten. Freisetzungsversuche lehnte sie jedoch klar ab.[166]

4.3.3.9 Grünen Antrag 10. September 2019

Den Antrag von BÜNDNIS 90/DIE GRÜNEN zur „*Agrarwende statt Gentechnik – Neue Gentechniken im Sinne des Vorsorgeprinzips regulieren und ökologische Landwirtschaft fördern*“ lehnte die AfD ebenso ab, wie zuvor bereits den Grünen Antrag zum „*Vorsorgeprinzip als Innovationsmotor*“. In ihrer Begründung betonten sie erneut den Nutzen von Potentialen in der Forschung, die durch den Antrag erschwert würden. Aus ihrer Sicht bilden konventionelle Züchtungsmethoden nicht die Lösung für alle Probleme. In Bezug auf die Patentfrage stimmten sie jedoch mit den Grünen überein und betonten, dass es keine Patente auf „Leben“ geben sollte. Weiterhin stimmten sie den Grünen zu, dass die Wahlfreiheit zu schützen sei und die Unterrichtsmaterialien und

165 ebd., S. 5.

166 vgl. BT-Drucks. 19/16565, S. 11, http://dip21.bundestag.de/dip21/btd/19/165/1916565.pdf, Stand: 10.02.2020.

Lehrpläne die Aspekte der Gentechnik beleuchten sollten, damit die Öffentlichkeit sich eine eigene Meinung bilden könne.[167]

Die AfD brachte zum Thema CRISPR keine eigenen Anträge ein, was zeigt, dass sie die Debatte nicht wirklich aktiv mitgestaltet. Die Anträge der Oppositionsparteien FDP und die Grünen lehnte sie entweder ab oder enthielt sich. Die AfD spielt beim Thema CRISPR bisher nur eine untergeordnete Rolle und hat sich noch nicht klar positioniert.

4.3.4 FDP-Fraktion

Die FDP-Fraktion war in der 18. Legislaturperiode nicht im Deutschen Bundestag vertreten, so dass ihre Positionen und Maßnahmen der aktuellen 19. Legislaturperiode betrachtet werden.

4.3.4.1 SPD-Gesetzentwurf zur Änderung des Gentechnikgesetzes 24. Oktober 2017

Die FDP-Fraktion kommentierte den Gesetzentwurf bisher nicht, da er nicht im Ausschuss beraten wurde.

Am 19. Juli 2018 stellte die FDP-Fraktion eine Kleine Anfrage an die Bundesregierung zur Funktion der Fachstelle für Gentechnik, die am 13. August 2018 beantwortet wurde.[168] Bei den Fragen ging es um den Zeitpunkt der Gründung der Fachstelle, die finanzielle Ausstattung der Institution, welche Förderung sie vom Bund erhält, welche Zielsetzung die Fachstelle hat, ob es eine Ausschreibung für das Projekt gab und welchen Grad der Unabhängigkeit diese besitzt. Dabei interessierte sich die Fraktion besonders für die Einrichtung Testbiotech e. V., die das Projekt durchführt, deren Unabhängigkeit sie in Frage stellten.

167 ebd.

168 vgl. BT-Drucks.19/3456, http://dip21.bundestag.de/dip21/btd/19/034/1903456.pdf, Stand: 12.10.2109.

4.3.4.2 EuGH-Urteil zu CRISPR 25. Juli 2018

In einer Pressemitteilung bezeichnete der technologiepolitische Sprecher der FDP-Fraktion, Mario Brandenburg, das Urteil des Europäischen Gerichtshofs zu neuen Gentechnik-Verfahren als bedauerlich, da damit CRISPR unter die EU-Richtlinie fiele. Er bewertete das Verfahren als sicher und die Risiken nicht höher als bei herkömmlichen Verfahren. Für ihn sei CRISPR vor allem als Chance zu verstehen.[169]

4.3.4.3 FDP-Antrag 23. November 2018

Am 23. November 2018 brachte die FDP im Deutschen Bundestag einen Antrag zu neuen Genverfahren ein – kurz vor dem Bekanntwerden der Geburt der genveränderten Zwillinge in China. Der Antrag wurde nach erster Lesung am 29. November 2018 zur federführenden Beratung an den für Bildung, Forschung und Technikfolgenabschätzung zuständigen Ausschuss überwiesen. Die FDP favorisierte in ihrem Antrag zu neuen Genverfahren eine ergebnisorientierte Interpretation des EuGH Urteils. So forderte sie neben Unterstützung der Wissenschaft und einem offenen Dialog vor allem eine Überarbeitung des Embryonenschutzgesetzes und des Präimplementationsgesetzes. Im Bereich der Biotechnologie forderten sie in ihrem Antrag eine unabhängige Position zum EuGH-Urteil. Dabei betonte die FDP:

> „[...] *die Chancen vor den Risiken in der Entwicklung der Humangenetik zu sehen. Neue, innovative Technologien in der Gesundheitsforschung sollten in ihren positiven Auswirkungen nicht durch gesetzliche oder staatliche Regulierung eingeschränkt werden.*“[170]

In der Debatte im Bundestag war der Antrag stark umstritten. Im Januar 2020 wurde der Antrag im Ausschuss abgelehnt.[171]

---

169 vgl. FDP-Fraktion: Pressemitteilung: Brandenburg: Mit dem Gentechnik-Urteil entgehen Deutschland und Europa Chancen. 25.7.2018, https://www.fdpbt.de/pressemitteilung/112394, Stand: 12.10.2019.

170 BT-Drucks 19/ 5996, http://dip21.bundestag.de/dip21/btd/19/059/1905996.pdf, Stand: 12.10.2019.

171 vgl. BT-Drucks 19/16576, S. 5, http://dip21.bundestag.de/dip21/btd/19/165/1916576.pdf, Stand: 02.02.2020.

4.3.4.4 Geburt der genmanipulierten Zwillinge in China 29. November 2018

Auch die FDP-Fraktion bezeichnete den Eingriff in die Keimbahn an den Embryonen dieser Zwillinge als Grenzüberschreitung und Tabubruch. Als problematisch sah die FDP dabei vor allem an, dass es bei den Verfahren noch an Wissen und Gewissheit fehle. Ethische Einwände wurden in der Stellungnahme nicht erwähnt. Stattdessen wurde betont, dass die Genschere CRISPR/Cas9 längst Alltag in vielen Ländern bedeute und Experimente auch mit sogenannten Genetic Engineering Kits von Laien durchgeführt werden könnten.[172]

Am 4. Dezember 2018 stellte die Fraktion der FDP eine Kleine Anfrage zum Thema Neue Züchtungsmethoden. Dabei bezog sich die Fraktion auf das EuGH Urteil und fragte nach der Positionierung der Bundesregierung zum Thema und ob die Bundesregierung eine Regulierung für notwendig hält.[173]

Am 5. April 2019 stellte die FDP-Fraktion eine Kleine Anfrage an die Bundesregierung zum Thema „*Optogenetik – Chancen in der Anwendung*“, die am 25. April 2019 beantwortet wurde. Hierbei ging es zunächst um die Frage, ob der Bundesregierung dieser Wissenschaftszweig bekannt ist. Darüber hinaus wurde die Frage gestellt, wer an diesem Forschungszweig beteiligt ist und inwieweit die Bundesregierung Pilotprojekte zu diesem Thema fördert.

Am 8. Mai richtete die FDP-Abgeordnete Carina Konrad bei der Befragung der Bundesregierung an die Bundesumweltministerin Schulze unter anderem eine Frage zum Umgang mit CRISPR. Dabei wollte sie wissen, ob sie den Vorstoß der Bundeslandwirtschaftsministerin Klöckner unterstützt, die sich für eine positive Gesetzesänderung bezüglich CRISPR auf europäischer Ebene einsetzte. Die Ministerin antwortete darauf: „*Ich lehne CRISPR als Züchtungsmethode ab. Ich glaube, dass auch das eine gentechnische Veränderung ist und dass wir*

172 vgl. BT-Drucks. 19/68, S. 195, http://dipbt.bundestag.de/dip21/btp/19/19068.pdf #P.7872, Stand: 13.10.2019.

173 vgl. BT-Drucks. 19/6253, http://dip21.bundestag.de/dip21/btd/19/062/1906253 .pdf, Stand: 13.10.2019.

deshalb diese gentechnische Veränderung genauso wie alle anderen gentechnischen Veränderungen betrachten müssen.“[174]

Weiterhin stellte sie während der Befragung der Bundesregierung eine Frage an die Parlamentarische Staatssekretärin beim Bundesminister für Gesundheit, Sabine Weiss zum Anteil der zugelassenen Arzneimittel in Deutschland, die aus gentechnischer Herstellung stammen bzw. mittels Genome-Editing-Verfahren hergestellt wurden. Die Frage konnte von der Bundesregierung nicht abschließend beantwortet werden.[175]

4.3.4.5 Grünen-Antrag 10. April 2019

Der Antrag von BÜNDNIS 90/DIE GRÜNEN „*Vorsorgeprinzip als Innovationsmotor*“ wurde von der Fraktion der FDP abgelehnt. In ihrer Begründung kritisierten sie vor allem die Verengung des Antrags auf das Vorsorgeprinzip. Dadurch würden aus ihrer Sicht die notwendige Abwägung zwischen Chancen und Risiken zu kurz kommen und damit Innovation ausbremsen.[176]

4.3.4.6 Grünen-Antrag 8. Mai 2019

Auch den Antrag der Grünen vom 26. Juni zum Thema „*Die Freisetzungsrichtlinie 2001/18/EG in ihrer Regelungsschärfe auch für neue Gentechnik beibehalten – Regulierung im Einklang mit dem Vorsorgeprinzip auch in Zukunft sichern*“ lehnte die FDP-Fraktion im Ausschuss ab. Aus ihrer Sicht stellt das Urteil des EuGHs die Forschung in Deutschland vor eine große Herausforderung, die die Politik zu lösen habe. Sie fordern stattdessen, dass Freisetzungsversuche mittels Genome-Editing möglich sein müssten. Sie werfen den Grünen vor, die neue Technik zu verteufeln und technologiefeindlich zu sein.[177]

---

174 BT-Drucks. 19/97, S. 24, http://dip21.bundestag.de/dip21/btp/19/19097.pdf, Stand:13.10.2019.

175 ebd., S. 31.

176 BT-Drucks. 19/15974, S. 4, http://dipbt.bundestag.de/dip21/btd/19/159/1915974.pdf, Stand: 02.02.2020.

177 vgl. BT-Drucks. 19/11179, S. 5f., http://dipbt.bundestag.de/dip21/btd/19/111/1911179.pdf, Stand: 20.03.2020.

4.3.4.7 Stellungnahme Deutscher Ethikrat 9. Mai 2019

Der technologiepolitische Sprecher der Fraktion der Freien Demokraten, Mario Brandenburg, äußerte sich zur Stellungnahme des Deutschen Ethikrates zu dem Thema *„Eingriffe in die menschliche Keimbahn"*. Er begrüßte, dass der Ethikrat der Politik zurecht viele Aufgaben gegeben habe und die Diskussion zum Thema nun nicht mehr verschoben werden könnte. Er knüpfte an seine Erklärung drei Forderungen:

Erstens sollte es eine offene nationale wie internationale Debatte und eine Diskussion über die Werte und ethischen Standards geben, da sonst ein Rahmen ohne Deutschland geschaffen würde.

Zweitens sollte Politik keine abschließende Antwort auf solche Fragen geben, sondern diese dynamisch an den Stand der Forschung und die gesellschaftlichen Veränderungen anpassen.

Und drittens sollte Deutschland die Verantwortung übernehmen, einen internationalen Kongress zu organisieren, um das Thema global anzugehen.[178]

Am 28. August 2019 stellte die FDP-Fraktion eine Kleine Anfrage an die Bundesregierung zur genomischen Medizin in Deutschland. Dabei ging es um die Position der Bundesregierung bei der Keimbahnintervention unter Bezugnahme der Stellungnahme des Deutschen Ethikrats, der zukünftig aus ethischer Perspektive solche Eingriffe nicht gänzlich ausschloss. Darüber hinaus wurde gefragt, wie viele Kinder jährlich mit genetischen Erkrankungen geboren werden. Gibt es genomische Zentren in Deutschland bzw. sind welche in Planung?[179]

4.3.4.8 FDP-Antrag 14. Mai 2019

Am 14. Mai 2019 brachte die FDP-Fraktion einen Antrag zum Thema *„Chancen neuer Züchtungsmethoden erkennen – Für ein technologieof-*

178 vgl. Mario Brandenburg: Pressemeldung: Aussitzen der Diskussion nicht mehr möglich. 09.05.2019, https://mbrandenburg.abgeordnete.fdpbt.de/meldung/Eingriffe-in-die-menschliche-Keimbahn, Stand: 13.10.2019.

179 vgl. BT-Drucks. 19/12765, http://dip21.bundestag.de/dip21/btd/19/127/1912765.pdf, Stand: 14.10.2019.

fenes Gentechnikrecht" in den Bundestag ein.[180] Der Antrag reihte sich in ihre bisherigen Forderungen und Positionierungen zum Thema ein.

Sie forderten in diesem Antrag:

1. die Chancen von neuen Züchtungsmethoden anzuerkennen und eine wissenschaftliche Bewertung der Technologie sicherzustellen.
2. auf europäischer Ebene das EU-Gentechnikrecht zu überarbeiten und das deutsche Gentechnikrecht daran anzupassen. in diesem Zusammenhang forderten sie die Bundesregierung auf, sich für eine abgestufte Risikoklassifizierung einzusetzen.
3. sich für eine ergebnisorientierte Bewertung für die Zulassung neuer Züchtungsmethoden einzusetzen.
4. die Aktualität der Züchtungsreglungen regelmäßig zu überprüfen.
5. Freisetzungsversuche für die Deutsche Forschung möglich zu machen.
6. die Grundlagenforschung weiterhin zu fördern.
7. die gesellschaftliche Debatte zum Thema und die öffentliche Aufklärung auf der Grundlage neuester wissenschaftlicher Erkenntnisse voranzutreiben.
8. Lehrpläne zum Thema Gentechnik den neuen wissenschaftlichen Erkenntnissen anzupassen.
9. dich auf europäischer Ebene für die Regelungen des deutschen Sortenschutzgesetzes einzusetzen.
10. die Patentierbarkeit von biotechnisch veränderten Pflanzen beizubehalten.
11. die Kennzeichnung von gentechnisch veränderten Produkten. Hier forderten sie, die Kennzeichnung an eine zu novellierendes Gentechnikrecht anzupassen.[181]

Am 26. Juni 2019 stellte die FDP-Fraktion eine Kleine Anfrage an die Bundesregierung zum Thema „*Landwirtschaft als Schlüsselrolle in der Entwicklungszusammenarbeit: Status quo der ungenutzten Potentiale*". Im Bereich der Entwicklungszusammenarbeit bei der Agrarforschung

180 vgl. BT-Drucks. 19/10166, http://dipbt.bundestag.de/dip21/btd/19/101/1910166.pdf, Stand: 13.10.2019.

181 ebd.

bezog sich eine der Fragen auf CRISPR bzw. inwieweit biotechnologische Aspekte bei Forschungsfragen miteinbezogen werden.[182]

4.3.4.9 Grünen-Antrag 10. September 2019

Den Antrag von BÜNDNIS 90/DIE GRÜNEN zur „*Agrarwende statt Gentechnik – Neue Gentechniken im Sinne des Vorsorgeprinzips regulieren und ökologische Landwirtschaft fördern*" lehnte die FDP, wie zu erwarten, ab. Sie argumentierte dabei, dass mit den Chancen der neuen Züchtungsmethode offen umgegangen werden müsse, weil diese insbesondere einen Beitrag in der Debatte um den Klimaschutz und die Versorgungs- und Ernährungssicherheit leisten könne. Dabei verbindet die FDP die neuen Züchtungsmöglichkeiten mit einer nachhaltigeren und ökologischeren Landwirtschaft. Weiterhin unterstützte die FDP in diesem Zusammenhang die Haltung der Landwirtschaftsministerin, Julia Klöckner und forderten eine Debatte darüber, wie sich Deutschland auf EU-Ebene in dieser Frage positionieren soll. Hiermit kritisieren sie indirekt das Abstimmungsverhalten der Bundesregierung auf EU-Ebene, bei der sie sich aufgrund der Uneinigkeit zwischen SPD und CDU bei diesem Thema regelmäßig enthält. Darüber hinaus forderten sie eine Debatte zur alten Gentechnik sowie zu den neuen Züchtungsmethoden.[183]

Am 28. August 2019 stellte die FDP-Fraktion eine Kleine Anfrage an die Bundesregierung zur genomischen Medizin in Deutschland. Dabei bezog sie sich auf die Stellungnahme des Deutschen Ethikrats zu Eingriffen in die menschliche Keimbahn. In der ersten Frage ging zunächst darum, ob die Bundesregierung die Haltung des Ethikrats teilt, der unter bestimmten Umständen Eingriffe in die menschliche Keimbahn für ethisch vertretbar hält. Die zweite Frage bezog sich auf Statistiken zu genetischen Schädigungen von Neugeborenen bzw. ging es um die Frage, ob genetische Untersuchungen bei Neugeborenen regelhalft angewendet werden. Weitere Fragen bezogen sich auf den

182 vgl. BT-Drucks. 19/11138, S. 3., http://dip21.bundestag.de/dip21/btd/19/111/1911138.pdf, Stand: 13.10.2019.

183 vgl. BT-Drucks. 19/16565, S. 11, http://dip21.bundestag.de/dip21/btd/19/165/1916565.pdf, Stand: 20.02.2020.

Umgang, Zugang, Finanzierung und Forschungsmöglichkeiten zur Genom-Sequenzierung.[184]

Die FDP-Fraktion hat seit ihrem Wiedereinzug in den Bundestag den Themenkomplex CRISPR immer wieder auf die Agenda gehoben. Das belegen die Vielzahl der Anträge, Kleinen und Großen Anfragen zum Thema. Sie fordert eine Deregulierung der Gesetzgebung in Bezug auf CRISPR. Bei ihren Anfragen forderte sie die Bundesregierung auf, sich klar zum Thema zu positionieren. Bei der Forschung an Embryonen fordert sie einen liberaleren Ansatz, der die Therapie und Heilung in den Mittelpunkt stellt. Die FDP ist der Technologie gegenüber aufgeschlossen. Einen Gesetzentwurf zur Regulierung bzw. Deregulierung der Technik hat sie aber bisher nicht eingebracht. Durch ihre zahlreichen Beiträge stärkt sie aber deutlich die Debatte zum Thema.

4.3.5 Fraktion DIE LINKE

Die Fraktion DIE LINKE spricht sich auf ihrer Webseite gegen Agro-Gentechnik aus und damit auch gegen Mutationen von Pflanzen, die mit Hilfe von Gene Editing verändert wurden.[185]

4.3.5.1 Grünen Antrag 30. September 2015

In der Bundestagsdebatte vom 9. Juni 2016 zum Thema *„molekularbiologische Sicherheit"* warnte Ralph Lenker, MdB vehement vor den Gefahren neuer synthetischer Biotechnologie und forderte einen erweiterten Maßnahmenkatalog. Dazu gehörte:

> *„Ethische Fragen müssen verpflichtend Bestandteil der Aus- und Weiterbildung für Wissenschaftlerinnen und Wissenschaftler werden. Anlagen und Labormittel, die speziell für riskante Technologien wie Gene Editing benötigt werden, müssen - genau wie Waffen - registriert werden. Ihr Erwerb und ihre Nutzung sind an eine abgeschlossene Befähigungsprüfung zu koppeln.*

184 BT-Drucks. 19/12765, S. 2, https://dip21.bundestag.de/dip21/btd/19/127/1912765.pdf, Stand: 20.03.2020.

185 vgl. DIE LINKE im Bundestag: Gentechnik in der Landwirtschaft, https://www.linksfraktion.de/themen/a-z/detailansicht/gentechnik-in-der-landwirtschaft/, Stand: 13.10.2019.

Der Export und Vertrieb solcher Anlagen muss wenigstens den Bedingungen von Waffenexporten entsprechen.“[186]

DIE LINKE begrüßte den Antrag der Grünen von 2015 zum Thema, da er sowohl die großen Potentiale als auch die Risiken in der Hochrisikoforschung im Bereich der Lebenswissenschaften aufzeige. Gleichwohl enthielt sich DIE LINKE-Fraktion bei der Abstimmung zum Antrag, da er sich zu wenig mit der Wissenschaftsverantwortung der einzelnen Forscherinnen und Forscher befasste und das Gefahrenpotential allein im Bereich von Bioterrorismus und Cyberkriminellen sieht.[187]

4.3.5.2 Grünen Antrag 19. Oktober 2016

Der Antrag der Grünen zum Thema „Gentechnikfreiheit Deutschlands sichern“ wurde von der Fraktion DIE LINKE in der Bundestagsdebatte nicht explizit kommentiert.[188] Da der Antrag aufgrund der endenden Wahlperiode nicht mehr im Ausschuss debattiert wurde, findet sich dazu auch dort kein Kommentar der Fraktion DIE LINKE.

4.3.5.3 BMEL-Gesetzentwurf zur Änderung des Gentechnikgesetzes

Bei der Debatte über den Entwurf zur Änderung zum Gentechnikgesetz aus der letzten Legislaturperiode nahm DIE LINKE klar Stellung und sprach sich gegen den Gesetzentwurf aus. Zu dem fraglichen Passus zur Sicherheit neuer Züchtungsmethoden und dem Innovationsprinzip findet sich in der Rede von Dr. Kirsten Tackmann, MdB, kein Hinweis.[189]

---

186 DIE LINKE im Bundestag: Synthetische Biologie: Chancen und Risiken ethisch abwägen! Rede von Ralph Lenkert. 09.06.2016, https://www.linksfraktion.de/nc/parlament/reden/detail/synthetische-biologie-chancen-und-risiken-ethisch-abwaegen/, Stand: 13.10.2019.

187 vgl. BT-Drucks. 18/8698, S. 6, http://dipbt.bundestag.de/dip21/btd/18/086/1808698.pdf, Stand: 14.10.2019.

188 vgl. BT-Drucks. 18/196, S. 107f., http://dipbt.bundestag.de/dip21/btp/18/18196.pdf#P.19509„ Stand: 14.10.2019.

189 ebd. S. 107f.

4.3.5.4 TA-Bericht

In der Bundestagsdebatte vom 23. März 2017 nahm DIE LINKE zum Bericht über die Technikfolgeabschätzung bei synthetischer Biologie Stellung. Ralph Lenker wies dabei erneut insbesondere auf die besonderen Gefahren hin, die mit der Technik einhergehen und forderte:

> *„Für Synthetische Biologie ist das Gentechnikgesetz anzuwenden. Gentechnik in der Landwirtschaft bleibt verboten. Der Verkauf, Handel und Besitz von Anlagen und Geräten für „Gene Editing"-Verfahren sind- wie Waffenhandel und Waffenbesitz- zu regulieren. Patente auf Lebewesen werden nicht erteilt."*[190]

4.3.5.5 SPD-Gesetzentwurf zur Änderung des Gentechnikgesetztes 24. Oktober 2017

Den Gesetzentwurf der SPD zur Änderung des Gentechnikgesetzes wurde von der Fraktion DIE LINKE nicht kommentiert, da er nicht im dafür zuständigen Ausschuss behandelt wurde.

4.3.5.6 EuGH-Urteil zu CRSIPR 25. Juli 2018

Die agrarpolitische Sprecherin der Fraktion DIE LINKE im Bundestag, Dr. Kirsten Tackmann, MdB, kommentierte in einer Pressemitteilung das Urteil des Europäischen Gerichtshofs zu den neuen Züchtungsmethoden:

> *„Das heutige Grundsatzurteil des Europäischen Gerichtshofs ist aus Sicht der LINKEN eine wichtige und richtige Entscheidung. Damit ist klar, dass auch die so genannten neuen Züchtungsmethoden (CRISPR CAS, genomeediting) unter das Gentechnik-Recht fallen."*[191]

Darüber hinaus betonte sie, dass DIE LINKE ein Zulassungsverfahren fordert, dass alle potenziellen Gefahren erfasst. Weiterhin sprach sie

190 DIE LINKE im Bundestag: Gentechnik – Segen und Fluch zugleich. Rede von Ralph Lenkert. 23. 03.2017, https://www.linksfraktion.de/nc/parlament/reden/detail/ralph-lenkert-gentechnik-segen-und-fluch-zugleich/, Stand: 14.10.2019.

191 Dr. Kirsten Tackmann: EuGH bestätigt kritische Position der LINKEN zu so genannten „neuen Züchtungsmethoden". 25.7.2018, https://kirstentackmann.de/eugh-bestaetigt-kritische-position-der-linken-zu-so-genannten-neuen-zuechtungsmethoden/, Stand: 14.10.2019.

sich für ein Verbot von Biopatenten aus. Zu den Chancen der Neuen Züchtungsmethoden wurde nichts erwähnt.[192]

4.3.5.7 FDP-Antrag 23. November 2018

Auf den Antrag der FDP reagierte die Sprecherin für DIE LINKE, Petra Sitte in der Aussprache im Bundestag am 29. November 2018 kritisch. Zwar sah auch ihre Partei bei CRISPR Chancen im Bereich der somatischen Therapieansätze, gleichwohl hielten sie den Antrag der FDP für nicht ausgereift und unpräzise. Darüber hinaus befürchteten sie, dass damit durch nationale Entscheidungen künftigen internationalen Vereinbarungen vorgegriffen werden könnte.[193] Auch im Ausschuss sprach sich DIE LINKE für eine Ablehnung des Antrags aus.[194]

4.3.5.8 Geburt der genmanipulierten Zwillinge in China 29. November 2018

In der Bundestagsdebatte zum FDP-Antrag „*Technologischen Fortschritt nicht aufhalten* – Neue Verfahren in der Gentherapie einsetzen" äußerte sich Petra Sitte, MdB, von der Fraktion DIE LINKE auch zur Geburt der keimbahnmanipulierten Zwillinge. Sie zeigte sich dabei beruhigt, dass selbst die chinesische Community diesen Schritt scharf verurteilte und betonte, dass der Bundestag sich in die Debatte einbringen müsse.[195]

4.3.5.9 Grünen-Antrag 10. April 2019

Der Antrag von BÜNDNIS 90/DIE GRÜNEN zum Thema „*Vorsorgeprinzip als Innovationsmotor*" wurde von der Fraktion DIE LINKE unterstützt. Ihr Unterstützung begründete DIE LINKE damit, dass das Vorsorgeprinzip auch innovationsfördernd sei, da gegenüber be-

192 ebd.
193 vgl. BT-Drucks. 1968, S. 198f., https://dipbt.bundestag.de/dip21/btp/19/19068.pdf#P.7872, Stand: 14.10.2019.
194 vgl. BT-Drucks. 19/16576, S. 5, http://dip21.bundestag.de/dip21/btd/19/165/1916576.pdf, Stand: 14.10.2019.
195 vgl. BT-Drucks. 19/ 68, S. 199, http://dipbt.bundestag.de/dip21/btp/19/19068.pdf#P.7872, Stand: 14.10.2019.

stehenden Technologien risikoärmere Technologien entwickelt würden. Darüber hinaus betonte sie, dass in der Gesellschaft Risiken höher bewertet würden, weil in der Industrie oft die Chancen stärker im Vordergrund ständen und Risiken verschwiegen würden. Deshalb forderte sie die Veröffentlichung von negativen Testreihen.[196]

4.3.5.10 Grünen-Antrag 8. Mai 2019

Dem Antrag der Grünen vom 8. Mai 2019 zum Thema „*Die Freisetzungsrichtlinie 2001/18/EG in ihrer Regelungsschärfe auch für neue Gentechnik beibehalten – Regulierung im Einklang mit dem Vorsorgeprinzip auch in Zukunft sichern*", stimmte die Fraktion der Linken neben den Grünen als einzige Fraktion im Ausschuss zu.[197] In ihrer Begründung sahen sie den Antrag als dringend notwendig an, da von einigen Fraktionen immer noch der Vorwurf der Technologiefeindlichkeit vorgebracht würde, sobald die Risiken in der Molekularbiologie zum Thema gemacht werden. DIE LINKE betonte, dass es immer noch viele Ungewissheiten in diesem Bereich gäbe und die Wissenschaft noch lerne, wie sich diese komplexen Systeme bei Veränderungen verhalten. Als entscheidendes Problem sah sie aber die mangelnde Rückholbarkeit von vermehrbaren Organismen an, wenn sie sich einmal in nicht geschlossenen Systemen verbreiten.[198]

4.3.5.11 Stellungnahme Deutscher Ethikrat 9. Mai 2019

Die Stellungnahme zu CRISPR/Cas9 vom Deutschen Ethikrat begrüßte Petra Sitte, MdB in einer Pressemitteilung vom 9. Mai 2019. Darin sprach sie sich erneut für die Forschung im Bereich der CRISPR-Methode bei der somatischen Therapie aus. Die Risiken für eine Keimbahnintervention hielt sie jedoch für noch zu hoch. Sie forderte in

196 vgl. BT-Drucks. 19/15974, S. 5, http://dipbt.bundestag.de/dip21/btd/19/159/1915974.pdf, Stand: 02.01.2020.

197 vgl. BT-Drucks. 19/11179, http://dip21.bundestag.de/dip21/btd/19/111/1911179.pdf, Stand: 14.10.2019.

198 ebd., S. 6.

Ihrem Statement eine internationale, wertebasierte Verständigung zwischen Politikern, Wissenschaftlern und Gesellschaft.[199]

4.3.5.12 FDP-Antrag 14. Mai 2019

Den Antrag der FDP-Fraktion zum Thema „*Chancen neuer Züchtungsmethoden erkennen – Für ein technologieoffenes Gentechnikrecht*" lehnte DIE LINKE-Fraktion ab. Erneut wies sie in ihrer Begründung darauf hin, dass die Versprechen der neuen Technik, wie bereits bei der alten Gentechnik sich bisher nicht erfüllt hätten. Darüber hinaus sorgten sie sich um die Sicherheit bei der Verbreitung gentechnisch veränderter Pflanzen. Aus ihrer Sicht gäbe es zahlreiche Beispiele für die ungewollte Verbreitung und Vermischung von gentechnisch veränderten Pflanzen mit herkömmlichen Züchtungen, die später nicht kontrollierbar seien. Weiterhin stellen sie die Zielgenauigkeit der Eingriffe bei CRISPR in Frage und befürchten ungewollte Nebeneffekte.[200]

4.3.5.13 Grünen-Antrag 10. September 2019

Den Antrag von BÜNDNIS90/DIE GRÜNEN zur „*Agrarwende statt Gentechnik – Neue Gentechniken im Sinne des Vorsorgeprinzips regulieren und ökologische Landwirtschaft fördern*" stimmte DIE LINKE-Fraktion gemeinsam mit den Grünen zu. Auch hier argumentierten sie, dass die Risiken nicht überblickt werden könnten und daher – wie von der Fraktion BÜNDNIS90/DIE GRÜNEN gefordert – neue Risikobewertungsverfahren eingeführt werden müssten. Darüber hinaus forderten sie die Bundesregierung auf, die Opt-out-Regelung der EU in nationales Recht umzusetzen.[201]

DIE LINKE-Fraktion unterstützt in der Regel die Grünen-Fraktion bei ihren Anträgen zu CRISPR. Eigene Anträge oder Vorstöße können jedoch von ihrer Seite nicht verzeichnet werden. Insgesamt stehen

199 DIE LINKE im Bundestag: Pressemitteilung von Petra Sitte: Keimbahn-Therapie nicht ausreichend erforscht. 09.05.2019, https://www.linksfraktion.de/presse/pressemitteilungen/detail/keimbahn-therapie-nicht-ausreichend-erforscht/, Stand: 14.10.2019.

200 vgl. BT-Drucks. 19/16565, S. 12, http://dip21.bundestag.de/dip21/btd/19/165/1916565.pdf, Stand: 20.02.2020.

201 ebd. S. 12.

sie der Technologie kritisch gegenüber. Sie stärken aber den Dialog, indem sie die Anträge der Grünen unterstützen.

4.3.6 BÜNDNIS 90/DIE GRÜNEN-Fraktion

Beim Thema *„neue Gentechnikverfahren"* war die Fraktion BÜNDNIS 90/DIE GRÜNEN entsprechend ihrer programmatischen Ausrichtung (das Thema Gentechnik ist ein Kernthema der Partei) sehr aktiv, was sich in ihren diversen Anträgen und Kleinen Anfragen an die Bundesregierung widerspiegelt.[202] Die Fragen kreisten dabei um drei Themenschwerpunkte:

1. Wie die Bundesregierung neue molekularbiologische Verfahren bewertet,
2. wie sich die Bundesregierung auf EU-Ebene bzw. auf internationaler Ebene positioniert und
3. welche Forschungsvorhaben die Bundesregierung finanziell besonders unterstützt.

Die Anträge der Grünen bezogen sich auf Fragen der Sicherheit und Risiken der neuen Gentechnik und dem Alleinstellungsmerkmal des Vorsorgeprinzips. Auf der Internetpräsentation der Grünen im Bundestag positioniert sich die Fraktion klar für eine Landwirtschaft ohne Gentechnik.[203]

4.3.6.1 Grünen-Antrag 30. September 2015

Am 30. September 2015 brachte die Grünen-Fraktion einen Antrag zur *„Biosicherheit bei Hochrisikoforschung in den Lebenswissenschaften stärken"* in den deutschen Bundestag ein. Der Antrag behandelte zwar nicht gezielt CRISPR, behandelte aber die Sicherheitsproblematik neuer Gentechnikverfahren. Die Grünen forderten darin die Bundesregierung auf, ein Gesetz vorzulegen, dass die Empfehlungen des

202 Kleine Anfragen können von Fraktionen zur Auskunft an die Bundesregierung gestellt werden. Sie werden nicht im Bundestag beraten, sondern schriftlich beantwortet.

203 vgl. Bündnis 90/Die Grünen Bundestagsfraktion: Gentechnik, https://www.gruene-bundestag.de/themen/gentechnik, Stand: 12.10.2019.

Deutschen Ethikrats zum gesetzlichen Regelungsbedarf beim Umgang mit besorgniserregenden *„biosecurityrelevanten“* Forschungsvorhaben aufgreifen sollte. Anlass des Antrags war eine Debatte in den Niederlanden von 2012, wo darüber diskutiert wurde, ob Forschungsergebnisse zu veränderten Vogelgrippe-Viren, veröffentlicht werden sollten, da diese möglicherweise bei Missbrauch oder einem Unfall die Gefahr in sich bürgten, eine Pandemie auszulösen.[204] Der Antrag wurde am 15. Oktober 2015 im Bundestag beraten und dem Ausschuss für Bildung, Forschung und Technikfolgenabschätzung zur Beratung überwiesen. Der Ausschuss hatte den Antrag am 13. Januar 2016 abschließend beraten und die Ablehnung des Antrags mit den Stimmen der Fraktionen der CDU/CSU und SPD gegen die Stimmen der Fraktion BÜNDNIS 90/DIE GRÜNEN bei Stimmenthaltung der Fraktion DIE LINKE empfohlen.[205] Der Antrag wurde nach der Debatte am 9. Juni 2016 im Bundestag mit Stimmen der CDU/CSU und SPD gegen die Stimmen von BÜNDNIS90/DIE GRÜNEN und bei Enthaltung von DIE LINKE abgelehnt.[206]

Im November 2015 stellte der Grünen-Abgeordnete Harald Ebner eine schriftliche Anfrage an die Bundesregierung. Dabei fragte er, welche Schlussfolgerungen die Bundesregierung aus dem Rechtsgutachten von Prof. Dr. Ludwig Krämer zog, der die Anwendung neuer Züchtungstechnologien, wie Genome Editing (CRISPR/Cas9 sowie OgM/OdM) als gentechnische Veränderungen im Sinne der Gentechnikrichtlinie 2001/18/EG beurteilte. Darüber hinaus wollte er wissen, ob die Bundesregierung das Gutachten weiter an die europäische Behörde für Lebensmittelsicherheit (EFSA) leitete, die aus seiner Sicht mit dem Prüfprozess der rechtlichen Einordung neuer biotechnologischer Verfahren betraut war.[207]

---

204 vgl. BT-Drucks. 18/6204, https://kai-gehring.de/wp-content/uploads/2015/10/Antrag_Biosicherheit_1806204.pdf, Stand: 12.10.2019.

205 vgl. BT-Drucks. 18/8698, S. 4, http://dipbt.bundestag.de/dip21/btd/18/086/1808698.pdf, Stand: 12.10.2019.

206 vgl. BT-Drucks. 18/176, S. 141, http://dipbt.bundestag.de/dip21/btp/18/18176.pdf#P.17424, Stand: 12.10.2019.

207 vgl. BT-Drucks. 18/6707, S. 23, http://dip21.bundestag.de/dip21/btd/18/067/1806707.pdf, Stand: 12.10.2019.

4.3.6.2 Grünen-Antrag 19. Oktober 2016

Am 19. Oktober 2016 brachten die Grünen einen Antrag zum Thema *„Gentechnikfreiheit Deutschlands sichern"* in den Bundestag ein, der am 20. Oktober 2016 im Parlament debattiert wurde. Darin wurde zum einen gefordert, dem Entwurf des Bundesrates zur Änderung des Gentechnikgesetztes zuzustimmen und zum anderen auf EU-Ebene auf eine Klarstellung hinsichtlich der rechtlichen Einstufung neuer gentechnischer Verfahren sowie auf deren Regulierung gemäß Freisetzungsrichtlinie hinzuwirken.[208] Der Entwurf des Bundesrates war ein Gegenentwurf zum Gesetzentwurf der Bundesregierung zur Änderung des Gentechnikgesetzes. Der Antrag wurde zur weiteren Beratung den entsprechenden Ausschüssen überwiesen: Ernährung und Landwirtschaft, Recht und Verbraucherschutz, Wirtschaft und Energie, Umwelt, Naturschutz, Bau und Reaktorsicherheit und Bildung, Forschung und Technikfolgenabschätzung. Eine Entscheidung über den Antrag gab es nicht, da die Wahlperiode endete.

Diesem Antrag folgte im Oktober 2016 eine Kleine Anfrage an die Bundesregierung zur *„Einstufung von und Umgang mit neuen Gentechnikverfahren"* in den Bundestag. Das Dokument beinhaltete 25 Fragen von neuen Gentechnikverfahren in der Landwirtschaft und in der Humanmedizin. Hierbei ging es um Chancen und Risiken der neuen Techniken, vor allem,

- ob neue Verfahren wie CRISPR von der Bundesregierung als Gentechnik bewertet werden,
- wie das Thema in den Ministerien organisatorisch behandelt wird, welche Position die Bundesregierung zu diesem Thema auf europäischer Ebene einnimmt und
- wie sie sich in Bezug auf die Definition neuer gentechnischer Verfahren positioniert, welche Forschungsvorhaben die Bundesregierung in diesem Bereich fördert und ob sie diesen Bereich ausbauen möchte.[209]

---

208 BT-Drucks. 18/10028, S. 2, http://dipbt.bundestag.de/doc/btd/18/100/1810028.pdf, Stand: 12.10.2019.

209 vgl. BT-Drucks. 18/10138, http://dip21.bundestag.de/dip21/btd/18/101/1810138.pdf, Stand: 12.10.2019.

Am 9. November 2016 stellte Grünen Abgeordneter Harald Ebner eine mündliche Anfrage an die Bundesregierung zur Beurteilung neuer gentechnischer Verfahren, wie CRISPR. Die Anfrage bezog sich auf den Gesetzentwurf zur Änderung des Gentechnikrechts. Dabei fragte er, wie die Einzelfallprüfung von molekularbiologischen Verfahren entsprechend der Kabinettsvorlage erfolgen sollte und auf welcher Rechtsgrundlage sich die Bundesregierung bei der produktbezogenen Betrachtung von CRISPR im Rahmen der geplanten Einführung von Einzelfallprüfungen bezog. Dabei verwies er auf ein Rechtsgutachten von Professor Dr. Dr. Tade M. Spranger im Auftrag des Bundesamtes für Naturschutz (BfN), das eine ausschließlich prozessbezogene Betrachtung für rechtlich zulässig hielt. Darüber hinaus fragte er, wie die Bundesregierung begründete, dass keine abschließende Liste neuer Gentechnikverfahren im Gesetzentwurf aufgeführt wird?[210] Darüber hinaus stellte die Grünen-Bundestagsabgeordnete Bärbel Höhn eine mündliche Frage an die Bundesregierung zum Gesetzentwurf zur Änderung des Gentechnikrechts. Hierbei fragte sie, warum die Bundesregierung in ihrem Gesetzentwurf zur Änderung des Gentechnikrechts, das Innovationsprinzip dem Vorsorgeprinzip aus ihrer Sicht gleichwertig zur Seite stellte und ob dies bei der Beurteilung neuer Verfahren benutzt würde. Weiter fragte sie, ob den zuständigen Behörden bereits Anträge auf Zulassung von mit neuen Gentechnikverfahren erzeugten Organismen vorlägen und wie die Sicherheit bei einer prozess- als auch produktbezogenen Beurteilung gewährleistet würde.[211]

Ebenso stellte BÜNDNIS 90/DIE GRÜNEN am 9. November 2016 eine Kleine Anfrage an die Bundesregierung zur 13. Konferenz der UN-Biodiversitätskonvention – Verhandlungspositionen der Bundesregierung, die sich auch mit den neuen gentechnischen Verfahren befasste.[212] Ausgangspunkt war hierbei ebenso die Novelle des Gentechnikgesetztes, in dem die Bundesregierung die Position vertrat, „[...] *dass auch bei der Freisetzung und dem Inverkehrbringen von Organis-*

210 vgl. BT-Drucks. 18/198, https://www.bundestag.de/resource/blob/479556/06ce24c1b05a70f29ec80cb4103e25d5/18198-data.txt, Stand: 12.10.2019.

211 vgl. BT-Drucks. 18/10201, http://dipbt.bundestag.de/dip21/btd/18/102/1810201.pdf, Stand: 12.10.2019.

212 vgl. BT-Drucks. 18/10309, http://dipbt.bundestag.de/doc/btd/18/103/1810309.pdf, Stand: 12.10.2019.

men, die mittels neuer Züchtungstechniken wie CRISPR/Cas9 erzeugt worden sind, [...] ein hohes Maß an Sicherheit gewährleistet wird".[213] In diesem Zusammenhang wollte die Oppositionspartei wissen, ob die Bundesregierung diese Position auch bei der UN-Konferenz in Mexiko vertreten würde. Darüber hinaus wurde gefragt, ob sich die Bundesregierung in Mexiko, entsprechend dem Vorsorgeprinzip, in Bezug auf neue Verfahren, wie CRSIPR, für eine Regulierung und eine Einstufung als Gentechnik einsetzen würde. Gefragt wurde auch, ob Deutschland das Moratorium für „*Gene Drives*" unterstützt und ob sich Deutschland für ein solches Moratorium einsetzen würde. Eine weitere Frage behandelte die potenziellen Risiken von „*Gene Editing*" hinsichtlich des Rechts auf Nahrung.[214]

4.3.6.3 BMEL-Gesetzentwurf zur Änderung des Gentechnikgesetzes

Am 2. Dezember 2016 nahm Harald Ebner, MdB, im Bundestag Stellung zur ersten Beratung des „*Vierten Gesetzes zur Änderung des Gentechnikgesetzes*". In seiner Rede kritisierte er gleich zu Beginn, dass die Bundesregierung, neben dem Vorsorgeprinzip das Innovationsprinzip einführen wollte und neue Gentechnikverfahren nicht als Gentechnik behandeln wolle.[215]

Am 23. März 2017 stellte Harald Ebner, MdB, bei der Befragung der Bundesregierung zwei Fragen zum Verständnis der Bundesregierung zur neuen Gentechnik. Dabei bezog sich seine Frage auf zwei Feststellungsanträge zur neuen Gentechnik, die zur Bewertung von derart erzeugten Organismen bei der Zentralen Kommission für die Biologische Sicherheit vorlagen. Er fragte, ob die Bewertung dieser Anträge bei der ZKBS läge oder ob sie unter das Gentechnikrecht fallen. Seine zweite Frage bezog sich auf die Dialogveranstaltung des BMEL zu neuen gentechnischen Verfahren. Hier wollte er wissen, ob das BMUB in diesen Dialog miteinbezogen wäre.[216]

---

213 ebd.

214 ebd.

215 vgl. BT-Drucks. 18/207, S. 54, http://dip21.bundestag.de/dip21/btp/18/18207.pdf, Stand: 12.10.2019.

216 vgl. BT-Drucks. 18/224, S. 19, http://dip21.bundestag.de/dip21/btp/18/18224.pdf, Stand: 12.10.2019.

4.3.6.4 TA-Bericht

Ebenfalls am 23. März 2017 hielt Ebner eine Rede zum *Bericht des Ausschusses für Bildung, Forschung und Technikfolgenabschätzung: Technikfolgenabschätzung (TA) – Synthetische Biologie – die nächste Stufe der Bio- und Gentechnologie.* Hierin warnte er vor allem davor den Versprechen, die mit den neuen Verfahren einhergehen, naiv zu folgen. Das Potential, wie die Risiken von „*Gene Editing*" waren aus einer Sicht noch nicht geklärt und werfen daher viele Fragen auf. Abschließend forderte er: „*Wir brauchen eine breite gesellschaftliche Debatte. Wer Akzeptanz für Genome Editing will, etwa im medizinischen Bereich, der muss auch dafür sorgen, dass diese Debatte stattfindet, und darf nicht die neue Gentechnik den Menschen durch die Hintertür aufzwingen.*"[217]

Am 13. April 2017 stellte Ebner eine schriftliche Anfrage an die Bundesregierung, die Fragen zu Anträgen im Bereich der Forschung von CRISPR betraf. Dabei ging es um die Anzahl der Anträge, die der Kommission für die Biologische Sicherheit zur Beurteilung oder Stellungnahme innerhalb eines Jahres vorgelegt wurden. Zum anderen ging es darum, welcher Sicherheitsstufe diese Forschungsvorhaben zugeordnet wurden.[218]

4.3.6.5 SPD-Gesetzentwurf Änderung des Gentechnik-Gesetzes 24. Oktober 2017

Der Gesetzentwurf der SPD zur Änderung des Gentechnikgesetzes wurde von den Grünen nicht kommentiert, da er nicht im Ausschuss behandelt wurde.

Im November 2017 stellte der Grünen Abgeordnete Harald Ebner eine schriftliche Anfrage zur Positionierung der Bundesregierung in Bezug auf die Regulierung von neuen gentechnischen Verfahren, wie CRISPR auf der EU-Ebene. Ausgangspunkt der Anfrage war ein Rechtsgutach-

---

217 BT-Drucks. 18/ 225, S. 162, http://dip21.bundestag.de/dip21/btp/18/18225.pdf, Stand: 12.10.2019.

218 vgl. BT-Drucks. 18/11947, S. 44f., https://dip21.bundestag.de/dip21/btd/18/119/1811947.pdf, Stand: 12.10.2019.

ten im Auftrag des Bundesamtes für Naturschutz, das einer Regulierung im europäischen Gentechnikrecht den Vorzug gab.[219]

Im Juli 2018 stellte Ebner erneut eine Anfrage zur Beurteilung der Feststellungsanträge von gentechnisch veränderten Organismen, die momentan dem Bundesamt für Verbraucherschutz und Lebensmittelsicherheit (BVL) bzw. der Zentralen Kommission für Biologische Sicherheit (ZKBS) vorliegen.[220]

4.3.6.6 EuGH-Urteil zu CRISPR 25. Juli2018

Das EuGH-Urteil vom Juli 2018 bewerteten die Grünen als einen positiven Schritt, neue gentechnische Verfahren genauso zu beurteilen, wie „alte" Verfahren. Im Oktober 2018 luden Die Grünen-Bundestagsabgeordneten Oliver Krischer und Harald Ebner gemeinsam mit Martin Häusling, MdEP, drei ExpertInnen zu einem Fachgespräch mit dem Titel *„Nachhaltig ackern mit Gentechnik 2.0?"*. Harald Ebner, Sprecher für Waldpolitik, Gentechnik und Bioökonomiepolitik, forderte im Rahmen der Veranstaltung „[…] *Aufgabe des Staates* (sei es), *Risikoprüfung, Wahlfreiheit, Transparenz und Kennzeichnung zu gewährleisten. Dafür sei die Entwicklung von Nachweismethoden für neue Gentechnik und ein internationales Register der Produkte erforderlich.*"[221] Die Ergebnisse des Fachgesprächs flossen wiederum in eine Kleine Anfrage an die Bundesregierung ein.

Zum 1. Juni 2018 hat die BÜNDNIS 90/DIE GRÜNEN-Fraktion einen Flyer zum Thema *„Keine Gentechnik auf Äckern und Tellern"* herausgebracht, der über ihre Sicht, insbesondere auch zu neuen *„Gene Editing"* Methoden informiert. Die Bundestagsfraktion fordert darin:

– *„Wirksame deutschlandweite Anbauverbote für Gentech-Pflanzen auf Bundesebene*
– *Keine neuen Anbauzulassungen für Gentech-Pflanzen in Europa*

219 vgl. BT-Drucks. 19/120, S. 33, http://dip21.bundestag.de/dip21/btd/19/001/190012 0.pdf, Stand: 12.10.2019.

220 vgl. BT-Drucks. 19/3384, S. 96, http://dip21.bundestag.de/dip21/btd/19/033/1903 384.pdf, Stand: 12.10.2019.

221 BÜNDNIS 90/DIE GRÜNEN-Bundestagsfraktion: Neue Gentechnikverfahren. Was ist dran am CRISPR-Hype?, 31.10.2018, https://www.gruene-bundestag .de/themen/gentechnik/was-ist-dran-am-crispr-hype, Stand: 03.03.2020.

- *Transparenz und Wahlfreiheit: Schließung der Kennzeichnungslücke für tierische Produkte wie Milch, Fleisch und Eier, bei deren Erzeugung Gentech-Futter zum Einsatz kommt*
- *Keine Ausnahmen für sogenannte neue Gentechnikverfahren: Denn auch neue Gentechnik ist Gentechnik und muss genau so reguliert und gekennzeichnet werden.*"[222]

Im September 2018 stellten die Grünen eine Kleine Anfrage zur Vereinbarung zwischen US-Präsident Trump und EU-Kommissionspräsident Juncker über ein Freihandelsabkommen zwischen der EU und den USA. Dabei bezog sich eine der Fragen auf die Regulierung von CRISPR in den USA und damit auf die Frage, inwieweit Produkte, die mittels CRISPR entstanden sind, in den USA einem verpflichtenden Zulassungsverfahren, einer Risikobewertung und einer Kennzeichnung unterliegen.[223]

Am 22. November 2018 stellte Ebner, MdB, eine Frage an die Bundesregierung, wie die Bundesregierung mit dem EuGH-Urteil vom 25. Juli 2018 umgeht.[224]

Im Januar 2019 stellte die Fraktion von BÜNDNIS 90/DIE GRÜNEN eine Kleine Anfrage an die Bundesregierung, mit welchem Budget Forschungsvorhaben im Bereich von neuen „*Genome Editing*"-Verfahren von der Bundesregierung gefördert würden. Aus Sicht der Grünen waren Forschungsprojekte, die sich mit den Risiken der neuen Methoden beschäftigen deutlich geringer finanziert als Projekte, die die Chancen der neuen molekulargenetischen Verfahren zum Thema hatten.[225]

222 BÜNDNIS 90/DIE GRÜNEN: Keine Gentechnik auf Äckern und Tellern. 05.2019, https://www.gruene-bundestag.de/fileadmin/media/gruenebundestag_de/publikationen/broschueren_und_flyer/f19-5gentec108x139_web_.pdf, Stand: 03.03.2020.

223 vgl. BT-Drucks. 19/4130, S. 10 Frage 66, http://dip21.bundestag.de/dip21/btd/19/041/1904130.pdf, Stand: 12.10.2019.

224 vgl. BT-Drucks. 19/5815, S. 78, http://dip21.bundestag.de/dip21/btd/19/058/1905815.pdf, Stand: 12.10.2019.

225 vgl. BT-Drucks. 19/7250, https://dip21.bundestag.de/dip21/btd/19/072/1907250.pdf, Stand: 03.03.2020.

4.3.6.7 FDP-Antrag 23. November 2018

Den Antrag der FDP *„Technologischen Fortschritt nicht aufhalten – Neue Verfahren in der Gentherapie einsetzen"* vom 23. November 2018 lehnte die Fraktion von BÜNDNIS 90/DIE GRÜNEN im Ausschuss ab. In Ihrer Begründung wies sie darauf hin, dass der Antrag der FDP im Bereich der Humanmedizin den möglichen Chancen Vorrang gegenüber den zu befürchtenden Risiken stelle. Interessant ist dabei, dass die Grünen betonten, dass sie in Bezug auf CRISPR/Cas9 einen Unterschied zwischen der Gentechnik im Pflanzenbereich und in der Humanmedizin machten und verwiesen in diesem Zusammenhang auf den Ethikrat, der Regelungen auf internationaler Ebene als geboten ansehe. Eine Übereinstimmung mit der FDP gab es nur im Hinblick auf den Prozess der Debatte zu diesem Thema, der ausführlich und gründlich geführt werden müsste, allerdings nicht wie die FDP es mache – mit *der „Holzhammermethode"*.[226] Die Forderung im Antrag, nämlich das Embryonenschutzgesetz zu ändern, lehnten sie ab, da nicht klar sei, in welche Richtung die FDP gehen wolle und ob Forschung an Embryonen erlaubt sein solle.[227]

4.3.6.8 Geburt der genmanipulierten Zwillinge in China 29. November 2018

Die Vorgehensweise, durch Genome Editing veränderten Zwillinge auf die Welt zu bringen wurde auch von der Fraktion BÜNDNIS 90/DIE GRÜNEN verurteilt und als Dammbruch bezeichnet. Dass der Forscher He damit den Konsens der Wissenschaftsgemeinde gebrochen hatte, sahen sie als besonders problematisch an, da die Risiken für einen solchen Eingriff und die Auswirkungen auf die nächste Generation zu hoch seien. *„Ein solcher Eingriff wie in China stellt einen fundamentalen Bruch mit dem Vorsorgeprinzip dar und ist für uns Grüne nicht hinnehmbar"*, betonte die Sprecherin der Grünen Fraktion für Innovations- und Technologiepolitik, Dr. Anna Christmann.[228]

226 BT-Drucks. 19/16576, S. 14, http://dip21.bundestag.de/dip21/btd/19/165/1916576.pdf, Stand: 02.02.2020.

227 ebd.

228 Bündnis90/Die Grünen Bundestagsfraktion: Rede von Dr. Anna Christmann. Gentherapie, https://www.gruene-bundestag.de/parlament/bundestagsreden/gentherapie, Stand:12.10.2019.

4.3.6.9 Grünen-Antrag 10. April 2019

Die BÜNDNIS 90/DIE GRÜNEN-Fraktion brachte am 10. April 2019 einen Antrag zum „Vorsorgeprinzip als Innovationsmotor" in den Bundestag ein. Der Antrag war vor allem als Gegenantrag gegenüber der FDP zum Thema „*Innovation und Chancen nutzen – Innovationsprinzip bei Gesetzgebung und behördlichen Entscheidungen einführen*" zu verstehen. Die Grünen befürchteten, dass im Gesetzgebungsverfahren neben dem bisherigen Vorsorgeprinzip als Beurteilungskriterium für die Risikoabschätzung, die auch neue Verfahren wie CRISPR betrifft, ein Innovationsprinzip eingeführt werden könnte. Es wurde vermutet, dass damit das Vorsorgeprinzip ausgehebelt werden könnte. Aus ihrer Sicht ist das Vorsorgeprinzip als Alleinstellungskriterium notwendig, da es sicherstellt

> *„[…], dass wir auch bei Unsicherheit über Art, Ausmaß oder Eintrittswahrscheinlichkeit von möglichen Schadensfällen vorbeugend, vorausschauend und gemeinwohlorientiert handeln, um Gefahren für Verbraucherinnen und Verbraucher, Gesundheit oder Umwelt zu vermeiden. So ermöglicht der Rückgriff auf das Vorsorgeprinzip in Fällen, in denen unzureichende wissenschaftliche Daten keine umfassende Risikobewertung zulassen, zum Beispiel die Verhängung eines Vermarktungsverbots etwaiger gesundheitsgefährdender Produkte."*[229]

Der Antrag wurde nach der Debatte im Bundestag am 12. April 2019 federführend in den Umwelt-Ausschuss überwiesen. Der Umweltausschuss beschloss am 12. Dezember mit den Stimmen der CDU/CDSU, SPD, AFD und FDP, den Antrag abzulehnen.[230]

4.3.6.10 Grünen-Antrag 8. Mai 2019

Am 8. Mai 2019 brachten BÜNDNIS 90/DIE GRÜNEN einen Antrag in den Bundestag ein, der die Freisetzungsrichtlinie 2001/18/EG in ihrer Regelungsschärfe auch für neue Gentechnik beibehält und die

229 BT-Drucks. 19/9270, http://dip21.bundestag.de/dip21/btd/19/092/1909270.pdf, Stand: 13.10.2019.

230 vgl. BT-Drucks. 19/15974, S. 5, http://dipbt.bundestag.de/dip21/btd/19/159/1915974.pdf, Stand: 02.02.2020.

Regulierung im Einklang mit dem Vorsorgeprinzip auch in Zukunft sichert.[231]

So fordern sie die Bundesregierung auf:

- *„1. sich auf EU-Ebene für die Stärkung des Vorsorgeprinzips einzusetzen, indem sie konsequent dafür eintritt, dass auch neue gentechnische Methoden wie beispielsweise CRISPR/Cas, TALEN, ODM oder Zinkfinger Nukleasen unter dem Rechtsrahmen der Freisetzungsrichtlinie verbleiben;*
- *2. einer Änderung der Richtlinie 2001/18/EG, die die Wahlfreiheit und das Vorsorgeprinzip gefährdet, nicht zuzustimmen und diese auch nicht anderweitig zu unterstützen;*
- *3. sich für eine Weiterentwicklung und Implementierung von Nachweisverfahren neuer Gentechniken einzusetzen, um den Vollzug der Freisetzungsrichtlinie in Zusammenarbeit mit den Bundesländern zu gewährleisten.“*[232]

Der Antrag wurde in der 94. Sitzung des Bundestages an den Ausschuss für Ernährung und Landwirtschaft sowie den Ausschuss für Umwelt, Naturschutz und nukleare Sicherheit überwiesen und in der Bundestagssitzung am 26. Juni 2019 abgelehnt.[233]

4.3.6.11 Stellungnahme Deutscher Ethikrat 9. Mai 2019

Weder auf der Webseite der Fraktion von BÜNDNIS90/DIE GRÜNEN, noch auf der Webseite der forschungspolitischen Sprecherin der Grünen, Dr. Anna Christmann, findet sich ein Hinweis auf ein Statement zur Stellungnahme des Deutschen Ethikrats.

4.3.6.12 FDP-Antrag 14. Mai 2019

Der Antrag FDP-Fraktion zum Thema „*Chancen neuer Züchtungsmethoden erkennen – Für ein technologieoffenes Gentechnikrecht*“ wurde

231 vgl. BT-Drucks. 19/9952, https://dipbt.bundestag.de/doc/btd/19/099/1909952.pdf, Stand: 12.10.2019.

232 ebd.

233 vgl. BT-Drucks. 19/247834, http://dipbt.bundestag.de/extrakt/ba/WP19/2478/247834.html, Stand. 02.02.2020.

von der Fraktion BÜNDNIS90/DIE GRÜNEN – wie zu erwarten – abgelehnt, da dies ihren Vorstellungen diametral entgegensteht. Sie widersprachen der FDP, dass Gentechnik in Deutschland nicht verboten sei und entsprechende Forschung durch Bundesmittel erheblich unterstützt würde und stattfinde. Besonders kritisierten sie die Forderung der FDP, dass die EU-Freisetzungslinie dereguliert werden sollte, so dass sie sich nicht auf neue Gentechniken beziehe. Damit gäbe es für die Technik keine Kennzeichnungspflicht mehr. In diesem Zusammenhang wiesen sie darauf hin, dass die Mehrheit der Bevölkerung gegen Gentechnik wäre und mit dem Antrag der FDP die Wahlfreiheit der Bevölkerung für oder gegen Gentechnik eingeschränkt würde.[234]

4.3.6.13 Grünen-Antrag 10. September 2019

Am 10. September 2019 brachten die Grünen einen Antrag zum Thema „*Agrarwende statt Gentechnik – Neue Gentechniken im Sinne des Vorsorgeprinzips regulieren und ökologische Landwirtschaft fördern*" in den Bundestag ein. In ihrem Antrag bezogen sie sich wiederum auf das Gerichtsurteil des europäischen Gerichtshofs vom Juni 2018 und forderten in 19 Punkten eine klare Regulierung neuer Gentechniken sowohl auf nationaler als auch internationaler Ebene unter Beachtung des Vorsorgeprinzips.[235]

Es zeigt sich, dass BÜNDNIS 90/DIE GRÜNEN sich primär mit den Risiken der neuen Technologie befassen und dabei die Möglichkeiten der Kleinen Anfragen und Fragen in Anspruch nehmen, um sich über die Positionen und Maßnahmen der Bundesregierung in diesem Bereich zu informieren und die Bundesregierung dazu auffordern, sich zum Thema zu positionieren. Ihre Anträge zielen auf eine Regulierung der neuen Verfahren und eindeutige Beurteilung als Gentechnik entsprechend dem EuGH-Urteil. Die Grünen stärken damit eindeutig den Dialog um CRISPR. Da sie sich jedoch in der Opposition befinden, fehlt ihnen (bis auf die Unterstützung von DIE LINKE) der Rückhalt, dem Thema mehr Gewicht zu verleihen.

---

234 vgl. BT-Drucks. 19/16565, S. 12, http://dip21.bundestag.de/dip21/btd/19/165/1916565.pdf, Stand. 02.02.2020.

235 vgl. BT-Drucks. 19/ 13072, http://dip21.bundestag.de/dip21/btd/19/130/1913072.pdf, Stand: 02.02.2020.

4.4 Positionen und Handlungsspielräume des Bundesrates

Der Bundesrat ist als zweite gesetzgebende Kammer neben dem Bundestag bei der Regulierung und Deregulierung von CRISPR in der Verantwortung. Dabei ist er als Länderkammer in seinem Handlungsspielraum durch das Grundgesetz (Art. 50 GG, Art. 51 GG Art. 79 Abs. 2 GG, Art. 104a Abs. 4 GG und Art. 105 Abs. 3 GG) und durch die unterschiedlichen Koalitionen in den Bundesländern determiniert. Das Grundgesetz bestimmt zunächst, welche Materien der Zustimmung oder des Einspruchs des Bundesrates in der Gesetzgebung bedürfen (Art. 77 Abs. 2, 2a, 3 GG). Die Länderkammer kann entsprechend ihrem Initiativrecht (Art. 76 Abs. 1 GG) auch eigene Gesetzesentwürfe einbringen und damit die Rahmenbedingungen für CRISPR mitgestalten Die jeweilige Länderkoalition legt fest, wie das betreffende Bundesland im Bundesrat abstimmt.

Darüber hinaus bestimmen die Mehrheitsverhältnisse in Bund und Ländern den Grad der Homogenität der Entscheidungen von Bundestag und Bundesrat. Je unterschiedlicher die Mehrheiten in den Bundesländern im Vergleich zum Bund sind, umso größer ist die Wahrscheinlichkeit, dass die Opposition des Bundestages den Bundesrat als Vetomacht nutzt. Darüber hinaus spielt die Koalitionsdisziplin gerade in großen Koalitionen eine entscheidende Rolle im Hinblick auf die Zustimmung zu Gesetzentwürfen im Bundesrat.[236] Welche Position der Bundesrat zu CRISPR einnimmt und ob und wie er seinen verbleibenden Handlungsspielraum genutzt hat, wird nachfolgend analysiert.

4.4.1 Entwurf eines Gentechnikgesetzes des Bundesrates

Dass sich der Bundesrat bereits früh mit dem Thema neue Gentechniken befasste und positionierte, zeigt ein Gesetzentwurf zur Änderung des Gentechnikgesetzes. Zugleich nutzte der Bundesrat seinen Spielraum, indem er sein Initiativrecht wahrnahm. Am 25. September 2015 legte der Bundesrat einen Gesetzentwurf zur Änderung des Gentechnikrechts vor, nachdem sich eine Mehrheit der Bundesländer darauf

236 vgl. Lehmbruch 2000, S. 140.

geeinigt hatte. Der Gesetzentwurf bezog sich auf die Opt-Out-Richtlinie der EU, die es den Mitgliedsstaaten ermöglicht, dass eine in der EU zugelassene gentechnisch veränderte Pflanze auf ihrem Territorium nicht angebaut werden darf. Im Entwurf wurde darüber hinaus am Rande auch der Bereich der synthetischen Biologie einbezogen, zu der auch CRISPR zählt. Hier wurde gefordert, dass es für die neuen Techniken einer Einschätzung der Chancen und Risiken bedarf, um klarzustellen, ob diese vom geltenden Recht erfasst werden. Als geeignet dafür sah der Bundesrat die Zentrale Kommission für die Biologische Sicherheit an.[237] Der Entwurf des Bundesrates wurde am 19. Oktober 2016 vom BÜNDNIS 90/DIE GRÜNEN in den Bundestag eingebracht und an die zuständigen Ausschüsse überwiesen. Dort wurde er aber nicht mehr behandelt, da die Legislaturperiode zu Ende ging. In der folgenden Legislaturperiode hat sich der Bundesrat nicht erneut mit diesem Gesetzentwurf befasst.

4.4.2 Stellungnahme zum BMEL-Gesetzentwurf zur Änderung des Gentechnikgesetzes

Die Bundesregierung brachte ebenfalls einen eigenen Gesetzentwurf ein, der zur Stellungnahme dem Bundesrat zugeleitet wurde. Am 4. Dezember 2016 folgte die Stellungnahme. Hierin machte der Bundesrat seine kritische Position sowohl im Hinblick auf den Gesetzentwurf insgesamt als auch hinsichtlich der Beurteilung neuer gentechnischer Verfahren sehr deutlich. Sowohl die Auslegungsvorgaben der neuen Technik als auch die Aufnahme des Gegenstandes in den Gesetzentwurf hielt der Bundesrat in diesem Zusammenhang für völlig unangebracht.

> *„Der Bundesrat teilt die in der Begründung zum Gesetzentwurf […] die dargelegte Auffassung der Bundesregierung zu den neuen Gentechniken nicht. Er hält es auch nicht für sachgerecht, in die Begründung zum Gesetz-*

237 vgl. BR-Drucks. 317/15, S. 19, https://www.bundesrat.de/SharedDocs/drucksachen/2015/0301-0400/317-15(B).pdf?__blob=publicationFile&v=1, Stand: 23.02.2019.

entwurf Auslegungsvorgaben zu den neuen Gentechniken aufzunehmen, die keinerlei Bezug zum Regelungsteil des Entwurfs haben."[238]

Auch die Einführung des Innovationsprinzips (Absatz 4.1.1.1: Das Innovationsprinzip) zur Einschätzung der neuen Techniken lehnte der Bundesrat ab, wie aus der Stellungnahme hervorgeht:

> „*Inhaltlich ist der Bundesrat der Ansicht, dass dem Vorsorgeprinzip im Umgang mit den neuen Gentechniken oberste Priorität eingeräumt werden sollte. Dessen Gleichsetzung mit einem nicht näher definierten Innovationsprinzip wird abgelehnt.*"[239]

Der Bundesrat nahm dieselbe Position ein, wie sie der EuGH in seinem Urteil zu CRISPR 2018 darlegte. Organismen, die mit den neuen Gentechniken erzeugt worden sind, sollten aus seiner Sicht unter das Gentechnikrecht fallen:

> „*Der Bundesrat vertritt die Auffassung, dass unter Einsatz der neuen Gentechniken erzeugte Organismen so lange einer prozessbezogenen Bewertung unterzogen werden müssen, solange es keine europäische Entscheidung darüber gibt, ob einzelne dieser Techniken aus dem Regelungsbereich des Gentechnikrechts herausfallen. Demzufolge sollten alle Organismen, die mit Hilfe der neuen Gentechniken erzeugt werden, zunächst dem Gentechnikgesetz unterfallen. Begründung: Auf Grund der aktuellen Entwicklung ergeben sich zunehmend Vollzugsfragen im Zusammenhang mit heute verfügbaren Techniken, die zielgerichtete Eingriffe im Genom einer Zelle ermöglichen.*"[240]

Allgemein forderte er, dass das Thema auf europäischer Ebene geklärt werden sollte.[241] Diese Positionierung des Bundesrates zu den neuen Gentechniken überrascht dabei aus zwei Gründen nicht wirklich. Erstens wurde mit dem Gesetzentwurf der Bundesregierung der des Bundesrates ignoriert. Das führte bei den Ländern zu Verärgerung, zumal sie ja bereits eine Einigkeit hergestellt hatten. In einem offenen Brief an Bundeslandwirtschaftsminister Schmidt (CSU) kritisierten die Länder die Vorgehensweise des Bundesministers.[242] Zum zweiten verfügten

---

238 BR-Drucks. 650/1/16, S. 14, https://www.bundesrat.de/SharedDocs/drucksachen/2016/0601-0700/650-1-16.pdf?__blob=publicationFile&v=5, Stand: 23.02.2019.

239 ebd.

240 ebd.

241 ebd.

242 vgl. Offener Brief zum Entwurf eines Vierten Gesetzes zur Änderung des Gentechnikgesetzes. 14.10.2016, http://db.zs-intern.de/uploads/1476715247-Offener%20Brief%20zum%20Gesetzentwurf%20Gentechnik.pdf, Stand: 24.02.2019.

die CDU/SPD-regierten Bundesländer zum damaligen Zeitpunkt (Dezember 2016) über gerade einmal 16 Stimmen im Bundesrat. Für eine Mehrheit braucht es aber 35 Stimmen.

Abb.: Zusammensetzung des Bundesrates, Dezember 2016

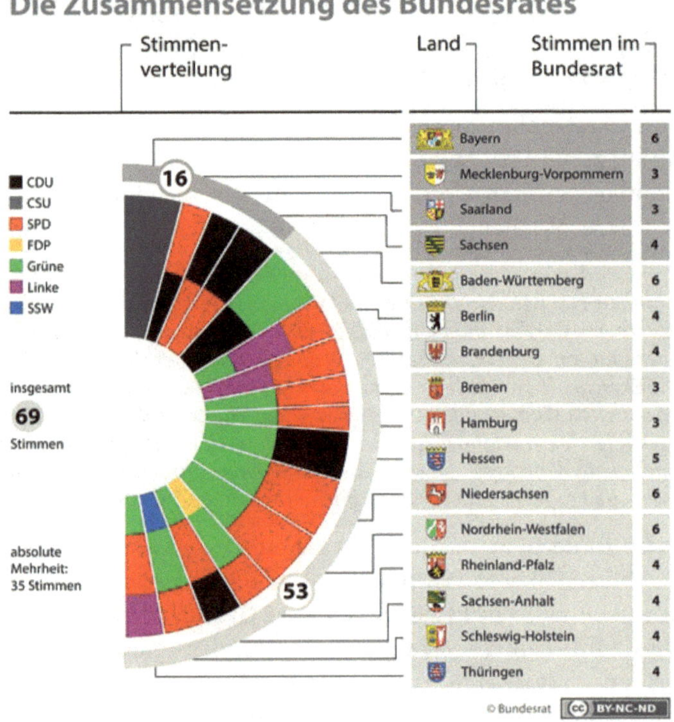

Quelle: Bundesrat 2017

Damit kam dem sogenannten neutralen Block hier eine besondere Rolle zu. Zu diesem gehören alle Bundesländer, in denen mindestens eine Partei mitregiert, die im Bundestag in der Opposition ist. Ihre Rolle nutzten sie entsprechend, um eine ablehnende Haltung in ihrer Stellungnahme zu verdeutlichen. Trotz der schwierigen Mehrheitsverhältnisse (12 verschiedene Länderkoalitionen 2016) im Bundesrat, konnten sich dennoch die Landesregierungen gemeinsam zu diesem

Thema positionieren. Für die Umsetzung des Gesetzentwurfs war dies jedoch ohne Belang, da die Bundesregierung eine andere Position als die Mehrheit im Bundesrat verfolgte. Zugleich zeigte sich im Abstimmungsverhalten, dass die Koalitionsdisziplin der Großen Koalition im Bund nicht in den Bundesrat hineinwirken konnte. Der Gesetzentwurf scheiterte allerdings nicht am Bundesrat, sondern an der mangelnden Einigkeit der CDU/CSU mit der SPD-Fraktion im Bundestag.

4.4.3 Entwurf zur Änderung der Gentechniksicherheitsverordnung vom 7. Juni 2019

Der Bundesrat behält seine kritische Position auch in der aktuellen 19. Legislaturperiode des Bundestages bei. Er stimmte dem von der Bundesregierung zugeleiteten Entwurf zur Änderung der Gentechniksicherheitsverordnung erst nach einigen Änderungen am 7. Juni 2019 zu. Die Initiative für die Änderungen ging dabei vom Bundesland Hessen aus.[243] Hessen (zu dem Zeitpunkt regiert durch eine Koalition aus CDU und BÜNDNIS 90/DIE GRÜNEN) hatte in seinem Antrag eine Anhebung der Sicherheitsstufe von 2 auf 3 gefordert. Zur Begründung heißt es dazu im Antrag:

> *„Damit werden erstmals im deutschen Gentechnikrecht [Gene-Drive-Organismen] regulatorisch angesprochen, die im Falle ihrer Freisetzung das Potenzial haben, neue Eigenschaften zusammen mit dem Bauplan des Mechanismus für die gentechnische Veränderung an alle Nachkommen zu vererben. Die Freisetzung von [Gene-Drive-Organismen] birgt das Risiko, ganze Populationen von Pflanzen oder Tieren irreversibel zu verändern oder auszurotten. Es ist daher sicherzustellen, dass gentechnischen Arbeiten mit Gene Drive-Organismen in jedem Fall einem Genehmigungsvorbehalt unterliegen. Im Rahmen des Genehmigungsverfahrens kann die Behörde die Arbeiten auf der Grundlage der Risikobewertung einer anderen Sicherheitsstufe zuordnen. Dadurch ist sichergestellt, dass eine Bewertung durch die Behörde und die ZKBS in jedem Fall vor Beginn der Arbeiten erfolgen kann.“*[244]

243 vgl. BR-Drucks, 137/19, https://www.bundesrat.de/SharedDocs/drucksachen/2019/0101-0200/137-19(B).pdf;jsessionid=9D6C8D2C9C9942A10A9CCA76B58D6235.1_cid365?__blob=publicationFile&v=1, Stand: 24.02.2019.

244 BR-Drucks. 137/2/19, S. 2, https://www.umwelt-online.de/PDFBR/2019/0137_2D2_2D19.pdf, Stand: 24.02.2019.

Dem von Hessen eingebrachten Text folgte der Bundesrat.[245] Darüber hinaus forderte der Bundesrat die Bundesregierung grundsätzlich auf, dem Vorsorgeprinzip, der Risikobewertung und den Sicherheitseinstufungen von Gene-Drive-Organismen besonderes Gewicht zu verleihen.[246] Die Verordnung zeigt, dass der Bundesrat dieser Rechtsnorm nicht unkritisch zugestimmt oder sie abgelehnt hat, sondern eigene, sogar wesentliche Änderungen einbrachte und diese auch mehrheitsfähig verabschieden konnte. Seine Handlungsfähigkeit demonstrierte der Bundesrat in diesem Themenbereich in deutlicher Weise. Interessant ist dabei, dass die Änderungswünsche gerade aus Hessen kamen, einem Bundesland, das in einer schwarz/grünen Koalition zusammenarbeitet und damit eigentlich dem neutralen Block angehört. Dass Hessen – in dieser Konstellation – in der Lage war, gemeinsam Änderungsvorschläge in den Bundesrat einzubringen, zeigt, dass schwarz-grün trotz erheblicher Unterschiede in der Haltung zu Fragen der Gentechnik eher eine gemeinsame politische Steuerung bewiesen hat, als dies auf Bundesebene bei der schwarz-roten Regierung der Fall war. Der Bundesrat nutzte hier seinen Handlungsspielraum konstruktiv und stimmte der Verordnung mit Änderungen zu. Eine Ablehnung der Verordnung wäre aber auch unwahrscheinlich gewesen, da die 13 verschiedenen Regierungskoalitionen (2019) im Bundesrat keine klassische Lagerbildung zuließen.[247]

---

245 vgl. BR-Drucks. 137/19, https://www.bundesrat.de/SharedDocs/drucksachen/2019/0101-0200/137-19(B).pdf;jsessionid=9D6C8D2C9C9942A10A9CCA76B58D6235.1_cid365?__blob=publicationFile&v=1, Stand: 24.02.2019.

246 ebd., S. 18.

247 vgl. Bundesrat: Das Jahr im Bundesrat 2019, https://www.bundesrat.de/SharedDocs/texte/19/20190110-ausblick-2019.html, Stand: 12.12.2019.

Abb.: Zusammensetzung des Bundesrates 2019

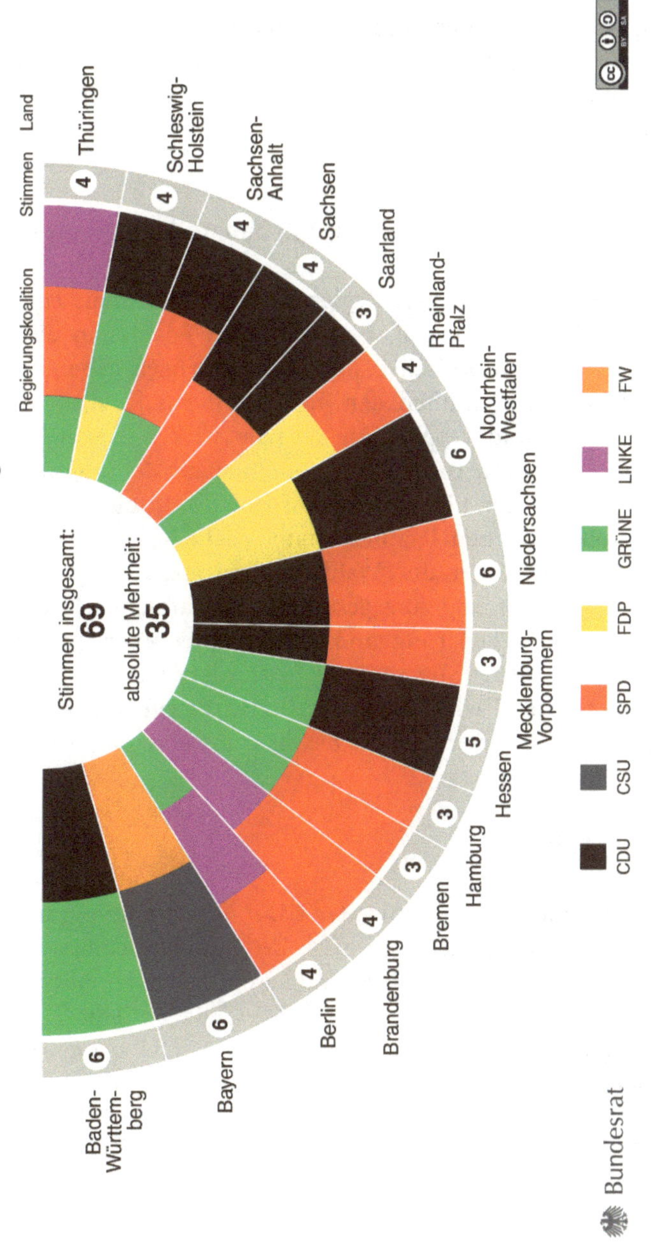

Quelle: Bundesrat

Obwohl der Bundesrat über keine klaren Mehrheitsverhältnisse verfügte, war er in der Lage, die Position der Länder mehrheitsfähig zu gestalten und auch durchzusetzen. Damit nutzt der Bundesrat bei der Rechtsetzung und beim Dialog um CRISPR seinen Handlungsspielraum stärker als der Bundestag.

4.5 Positionen und Handlungsspielräume der Bundesparteien

Parteien spielen neben Regierung und Parlament eine wichtige Rolle bei der Entwicklung von politischen Positionen und Forderungen zu neuen gentechnischen Methoden. Parteien geben mit ihren Partei- und Wahlprogrammen den Takt für die politische Ausrichtung von Regierung und Opposition vor. Sie wirken zugleich – verfassungsrechtlich verankert – bei der öffentlichen Meinungsbildung mit. Deshalb stellen sich hier die Fragen: Wie positionieren sie sich zu neuen mikrobiologischen Techniken und welche Rolle spielt CRISPR/Cas9 in ihren Programmen und Wahlkämpfen? Darüber hinaus wird auch auf ihre Positionierung zum gesamtgesellschaftlichen Dialog eingegangen, da dies von Regierung und Fraktionen immer wieder für den Umgangs mit neuen Technologien gefordert wurde. Welche Vorschläge gibt es in den Parteien zum gesellschaftlichen Dialog und welche Rolle spielen die Parteien, um die Bevölkerung einzubinden?

4.5.1 CDU

Das Grundsatzprogramm der CDU, das Wahlprogramm zur Bundestagswahl 2017, die Ergebnisse des Bundesfachausschusses und das Wahlprogramm zur Europawahl werden im Hinblick auf die Positionierung und die Forderungen der CDU zu dem Thema untersucht. Darüber hinaus wird die Position der CDU zur gesamtgesellschaftlichen Debatte analysiert.

4.5.1.1 Grundsatzprogramm 2007

Derzeit befindet sich die CDU in einer Debatte für ein neues Grundsatzprogramm, welches Ende 2020, auf dem 33. Parteitag der CDU, beschlossen werden sollte. Aufgrund der Corona-Pandemie gab es aber bisher noch keinen Beschluss (Stand: Februar 2021). Bisher gibt es einen Katalog an Leitfragen, worunter sich auch die allgemeine Frage befindet, *„Wie treiben wir Zukunftstechnologien voran, um das Leben der Menschen zu verbessern?"*[248] Eine konkrete Debatte, die auch CRISPR behandelt, hat sich daraus aber nicht ergeben.

Eine allgemeine Einschätzung neuer molekularbiologischer Techniken findet sich auch nicht im Grundsatzprogramm der CDU von 2007. Das hat den einfachen Grund, dass zum Zeitpunkt der Verabschiedung des Programms, CRISPR überhaupt noch nicht in der Forschung genutzt wurde. Allerdings behandelt das Programm Gentechnik, zu der CRISPR nach bisherigem Sachstand gezählt wird. Die CDU spricht sich hierbei für eine Nutzung von Grüner Gentechnik im Bereich der Ernährung als auch der Energiesicherheit aus. Allerdings räumt sie der Sicherheit und Unbedenklichkeit Vorrang gegenüber wirtschaftlichen Interessen ein. Einen Bezug zum Innovationsprinzip gibt es hier nicht.[249]

Zur roten Gentechnik, das heißt Gentechnik in der Humanmedizin, spricht sich die CDU vorsichtig für die Entwicklung der biomedizinischen Forschung aus und betont aber deutlich stärker deren Risiken. Den Eingriff in die Keimzellenbahn lehnt sie im Grundsatzprogramm vollständig ab.

> *„Die biomedizinische Forschung bietet Lösungen für Zukunftsprobleme und trägt wesentlich zur Heilung von Krankheiten und Linderung von Leid bei. Chancen und Risiken sind gewissenhaft abzuwägen. Die Achtung der*

248 31. Parteitag der CDU Deutschlands: Beschluss: Leitfragen zum neuen Grundsatzprogramm der CDU. 7./8.12. 2018, S. 5, https://www.cdu-suedbrookmerland.de/image/surftip/181208beschlussleitfragengrundsatzprogramm.pdf, Stand: 03.03.2020.

249 vgl. Grundsatzprogramm der CDU, „Freiheit und Sicherheit. Grundsätze für Deutschland.", beschlossen vom 21. Parteitag Hannover, 3./4.12.2007, S. 83, Punkt 263, https://www.cdu.de/system/tdf/media/dokumente/071203-beschluss-grundsatzprogramm-6-navigierbar_1.pdf?file=1&type=field_collection_item&id=1918, Stand: 04.12.2018.

unantastbaren Würde des Menschen hat für uns Vorrang vor der Freiheit der Forschung und der Sicherung von Wettbewerbsfähigkeit. Wir wollen die Beibehaltung des konsequenten Embryonenschutzes und wenden uns gegen verbrauchende Embryonenforschung. Dafür setzen wir uns auch auf europäischer und internationaler Ebene ein. Das Klonen von Menschen lehnen wir ab."[250]

4.5.1.2 Gesamtgesellschaftlicher Dialog

Die CDU steht für eine repräsentative Demokratie. Die Einführung von Volksentscheiden auf Bundesebene lehnte die Partei auf dem Parteitag im Dezember 2016 ab.[251] Alle anderen Bundesparteien sprechen sich für mehr Beteiligung aus.

„*Demokratische Beteiligung des Bürgers drückt sich in Wahlen und Abstimmungen, aber auch in vielfältigen Formen des bürgerschaftlichen Engagements aus. Unsere lebendige Demokratie benötigt freiwilliges und unentgeltliches Engagement für das Gemeinwohl und baut auf aktive Bürger.*"[252]

4.5.1.3 Bundesfachausschuss

Im Bundesfachausschuss Bildung, Forschung und Innovation der CDU wurde sie in einem Positionspapier von 2017 schon konkreter und behandelte auch das Thema Genchirurgie:

„*Auf dem Forschungsfeld der Gentherapie sind große Erfolge zu verzeichnen, die neue Perspektiven für die Behandlung von schweren und schwersten Erkrankungen eröffnen können. Insbesondere die Verknüpfung der Gentherapie mit den revolutionären Innovationen in der Genom-Chirurgie/Genome Editing erlauben nun ganz neue Therapieansätze zur Behandlung bisher nicht heilbarer Erkrankungen. Es ist nun Aufgabe der Politik, den bahnbrechenden wissenschaftlichen Erkenntnissen in der Medizin zu ihrem Durchbruch in der Anwendung und damit zum Nutzen für die Patienten zu verhelfen. Deshalb wollen wir Studien und Forschungsvorhaben in diesem Bereich mit einem speziellen Fonds fördern. Zu diesem Zwecke statten wir den Impulsfonds mit 500 Millionen Euro aus.*"[253]

---

250 ebd., S. 74, Punkt 233.

251 ebd., S. 84, Punkt 266.

252 ebd.

253 Beschluss des Bundesfachausschusses Bildung, Forschung und Innovation der CDU Deutschlands, „Leitbild für eine zukunftsfähige Hochschul- und Forschungslandschaft in Deutschland". 2017, https://www.cdu.de/system/tdf/media/dokumente/170116-bfa-bildung-hochschule-forschung.pdf?file=1&utm_so

Es fällt auf, dass hier zur Sicherheit der Methoden nichts gesagt wird. Ebenso wird die Regulierung oder Deregulierung nicht angesprochen. Allerdings werden finanzielle Mittel in Aussicht gestellt, um das Thema voranzubringen.

4.5.1.4 Wahlprogramm Bundestagswahl 2017

Im Wahlprogramm der CDU/CSU zur Bundestagswahl 2017 wurde die neue Züchtungsmethode CRISPR/Cas9 erwähnt, und zwar im Wahlkampf 2017. So sprach sie sich in ihrem Wahlprogramm für Einzelfallprüfungen und eine prozess- wie produktbezogene Bewertung aus. Zentralen Raum nahm das Thema in ihrem Wahlprogramm jedoch eher nicht ein. Auf Fragen des Vereins Testbiotech vom 31. Juli 2017, der selbst von sich sagt, beratend als auch kritisch die deutsche Politik zu begleiten, gab die CDU/CSU konkrete Antworten in Bezug auf ihre Haltung zum „Genome-Editing".[254]

Dabei wurde zunächst einmal die Bedeutung der Forschung hervorgehoben und darauf hingewiesen, dass es sich hierbei nicht um eine neue, sondern eine etablierte Forschung handele, was zeigt, dass sich die CDU positiv gegenüber dieser neuen Technik positioniert und zugleich die Sicherheit dieser Technik nicht wirklich in Frage stellt.

> *„Die neuen Methoden des Genome Editings haben eine sehr große Bedeutung in nahezu allen Bereichen der molekularbiologischen Forschung. In der bio-wissenschaftlichen Grundlagenforschung ist es eine gut etablierte Technik, die für den wissenschaftlichen Erkenntnisgewinn von Vorteil ist."*[255]

---

urce=Newsletter&utm_medium=email&utm_content=&utm_campaign=email-campaign, Stand: 04.12.2019.

254 Biotech ist ein eingetragener Verein, der unter anderem vom Bundesamt für Naturschutz, dem Bundesministerium für Bildung und Forschung und dem Bundesministerium für Umweltschutz, Naturschutz und Reaktorsicherheit gefördert wird.

255 Antworten der CDU und CSU auf Fragen von Testbiotech e.V..31.07.2017, https://www.testbiotech.org/sites/default/files/CDU_CSU%20Antwort%20auf%20Forderungen%20von%20Testbiotech.pdf, Stand: 05.12.2018.

Dementsprechend unterstützte sie in der Pflanzenforschung den Anbau zu Forschungszwecken.[256] In einem Antwortschreiben vom Juli 2017 an Testbiotech e.V. nahm sie auch Stellung, wie das neue Verfahren gentechnisch einzustufen sei. So sprach sich die CDU/CSU dafür aus „*[...]Im Rahmen von Einzelfallprüfungen eine prozess- und produktbezogene Bewertung zugrunde zu legen, denn es kommt bei der Einstufung nicht nur auf das Verfahren an, sondern entscheidend ist auch, inwieweit die genetische Veränderung durch herkömmliche Züchtungsmethoden und natürliche Prozesse hätte erzeugt werden können.*“[257]

Bezüglich der Human- und Tiermedizin betonte die CDU und CSU die Möglichkeiten, die sich durch die somatische Gentherapie ergeben. Hier wies sie aber auch gleichzeitig auf die Risiken hin, und nahm insbesondere das Problem von „*off target*“- Effekten in den Blick. Auf „*on target*“-Effekte kam sie nicht zu sprechen, ebenso wenig auf die Bedeutung des Innovationsprinzips, das als Gegenpol zum Vorsorgeprinzip bei der Beurteilung von Risiken kontrovers diskutiert wird. Ein eindeutiges Urteil hatte sie sich im Hinblick zu diesem Zeitpunkt (2017) noch nicht gebildet, wie auch ihre Antwort zeigt:

> „*In der Human- und Tiermedizin gibt es Möglichkeiten bei der somatischen Gentherapie, bei der Entwicklung von Impfstoffen und biomedizinischen Arzneimitteln. Die neuen Züchtungstechnologien bringen Chancen bei landwirtschaftlichen Nutzpflanzen und Nutztieren. Insbesondere dürften sie schon bald in der Resistenzzüchtung wichtig werden. Risiken können durch „off target“-Effekte entstehen, die es wie bei allen Verfahren, die ins Genom eingreifen, geben kann. Diese müssen entsprechend kontrolliert werden. Zudem sind bei der Freisetzung von durch Genome Editing gezüchteten Mikroorganismen, Pflanzen und Tieren, Effekte auf die Umwelt und Biodiversität nicht auszuschließen und deshalb in den Blick zu nehmen.*“[258]

Angesprochen auf die Frage der Nutzung der Technik in der Keimbahn kam sie zu einem klaren Urteil. Eine Veränderung der Keimbahn lehnte die CDU und CSU in ihrer Antwort unmissverständlich ab.

256 vgl. Die Debatte: Grüne Gentechnik und CRISPR/Cas – Was sagt eigentlich die Politik?. 27.10.2017, https://www.die-debatte.org/genchirurgie-politik/, Stand: 05.12.2019.

257 Antworten der CDU und CSU auf Fragen von Testbiotech e.V..31.07.2017, https://www.testbiotech.org/sites/default/files/CDU_CSU%20Antwort%20auf%20Forderungen%20von%20Testbiotech.pdf, Stand: 05.12.2019.

258 ebd.

Allerdings sah sie für eine Regulierung des Embryonenschutzgesetzes keinen Handlungsbedarf, es sei denn, die Bestimmungen reichen nicht mehr aus, um das hohe Schutzniveau zu sichern. Eine Lockerung kam demnach für die CDU und CSU nicht in Frage.

> *„Es gibt zwei Bereiche, die vorrangig geregelt werden müssen. Zum einen muss sichergestellt sein, dass sie nicht für Keimbahnveränderungen beim Menschen zur Anwendung kommen. CDU und CSU wollen am strengen Embryonenschutz festhalten. Wir sehen grundsätzlich derzeit keinen Handlungsbedarf im Embryonenschutzgesetz, werden aber vor dem Hintergrund des schnellen biowissenschaftlichen Fortschritts immer wieder prüfen, ob das intendierte Schutzniveau noch ausreichend gewährleistet wird.“*[259]

4.5.1.5 Wahlprogramm Europawahl 2019

Zur Europawahl 2019 kam das Thema CRISPR/Cas9 im Wahlprogramm der CDU/CSU nicht vor. Hier zeigt sich, dass in diesem Fall die Möglichkeit, das Thema in der Öffentlichkeit zu positionieren, nicht genutzt wurde. Dies ist verwunderlich, zumal auch die CDU im Bundestag wie in der Bundesregierung forderte, das Thema auf der EU-Ebene zu regulieren und gleichzeitig den Dialog mit der Öffentlichkeit zu suchen. Die CDU/CSU antworteten aber gemeinsam auf Anfrage des Informationsdienstes Gentechnik zur Europawahl zu ihrer Haltung gegenüber der neuen Agro-Gentechnik.

Bei der Pflanzenzüchtung schlägt die CDU in ihrem Antwortschreiben konkrete Schritte vor. Sie möchte sie sich dafür einsetzen, nach der EU-Wahl das europäische Gentechnikgesetz zu ändern, und zwar abweichend vom EuGH-Urteil, das zwischen transgener Gentechnik und klassischen sowie neuen Züchtungstechnologien, wie CRISPR/Cas9 unterscheidet. In Bezug auf „Gene Drive“ stellt die CDU zunächst einmal klar, dass „Gene Drive“ der Gentechnik zuzuordnen ist und damit unter das Gentechnikgesetz fällt. Hinsichtlich bestimmter Regulierungen sieht sie auf EU-Ebene keinen besonderen Handlungsbedarf, da es bisher keine Anträge für Freilandversuche gebe. Im internationalen Zusammenhang erkennt sie jedoch die Notwendigkeit an, auf ergän-

259 Antworten der CDU und CSU auf Fragen von Testbiotech e.V..31.07.2017, S. 5, https://www.testbiotech.org/sites/default/files/CDU_CSU%20Antwort%20auf%20Forderungen%20von%20Testbiotech.pdf, Stand: 05.12.2019.

zende Regelungen hinzuarbeiten bzw. möglicherweise die Notwendigkeit eines Moratoriums zu prüfen.[260]

Es zeigt sich, dass die CDU das Thema CRISPR vereinzelt in den Wahlkämpfen behandelte bzw. sich auf Nachfrage positionierte. Ein großes Engagement oder eine zentrale Stellung nimmt das Thema jedoch bisher nicht wirklich bei der Partei ein. Die CDU versteht sich als Hüterin der repräsentativen Demokratie. Eine Bürgerbeteiligung und Mitentscheidung bei CRISPR auf Bundesebene entspricht nicht der Grundausrichtung der CDU.

4.5.2 CSU

Das Grundsatzprogramm der CSU und deren Wahlprogramm zur Bundestagswahl 2017 werden im Hinblick auf die Positionierung und die Forderungen der CSU zum Thema untersucht. Darüber hinaus wird die Position der CSU zur gesamtgesellschaftlichen Debatte analysiert. Das Wahlprogramm zur Europawahl 2019 deckt sich mit dem Wahlprogramm der CDU und wird daher nicht nochmals betrachtet.

4.5.2.1 Grundsatzprogramm 2017

Das Grundsatzprogramm der CSU von 2017 geht allgemein auf die neue Entwicklung in der Biotechnologie und die Chancen ein. Ethische Maßstäbe stehen dabei im Vordergrund. „*Nicht das Machbare, sondern das Verantwortbare ist unser Maßstab.*“[261] So setzen sie der Biotechnologie Grenzen und betonen, dass sie der Heilung von Menschen verpflichtet sein muss und nicht zur Selektion von Leben führen darf. Im Bereich der Landwirtschaft heißt es allgemein, dass die Agrar-

260 vgl. Antworten der CDU und CSU auf die Fragen der Arbeitsgemeinschaft bäuerliche Landwirtschaft (AbL) zur Wahl zum Europäischen Parlament 2019. 10.04.2019, https://www.bund.net/fileadmin/user_upload_bund/publikationen/bund/europawahl/CDU-CSU_Antworten_Gentechnik.pdf, Stand. 05.12.2019.

261 CSU: Grundsatzprogramm. 2016, http://csu-grundsatzprogramm.de/grundsatzprogramm-gesamt/, Stand: 06.12.2019.

forschung nachdrücklich verstärkt werden muss. Ob damit auch die Forschung zu CRISPR einbezogen wird, bleibt hier offen.[262]

4.5.2.2 Gesamtgesellschaftlicher Dialog

In Übereinstimmung mit der CDU betonen sie ihr Bekenntnis zur parlamentarischen Demokratie. Allerdings halten sie im Gegensatz zu ihrer großen Schwesterpartei die direkte Demokratie mit Bürger- und Volksentscheiden für eine wichtige Ergänzung.[263] In ihrem Bayernplan zur Bundestagswahl gehen sie sogar noch einen Schritt weiter und betonen, dass sie die Beteiligungsmöglichkeiten deutschlandweit weiter ausbauen wollen.

> *„Wir wollen in wichtigen politischen Fragen bundesweite Volksentscheide einführen. Unser Politikstil ist, die Bürger an der Ausgestaltung unserer Politik stets eng zu beteiligen. Bürgerbeteiligung bereichert und ergänzt die parlamentarische Demokratie. Die CSU möchte künftig auch im Bund das Volk bei grundlegenden Fragen für Land und Menschen direkt beteiligen. Insbesondere bei nicht zu revidierenden Weichenstellungen und bei europäischen Fragen von besonderer Tragweite soll die Bevölkerung in Abstimmungen entscheiden. Wir wollen, dass das Grundgesetz durch das deutsche Volk auch auf dem Weg von Volksbegehren und Volksentscheid mit Zweidrittel-Mehrheit geändert werden kann. Der Wesenskern der Verfassung, der Grundrechte und der föderalen Ordnung sind davon ausgenommen."*[264]

4.5.2.3 Wahlprogramm Bundestagswahl 2017

Zur Bundestagswahl verabschiedete die CSU ihren eigenen sogenannten Bayernplan, in dem sie betonte: *„Keine Gentechnik auf bayerischen Feldern. Wir haben das Selbstbestimmungsrecht beim Anbau von Gentechnikpflanzen für die EU-Mitgliedsstaaten durchgesetzt und damit sichergestellt, dass es auch weiterhin keine Gentechnik auf Bayerns Feldern gibt. Mit der CSU bleibt es beim Nein zum Anbau von Gentechnikpflanzen. Patenten auf Pflanzen und Tiere erteilen wir eine klare Absage."*[265]

---

262 ebd.

263 ebd.

264 CSU: Bayernplan. 2017, S. 18f., https://www.csu.de/common/download/Beschluss_Bayernplan.pdf, Stand: 06.12.2019.

265 ebd. S. 25.

Die CSU geht ebenso wie die CDU nur allgemein auf die Neuen Technologien ein. In ihrem Grundsatzprogramm finden sich keine eindeutigen Aussagen zum Umgang mit CRISPR. Auch beim Einsatz von CRISPR in der Landwirtschaft bleiben Fragen offen. Zwar positionieren sie sich klar gegen Gentechnik auf bayerischen Feldern. Ob sie aber CRISPR als Gentechnik verstehen, bleibt offen. Direkten Beteiligungsverfahren auf Bundesebene stehen sie im Gegensatz zu ihrer Schwesterpartei offen gegenüber.

4.5.3 SPD

Bei der SPD wurden Das Grundsatzprogramm 2007, das Wahlprogramm zur Bundestagswahl 2013, das Regierungsprogramm 2017 und das Wahlprogramm zur Europawahl analysiert, um die Positionierung der SPD zum Thema aufzuzeigen.

4.5.3.1 Grundsatzprogramm 2007

Das Grundsatzprogramm der SPD von 2007 zeigt einen kritischen Blick auf die neuen Möglichkeiten der Biotechnologie und betont die ethischen Konfliktpunkte. Auch hier lag die Verabschiedung des Programms vor der Entdeckung von CRISPR. Dennoch lässt das Programm die Grundhaltung der Partei gegenüber neuen gentechnischen Verfahren erkennen.

> *„Nicht jede Erfindung dient dem Fortschritt. Darum prüfen wir sie darauf, ob sie der freien Entfaltung, der Würde, der Sicherheit und dem Miteinander der Menschen nutzt. Dies gilt auch für die Bio- und Gentechnologie und die neuen Möglichkeiten der Medizin. Sie führen uns in einigen Bereichen in ethische Grenzbereiche. Ihre Erforschung und Anwendung erfordern deshalb eine ethische Reflexion und breite Diskussion. Wir suchen das Gespräch darüber mit der Wissenschaft ebenso wie mit den Kirchen und Glaubensgemeinschaften. Die Würde des menschlichen Lebens darf in all seinen Phasen nicht angetastet werden. Am Verbot des gezielten genetischen Eingriffs in die menschliche Keimbahn halten wir fest.“*[266]

---

266 Grundsatzprogramm der SPD: „Hamburger Programm“, beschlossen auf dem Hamburger Bundesparteitag am 28.10.2007, S. 48, https://www.spd.de/fileadmin/

4.5.3.2 Gesamtgesellschaftlicher Dialog

In ihrem Grundsatzprogramm von 2007 sprach sich die SPD für mehr direkte Mitsprache auch auf Bundesebene aus.

> *„Der Verbindung von aktivierendem Staat und aktiver Zivilgesellschaft dient auch die direkte Mitsprache der Bürgerinnen und Bürger durch Volksbegehren und Volksentscheide. In gesetzlich festzulegenden Grenzen sollen sie die parlamentarische Demokratie ergänzen, und zwar nicht nur in Gemeinden und Ländern, sondern auch im Bund. Wo die Verfassung der parlamentarischen Mehrheit Grenzen setzt, gelten diese auch für Bürgerentscheide.“*[267]

Im Wahlprogramm von 2017 wurde die Position bestätigt, auch auf Bundesebene mehr direkte Demokratie zu fördern.

> *„Zur Unterstützung der parlamentarischen Demokratie wollen wir direkte Demokratiebeteiligung auf Bundesebene stärken.“*[268]

4.5.3.3 Regierungsprogramm 2017

In ihrem Regierungsprogramm für die Bundestagswahl 2017 betonte die SPD, dass sie das Vorsorgeprinzip als entscheidendes Kriterium bei der Beurteilung neuer Gentechnikverfahren ansehen. Diese Sichtweise hatte sich schon bei der Ablehnung des Gentechnikgesetzentwurfs 2016 herauskristallisiert. Auf die Frage, inwieweit CRISPR/Cas9 als Gentechnik zu bezeichnen sei oder nicht wurde im Programm nicht näher eingegangen.

> *„Weiterhin setzen wir uns für gentechnikfreie Landwirtschaft und Lebensmittel ein. Wir werden sicherstellen, dass auch bei den sogenannten neuen Gentechnikverfahren das Vorsorgeprinzip und die Wahlfreiheit gewährleistet sind und damit erzeugte Pflanzen und Tiere nicht unreguliert in den Markt gelangen.“*[269]

Dokumente/Beschluesse/Grundsatzprogramme/hamburger_programm.pdf, Stand: 04.12. 2019.

267 ebd. S. 32.

268 SPD-Regierungsprogramm: Zeit für mehr Gerechtigkeit. 2017, S. 79, https://www.spd.de/fileadmin/Dokumente/Regierungsprogramm/SPD_Regierungsprogramm_BTW_2017_A5_RZ_WEB.pdf, Stand: 12.10.2019.

269 ebd.

Darüber hinaus forderten sie eine regulierte Marktzulassung im Sinne des Vorsorgeprinzips und eine Kennzeichnungspflicht genetisch veränderter Pflanzen – auch wenn diese Produkte als Futtermittel eingesetzt werden. Gleichzeitig sprach sie sich gegen Patente von Tieren und Pflanzen aus. In diesem Zusammenhang ist das Urteil des EuGHs (vom Juni 2018) von Bedeutung, da hierdurch CRISPR/Cas9 als Gentechnik definiert wird und damit die die Anmeldung von Patenten wahrscheinlich macht.

In Bezug auf die Forschung sprach sich die SPD für Freilandversuche in der Pflanzenforschung aus – allerdings unter strengen Sicherheitsvorkehrungen.[270]

4.5.3.4 Wahlprogramm Europawahl 2019

Im Europawahlkampf 2019 nahm die SPD in ihrem Europa-Wahlprogramm erneut eindeutig Stellung zu den neuen Verfahren, wobei sie diesmal explizit die Methode CRISPR/Cas9 erwähnte. „*Vorsorge bei Züchtung und grüne Gentechnik haben Vorrang. Wir wollen keinen Anbau gentechnisch veränderter Pflanzen in Europa. Für uns gilt das Vorsorgeprinzip, insbesondere bei neuen Methoden der Gentechnik wie CRISP/Cas. Eine diesbezügliche Aufweichung der EU-Regelungen lehnen wir ab.*“[271]

Damit spricht sie sich klar für die Entscheidung des EuGHs aus und lehnt eine Neufassung des europäischen Gentechnikrechts ab. CRISPR fällt also somit aus SPD-Sicht unter das Europäische Gentechnikrecht. Damit wären der Nutzung von CRISPR enge Grenzen gesetzt. Insgesamt nimmt CRISPR aber auch bei der SPD keinen großen Stellenwert ein.

Die SPD spricht sich generell für mehr Bürgerbeteiligung durch Volksbegehren und Volksentscheide aus. Damit wäre sie möglicherweise

270 vgl. Die Debatte: Grüne Gentechnik und CRISPR/Cas – Was sagt eigentlich die Politik?. 27.10.2017, https://www.die-debatte.org/genchirurgie-politik/, Stand: 12.12.2019.

271 SPD: Kommt zusammen und macht Europa stark! Wahlprogramm für die Europawahl. 26. 05.2019, https://www.spd.de/fileadmin/Dokumente/Europa_ist_die_Antwort/SPD_Europaprogramm_2019.pdf, 12.12.2019.

auch offen gegenüber einem bundesweiten Beteiligungsverfahren in Bezug auf CRISPR.

4.5.4 AfD

Die Positionierung der AfD zum Thema wurde auf der Grundlage des Grundsatzprogramms der AfD von 2016, des Wahlprogramms der Bundestagswahl 2017 und des Wahlprogramms zur Europawahl 2019 analysiert.

4.5.4.1 Grundsatzprogramm der AfD von 2016

Zunächst ist festzustellen, dass das Wort CRISPR nicht explizit im Grundsatzprogramm vorkommt. Gleichwohl widmet die AfD einen längeren Absatz in ihrem Programm der Gentechnologie. Hier hebt sie insbesondere die Chancen in der somatischen Therapie hervor. Zudem betont sie, dass Deutschland als medizinischer Forschungsstandort den Anschluss an die internationale Forschung und Entwicklung nicht verpassen darf. Weiterhin geht sie auf die Risiken im *„komplexe(n) Zusammenspiel von Genom, Stoffwechsel und Umgebung ein"*, die den Einsatz bei Menschen, Flora und Fauna aus ihrer Sicht noch nicht abschätzbar macht. Ebenso ist unklar, wie sich die genveränderten Organismen auf das Ökosystem auswirken. Die AfD befürwortet daher, offen gegenüber Entwicklungen im Bereich der Gentechnik zu sein. Zugleich fordert sie aber, dass den Einsatz in der Medizin und in der Landwirtschaft nur einem klar definierten Rahmen zu genehmigen. Auch fordern sie die Erprobung im Labor und die Entwicklung eines Zulassungsverfahrens, das *„ähnlich dem Medizinproduktegesetz (MPG), dem Arzneimittelgesetz (AMG) [sic] und dem Lebens- und Futtermittelgesetzbuch (LFGB) entworfen werden"* soll.[272]

272 Grundsatzprogramm der Alternative für Deutschland: „Programm für Deutschland". Stuttgart, 30./1.05.2016, S. 87, Punkt 13.5., https://www.AfD.de/wp-content/uploads/sites/111/2017/01/2016-06-27_AfD-grundsatzprogramm_web-version.pdf, Stand. 12.12.2019.

4.5.4.2 Gesamtgesellschaftlichen Dialog

In ihrem Grundsatzprogramm von 2016 nimmt die AfD Stellung zur direkten Demokratie. Hierbei nimmt sie sich die Schweiz als Vorbild und spricht sich für Volksentscheide in Deutschland aus. Dabei verstehen sie aber Volksentscheide nicht als Ergänzung zur parlamentarischen Demokratie, sondern fordern, „*[...] dem Volk das Recht (zu) geben, über vom Parlament beschlossene Gesetze abzustimmen.*“[273] Damit wollen sie aus ihrer Sicht „*unsinnige*“ Gesetzesvorlagen eindämmen und Beschlüsse des Parlaments in Frage zu stellen, da sie einer Art Revision des Volkes unterstehen sollten. Weiterhin sprechen sie sich für Gesetzesinitiativen durch das „*Volk*“ aus.[274]

4.5.4.3 Wahlprogramm Bundestagswahl 2017

Die AfD spricht sich in ihrem Wahlprogramm für die Bundestagswahl allgemein für gentechnikfrei erzeugte Lebensmittel aus der deutschen Landwirtschaft aus. Weiterhin fordert sie einen nationalen Verbraucherschutz und die Freiheit, alte Nutzpflanzensorten gezielt anzubauen. Auf CRISPR wird nicht eingegangen. Gleichwohl betont sie, dass der streng kontrollierte Einsatz der Gentechnik in Forschung und Wissenschaft erlaubt bleiben soll.[275]

4.5.4.4 Wahlprogramm Europawahl 2019

Auch bei der Europawahl kommt CRISPR nicht direkt vor. Allgemein fordern sie jedoch unter der Beachtung des Subsidiarität-Prinzips, alle Zuständigkeiten im Bereich der Umwelt- und Landwirtschaftspolitik von der EU an die Mitgliedstaaten zurück.[276]

---

273 ebd. S. 16, Punkt 1.1.

274 ebd. S. 16, Punkt 1.1.

275 vgl. AfD: Bundestagswahlprogramm. 2017, S. 74, https://cdn.AfD.tools/wp-content/uploads/sites/111/2017/06/2017-06-01_AfD-Bundestagswahlprogramm_Onlinefassung.pdf, Stand: 12.12.2019.

276 vgl. AfD: Europawahlprogramm. 2019, S. 43, https://cdn.AfD.tools/wp-content/uploads/sites/111/2019/03/AfD_Europawahlprogramm_A5-hoch_web_150319.pdf, Stand: 12.12.2019.

Es ist festzustellen, dass sich die AfD in Bezug auf CRISPR noch nicht klar positioniert hat. Es kann daher nur aus ihren Stellungnahmen zur Gentechnik gemutmaßt werden, dass sie zu CRISPR eine ähnliche Haltung vertritt.

Partizipative Elemente befürworten sie. Allerdings verstehen sie diese eher als eine Kontrolle des Parlaments. Inwieweit sie eine Bürgerbeteiligung bei ethisch umstrittenen Themen befürworten, bleibt unklar.

4.5.5 FDP

Bei der FDP wurden das Grundsatzprogramm 2012, das Wahlprogramm zur Bundestagswahl 2017, der Bundesparteitag von 2018 und das Wahlprogramm zur Europawahl analysiert, um die Positionierung der FDP zum Thema aufzuzeigen.

4.5.5.1 Grundsatzprogramm 2012

Im Grundsatzprogramm der FDP von 2012 finden sich keine direkten Einlassungen zu ihrer Position zur Gentechnik oder zu neuen mikrobiologischen Technologien. Dennoch finden sich Positionen zu Themenbereichen, die in direktem Zusammenhang zu „Gene Editing" stehen.

So steht die FDP laut Grundsatzprogramm für eine nachhaltige Entwicklung, insbesondere für die kommende Generation, die besonders bei der CRISPR-Forschung betroffen sein würde.

> *„Wir stehen für eine nachhaltige Entwicklung, um die ökologischen, sozialen und ökonomischen Voraussetzungen der Freiheit für kommende Generationen zu bewahren und weltweit zu mehren."*[277]

Zugleich räumen sie dem Aspekt des Fortschritts Vorrang vor dem Prinzip der Vorsorge ein.

> *„Fortschritt und Zukunftsfähigkeit unserer Gesellschaft sind nicht möglich ohne Begeisterung für Wissenschaft und Technik. Unser Land braucht*

277 FDP: Grundsatzprogramm, Karlsruhe, 12.04.2012, S. 25, https://www.fdp.de/sites/default/files/uploads/2016/01/28/karlsruherfreiheitsthesen.pdf, Stand: 12.12.2019.

Bildung, Forschungsfreiheit und Fortschrittsoptimismus. Denkverbote und ein Klima der Technikfeindlichkeit unterdrücken das Potenzial von Wissenschaft und Forschung. Staatliche Grenzen müssen dort gesetzt werden, wo die Würde und Freiheitsbedingungen des Menschen verletzt werden."[278]

Die Grenze für die Freiheit der Forschung definieren sie in ihrem Grundsatzprogramm folgendermaßen:

„*Liberale stehen für eine Ethik des Helfens und Heilens. Die Freiheit der Forschung findet ihre Grenze an der Menschenwürde.*"[279]

4.5.5.2 Gesamtgesellschaftlicher Dialog

Hinsichtlich eines gesamtgesellschaftlichen Dialogs zu CRISPR/Cas9 finden sich im Grundsatzprogramm der FDP durchaus Anknüpfungspunkte. So betont sie die Wichtigkeit des öffentlichen Diskurses und fordert eine Weiterentwicklung der Wissensgesellschaft, um politische Teilhabe noch weiter zu verbessern. Dementsprechend spricht sie sich für mehr direktdemokratische Elemente aus, die auch auf Bundesebene eingeführt werden sollen.

„*Die Demokratie der Bürgergesellschaft lebt vom offenen und öffentlichen Diskurs und dem selbstorganisierten Engagement der Bürger auch in Parteien und politischen Vereinigungen. Die Parteien wirken an der Willensbildung lediglich mit, ohne sie je zu ersetzen. Die Wissensgesellschaft ermöglicht Formen und Chancen der politischen Teilhabe, die experimentell und vertrauensvoll weiterentwickelt werden müssen. Hier sind Bürger und Parteien gleichermaßen gefordert.*"[280]

„*[…]Die repräsentative Demokratie sollte deshalb um direktdemokratische Elemente ergänzt werden. In den Bundesländern konnten in der Vergangenheit erste Erfahrungen damit gesammelt werden. Diese Verfahren sollen ausgebaut und verbessert werden. Wir Liberalen setzen uns darüber hinaus für die Einführung von Volksbegehren und Volksentscheiden auch auf der Ebene des Bundes ein.*"[281]

278 ebd. S. 34.
279 ebd. S. 69.
280 ebd. S. 72.
281 ebd. S. 73.

4.5.5.3 Wahlprogramm Bundestagswahl 2017

Im Bundestagswahlkampf 2017 ging die FDP explizit auf „Genome-Editing“ ein und sprach sich für eine offene Diskussion neuer Technologien aus.

> *„Bei öffentlichen Diskussionen über bestimmte Wirkstoffe zählen für uns nicht Stimmungen, sondern nachvollziehbare Fakten und nicht zuletzt die Stellungnahmen des Bundesinstitutes für Risikobewertung. Mit neuen Forschungsrichtungen der Grünen Biotechnologie wie dem „Genome Editing“ wollen wir offen und transparent umgehen. Wir lehnen pauschalisierende Verbote ab und fordern stattdessen eine faktenbasierte, ergebnisoffene Bewertung neuer Technologien.“*[282]

Zur roten Gentechnik findet sich kein Hinweis im Wahlprogramm.

4.5.5.4 Bundesparteitag FDP 2018

Auf dem 69. Bundesparteitags der FDP in Berlin vom 12. bis 13. Mai 2018 positionierte sich die FDP erneut zum Thema „Gene Editing“. Hierbei ging es vor allem darum, dass Deutschland in der Forschung bei neuen Technologien nicht weiter den Anschluss verlieren dürfe. So kritisierten sie im Beschluss des Parteitags, dass: *„In keiner bedeutenden Sprunginnovation der vergangenen Dekade, wie beispielsweise Smartphone, E-Mobilität oder Genom-Editing, war Deutschland federführend.“*, und forderten deshalb, die *„Forschungsfreiheit(zu) untermauern. Ideen können nicht entstehen, wenn wir uns immer mehr Denkverbote auferlegen. Wir setzen uns dafür ein, dass Forschung und Innovation mit Freiheit, Offenheit und einem starken ethischen Fundament stattfindet und von einem angstfreien gesellschaftlichen Diskurs und politisch unabhängiger wissenschaftlicher Beratung begleitet wird.“*[283]

---

282 FDP: Bundestagswahlprogramm. 2017, S. 53, https://www.fdp.de/sites/default/files/uploads/2017/08/07/20170807-wahlprogramm-wp-2017-v16.pdf, Stand: 12.12.2019.

283 FDP: Chancen ergreifen, Wandel gestalten – für ein Deutschland der Innovation. Beschluss des 69. Ord. Bundesparteitags der FDP, Berlin, 12./13.05.2018, https://www.fdp.de/sites/default/files/uploads/2018/05/17/2018-05-13-bpt-chancen-ergreifen-wandel-gestalten-fuer-ein-deutschland-der-innovation.pdf, Stand: 12.12.2019.

4.5.5.5 Walprogramm Europawahl 2019

In ihrem Programm *"Europas Chancen nutzen – Das Programm der Freien Demokraten für die Europawahl 2019"* geht die FDP in Bezug auf die Nutzung von CRISPR noch einen Schritt weiter und fordert eine Neuordnung des europäischen Gentechnikrechts.

> *„Wir Freie Demokraten stehen für einen offenen und transparenten Umgang mit den neuen Züchtungstechniken des Genome Editing, welches das Portfolio der biotechnologischen Methoden ergänzt. Es erlaubt präzise, zeit- und kostensparende Änderungen im Erbgut einer Nutzpflanze, die von natürlichen Mutationen nicht zu unterscheiden sind. Angesichts von Klimawandel und globalem Bevölkerungsanstieg wollen wir eine verantwortungsvolle Erforschung dieser Techniken nicht ideologisch verbauen. Wir setzen uns daher für eine vollständige Neuordnung des europäischen Gentechnikrechts ein, um nicht nur die Bewertung der inzwischen klassischen grünen Gentechnik an den heutigen Wissensstand anzupassen, sondern auch genominterne Änderungen mit Hilfe von CRISPR/Cas9 transparent, rechtlich klar und fortschrittsorientiert so zu regeln, dass das Produkt und nicht die Methode der Erzeugung bewertet wird. Wir brauchen widerstandsfähige und ertragsstarke Nutzpflanzen, um eine Verringerung des Einsatzes von Pflanzenschutzmitteln im konventionellen und von umweltbelastenden Pflanzenstärkungsmitteln im Öko-Landbau zu ermöglichen.“*[284]

Die FDP stellt in ihrem Wahlprogramm eine klare Forderung in Hinblick auf die Regulierung von CRISPR auf und fordert die Neuordnung des Gentechnikrechts. Damit wagt sie sich deutlich vor und setzt sich für eine Regelung der Materie ein. Auch spricht sich die FDP für mehr Bürgerbeteiligung auf Bundesebene aus. Ob sie sich für eine Bürgerbeteiligung in Bezug auf CRISPR einsetzen würde, ist jedoch fraglich, da sie sich hier bereits für eine Neuordnung des Gentechnikrechts ausgesprochen hat.

4.5.6 DIE LINKE

Das Grundsatzprogramm von DIE LINKE, das Wahlprogramm zur Bundestagswahl 2017, die Ergebnisse des Bundesfachausschusses und

284 FDP: Europas Chancen nutzen. Das Programm der Freien Demokraten zur Europawahl 2019. 2019, S. 81f., https://www.fdp.de/sites/default/files/uploads/2019/04/30/fdp-europa-wahlprogramm-a5.pdf, Stand: 12.12.2019.

das Wahlprogramm zur Europawahl, werden im Hinblick auf die Positionierung und die Forderungen Der Linken zum Thema untersucht. Darüber hinaus wird die Position der LINKEN zur gesamtgesellschaftlichen Debatte analysiert.

4.5.6.1 Grundsatzprogramm 2011

DIE LINKE spricht sich in ihrem Grundsatzprogramm von 2011 für eine gentechnikfreie Landwirtschaft aus. Dabei betonen sie besonders die Risiken, die von transgenen Pflanzen ausgehen, da die veränderten Organismen und deren Erbgut nach ihrer Freisetzung nicht mehr zurückgeholt werden können.

> *„DIE LINKE setzt sich für eine gentechnikfreie Landwirtschaft ein. […] Eine Koexistenz von Gentech-Anbau einerseits und biologischem oder konventionellem Anbau andererseits ist nicht möglich. Sind transgene Pflanzen erst einmal freigesetzt, können sie nicht mehr zurückgeholt werden.“*[285]

Ihre Forderungen beschränken sich aber nicht allein auf Deutschland:

> *„DIE LINKE fordert ein unverzügliches Verbot von Agrogentechnik – bei uns, auf europäischer Ebene und weltweit. Die Nulltoleranz bei Saatgut muss beibehalten werden. Terminator-Saatgut ist zu verbieten. DIE LINKE unterstützt die Einrichtung von gentechnikfreien Zonen und die Schaffung von Erzeuger- und Vermarktungsgemeinschaften für gentechnikfreie Produktion – aus konventioneller oder biologischer Landwirtschaft.“*[286]

Patente auf lebende Organismen lehnen sie ab, da diese Praxis aus ihrer Sicht nur der Gewinnmaximierung einiger großer Agrarkonzerne dient. Darüber hinaus behindert dies aus ihrer Sicht den züchterischen Fortschritt und benachteiligt vor allem Entwicklungsländer.

> *Der züchterische Fortschritt und die Agrarforschung werden durch Biopatente zunehmend behindert. DIE LINKE bewertet die Biopatentierung als grundsätzliches Übel, weil sie die Biopiraterie fördert. Forscher und Firmen bemächtigen sich durch die Patentierung der Verfügungsrechte über Gene, die sie allenfalls entdeckt, aber eben nicht »erfunden« haben. Diese Form des »wissenschaftlichen Kolonialismus« entbehrt jeder ethischen Grundlage. Vor allem indigene Völker und Entwicklungsländer können sich kaum da-*

285 Programm der Partei DIE LINKE. 2011, S. 40, https://www.die-linke.de/fileadmin/download/grundsatzdokumente/programm_formate/programm_der_partei_die_linke_erfurt2011.pdf, Stand: 19.09. 2019.

286 ebd. S. 40.

gegen wehren. Das Erbgut aller Lebewesen dieses Planeten, welches seit Millionen Jahren existiert, gehört niemandem. Diese Form der Biopiraterie muss verboten werden. Patente auf Leben sind Werkzeuge der Unterdrückung und Profitsteigerung. Dies widerspricht den Grundsätzen einer demokratisch-sozialistischen Gesellschaft. Deshalb darf es keine Patente auf Leben geben.“[287]

4.5.6.2 Gesamtgesellschaftlicher Dialog

Zum Thema gesamtgesellschaftlicher Dialog schlägt DIE LINKE in ihrem Grundsatzprogramm die Gründung von Wirtschafts- und Sozialräten vor, die in einem Dialog das allgemeine Interesse erarbeiten, Leitbilder mitentwickeln und berechtigt sein sollen, gesetzgeberische Initiativen zu ergreifen. Diese Idee ist auch für die Bundesebene angedacht.

„*In solchen Gremien sollten Gewerkschaften, Kommunen, Verbraucherinnen und Verbraucher, soziale, ökologische und andere Interessenverbände vertreten sein. Sie können im Dialog erarbeiten, was für die verschiedenen Aufgabenbereiche jeweils als orientierendes allgemeines Interesse angesehen werden soll und gesellschaftlich zur Geltung zu bringen ist. Sie sollen an der Entwicklung regionaler Leitbilder für die demokratische, soziale und ökologische Rahmensetzung beteiligt werden und die Möglichkeit zu gesetzgeberischen Initiativen erhalten.*“[288]

4.5.6.3 Wahlprogramm Bundestagswahl 2017

In ihrem Wahlprogramm zur Bundestagswahl 2017 spricht sich DIE LINKE erneut für ein Verbot des Anbaus und Handels mit gentechnisch veränderten Pflanzen aus. Auch den Import von gentechnisch veränderten Pflanzen wollen sie verbieten. Auch fordern sie eine eigenständige Verbraucherschutzbehörde mit eigenen Durchsetzungsbefugnissen. Auf CRISPR gehen sie aber nicht im Detail ein.[289]

287 ebd. S. 59f.

288 ebd. S. 33.

289 vgl. DIE LINKE: Wahlprogramm 2017. 2017, S. 88, https://www.die-linke.de/fileadmin/download/wahlen2017/wahlprogramm2017/die_linke_wahlprogramm_2017.pdf, Stand: 12.12.2019.

4.5.6.4 Wahlprogramm Europawahl 2019

Auf die Anfrage der Umweltorganisation *Bund* zur Haltung Der Linken auf dem Gebiet der Gentechnik, nahm die Partei im Europa-Wahlkampf 2019 erneut eine klar ablehnende Haltung ein. Sie forderte, CRISPR/Cas9 deutlich als Gentechnik einzustufen. Sie forderte die Bundesregierung auf, sich für ein EU-weites Agrotechnik-Verbot einzusetzen und die ohne Gentechnik-Kennzeichnung weiterzuentwickeln. Da die Rückführbarkeit der Technik gerade bei Pflanzen aus ihrer Sicht nicht ausreichend gesichert ist, forderten sie:

> „*DIE LINKE setzt sich deshalb für ein sofortiges Moratorium gegen die Freisetzung von GVO insgesamt und insbesondere GVO mit Gene Drives ein.*“[290]

Auch setzten sie sich dafür ein,

> „[…], *dass jegliche konventionelle Züchtungsverfahren, einschließlich der herkömmlichen Mutagenesezüchtungen, sowie die daraus resultierenden Produkte nicht patentierbar sind. Das Gleiche gilt natürlich auch für den Bereich der konventionellen Züchtung.*“[291]

DIE LINKE versteht CRISPR als Gentechnik und setzt sich für ein Verbot der Nutzung von Agrotechnik ein. DIE LINKE spricht sich für mehr Bürgerbeteiligung in Form von Bürgerräten aus. Da diese Räte Leitbilder für die Gesellschaft erstellen sollen, wäre ein ethisch umstrittenes Thema wie CRISPR dafür geradezu prädestiniert.

4.5.7 BÜNDNIS 90/DIE GRÜNEN

Das Grundsatzprogramm der Grünen, die Wahlprogramme zur Bundestagswahl 2013 und 2017, das Impulspapier zum neuen Grundsatzprogramm und das Wahlprogramm zur Europawahl 2019, werden im Hinblick auf die Positionierung und die Forderungen der Grünen zum

290 DIE LINKE: Antworten zur Gentechnik. 2019, https://www.bund.net/fileadmin/user_upload_bund/publikationen/bund/europawahl/Linke_Antworten_Gentechnik.pdf, 12.12.2019.

291 ebd.

Thema untersucht. Darüber hinaus wird die Position der Grünen zur gesamtgesellschaftlichen Debatte analysiert.

4.5.7.1 Grundsatzprogramm 2002

Im Grundsatzprogramm von BÜNDNIS 90/DIE GRÜNEN von 2002 finden sich detailliert ihre Positionen zur grünen und roten Gentechnik. Darin lehnen sie generell Gentechnik ab, die für „Enhancement" des Menschen eingesetzt wird. Maßstab ist auch hier der Begriff der Menschenwürde. Die verbrauchende Embryonenforschung lehnen sie ab. Biotechnologie und Gesundheitsforschung, sowie die damit verbunden Chancen sehen sie allgemein zunächst einmal positiv, allerdings fordern sie zugleich eine Absicherung bei den Risiken. Patente für Gentechniken lehnen sie ab.

> *„Wir wollen die realistischen Chancen für die Heilung von Menschen nutzen und fördern. Aber wir lehnen die Zielsetzung ab, mit Hilfe der Gentechnik den ‚perfekten Menschen zu erschaffen. […] Verbrauchende Embryonenforschung lehnen wir ab. Gesundheitsforschung und Biotechnologie gehen weit über die Gentechnik hinaus und bieten auch außerhalb der Gentechnik große Chancen, die genutzt werden sollten. Die Nutzung vielfältiger Ansätze gewährleistet zudem, dass keine einseitigen Abhängigkeiten von einer bestimmten Technologie entstehen. Forschungsviel-falt stellt daher einen Wert an sich dar. Das muss sich auch in der Forschungsförderung niederschlagen. Um die Risiken der Gentechnologie zu begrenzen und ihre Protagonisten in die Verantwortung für ihr Handeln zu nehmen, fordern wir wirksame haftungsrechtliche Regeln und die Pflicht zur Deckungsvorsorge für Unternehmen und Forschungsinstitute, die grüne oder rote Gentechnologie betreiben."*[292]

Im Bereich der grünen Gentechnik sind die Forderungen der Grünen traditionell noch einmal strikter als bei der roten Gentechnik:

> *„Nur was wirklich unbedenklich ist, darf auf den Markt gelangen. Ein solcher Nachweis wird für gentechnisch veränderte Organismen jedoch bis heute nicht erbracht. Genfood und Biopatente braucht kein Mensch. Wir halten an unserem Standpunkt fest: Pflanzen aus den Laboren der Agroindustrie haben auf unseren Äckern in Deutschland und Europa nichts*

292 Grundsatzprogramm von BÜNDNIS 90/DIE GRÜNEN: „Die Zukunft ist grün.", beschlossen auf der Bundesdelegiertenkonferenz in Berlin vom 15./17. März 2002, S. 86, https://www.gruene.de/fileadmin/user_upload/Dokumente/Grundsatzprogramm-2002.pdf, Stand: 04.12.2019.

*verloren. Wir werden ein Gentechnikgesetz auflegen, das unsere Äcker und unsere Teller frei von Gentechnik hält, auch wenn sie sich als „neu“ tarnt. Und wir setzen uns dafür ein, dass die Verbraucher*innen dank einer umfassenden Kennzeichnung auch erkennen können, wenn ihr Fleisch, ihre Milch oder ihre Eier mithilfe von Futtermitteln aus genetisch veränderten Pflanzen produziert wurden.“*[293]

4.5.7.2 Wahlprogramm 2013

In ihrem Wahlprogramm von 2013 sprachen sich die Grünen erneut gegen gentechnisch veränderte Lebensmittel aus. Einen direkten Bezug zu CRISPR findet sich hier jedoch nicht.

> *„Deshalb setzen wir uns dafür ein, die gentechnikfreie Lebensmittelproduktion in Deutschland besser zu schützen und die Zulassung zum Anbau genveränderter Pflanzen in Europa strenger zu regulieren. Wir wollen das Gentechnikgesetz verschärfen und auf EU-Ebene durchsetzen, dass die Kennzeichnungslücke für Fleisch, Eier, Milch oder Käse geschlossen wird, für deren Erzeugung Genmais oder Gensoja verfüttert wurde. Wir wehren uns gegen Versuche, die Nulltoleranz gegenüber illegalen Gentech-Bestandteilen aufzuweichen oder die Kennzeichnungsvorgaben zu unterlaufen.“*[294]

4.5.7.3 Position der Grünen zum gesamtgesellschaftlichen Dialog

Die Grünen sprechen sich in ihrem Bundeswahlprogramm von 2013 für mehr direkte Demokratie aus. Dabei betonen sie, dass sie Bürgerbeteiligung möglichst früh im politischen Prozess fördern wollen, damit noch Umsteuerungsmöglichkeiten bestehen. Insbesondere Verfahren wie Mediation oder Schlichtung möchten sie stärken und zugleich in einem frühen Planungsstadium Klagemöglichkeiten ermöglichen. Auch möchten sie die Beteiligung im Gesetzgebungsprozess stärken und Anträge und Gesetzentwürfe der Bundesregierung online zur Diskussion stellen, bevor sie m Bundestag Eingang finden. Weiterhin wollen sie Öffentliche Petitionen weiterentwickeln.[295]

---

293 ebd.

294 Bündnis 90/Die Grünen: Bundestagswahlprogramm 2013. 2013, https://cms.gruene.de/uploads/documents/BUENDNIS-90-DIE-GRUENEN-Bundestagswahlprogramm-2013.pdf, Stand: 12.12.2013.

295 ebd.

4.5.7.4 Wahlprogramm 2017

Im Wahlprogramm der Grünen zur Bundestagswahl 2017 wird das Thema Gentechnik prominent aufgenommen. Sie fordern eine Landwirtschaft ohne Gentechnik, auch wenn die Methode als neu bezeichnet wird, womit sie vermutlich auf CRISPR anspielen.[296]

4.5.7.5 Impulspapier 2018

2018 veränderte sich die Positionierung der Grünen in Bezug zu CRISPR. Während sich die Grünen im Bundestag über die Jahre einheitlich kritisch zu CRISPR/Cas9 positionierten, allen voran der Gentechnik-Sprecher für die Grüne Bundestagsfraktion, Harald Ebner, war die Bundespartei in Bezug auf CRISPR 2018 mitten in einer breiten Debatte. So gab es im April 2018 ein Impulspapier vom Bundesvorstand anlässlich des Startkonvents für die Grundsatzprogrammdebatte, wo darauf hingewiesen wurde, dass neue Technologien, in besonders vom Klimawandel bedrohten Regionen, eine Möglichkeit zur Nahrungssicherung darstellen könnten. Ebenso forderten sie eine ethische Diskussion zur Anwendung von Forschung, wenn sie der Bekämpfung von Krankheiten oder der Sicherung von Nahrung dient.[297] In einem Interview vom Juli 2018 betonte der Bundesvorsitzende der Grünen, Robert Habeck, dass die Partei darüber diskutieren muss, ob neue Verfahren wie CRISPR, die keine artfremden Gene einführen, überhaupt zur Gentechnik gezählt werden dürfen. Dennoch hält Habeck die CRISPR/Cas9-Methode noch für Gentechnik.[298] In die gleiche Rich-

296 vgl. Bündnis90/Die Grünen: Bundestagswahlprogramm 2017, 2017, S. 25f., https://cms.gruene.de/uploads/documents/BUENDNIS_90_DIE_GRUENEN_Bundestagswahlprogramm_2017_barrierefrei.pdf, Stand: 12.12.2019.

297 *„So sprechen wir Grünen uns gegen Genveränderungen bei Lebensmitteln aus, sollten aber noch einmal hinterfragen, ob bestimmte neue Technologien nicht helfen könnten, die Versorgung mit Nahrungsmitteln auch dort zu garantieren, wo der Klimawandel für immer weniger Regen oder für versalzenen Boden sorgt.“*(Bündnis 90/Die Grünen: Das politische braucht einen Neustart.09.04.2019, https://www.gruene.de/ueber-uns/2018/das-politische-braucht-einen-neustart.html, Stand: 12.12.2019.)

298 vgl. FAZ: Interview mit Robert Habeck. 18.07.2018, https://www.faz.net/aktuell/wirtschaft/im-gespraech-robert-habeck-bundesvorsitzender-der-gruenen-15695935.html, Stand: 12.12.2019.

tung ging der Debattenbeitrag von Grünen Politikerin Theresia Bauer, Ministerin für Wissenschaft, Forschung und Kunst in Baden-Württemberg, die eine offenere Debatte gegenüber neuen Techniken fordert. Die Grünen sollten aus ihrer Sicht der Gentechnik eine Chance geben. Allerdings geht sie noch einen Schritt weiter als Habeck. Aus ihrer Sicht ist es nicht eindeutig, ob es sich bei CRISPR tatsächlich um Gentechnik handelt, wie der EuGH geurteilt hat. Ebenso liest sich ein Antrag der Grünen Jugend Niedersachsen. Der Antrag vom Herbst 2018 forderte eine neue Debatte im Bereich der Gentechnik, die nicht automatisch Gentechnik als gefährlich ansieht.

Renate Künast, Sprecherin der Grünen für Ernährungspolitik der Grünen Bundestagsfraktion hielt an der Ablehnung von grüner Gentechnik fest. Dabei weist sie in ihrem Debattenbeitrag auf drei Dinge hin. Zum einen darf die Forschung von CRISPR nicht auf die Naturwissenschaften begrenzt werden. Zweitens ändert die neue Gentechnik nichts an der Monopolstellung weniger Großkonzerne, die die Patente auf Saatgut halten und damit die Monokulturen befördern. Als dritten Punkt wand sie ein, dass wir nicht genau wissen, ob CRISPR wirklich mit einer natürlichen Mutation zu vergleichen ist und bestimmte Risiken damit nicht absehbar sind.[299]

4.5.7.6 Wahlprogramm Europawahl 2019

In ihrem Walprogramm zur Europawahl von 2019 gehen Die Grünen explizit auf die Neuen Techniken ein. Die Debatte wird hier aber nicht weiter fortgeführt. Stattdessen orientieren sie sich beim Thema an ihren bisherigen Positionen zur Gentechnik. Sie fordern, dass das Vorsorgeprinzip auch auf die neuen Verfahren angewendet wird und diese entsprechend der Gentechnikrichtlinie 2001/18 EG streng reguliert werden. Sie fordern Wahlfreiheit der Verbraucher und der Landwirte auch gegenüber neuen gentechnischen Verfahren. Darüber hinaus muss sichergestellt werden, dass keine Produkte auf dem europäischen

299 vgl. Renate Künast: Debattenbeitrag. Kein grünes Licht für CRISPR/Cas, 29.06.2019, https://www.gruene.de/artikel/kein-gruenes-licht-fuer-crispr-cas, Stand: 12.12.2019.

Markt landen, die mit neuer Gentechnik erzeugt wurden, ohne dass sie in der EU zugelassen bzw. für den Export gekennzeichnet wurden.[300]

Die Grünen führen als einzige Partei eine innerparteiliche Debatte zum Thema, die auch nach außen getragen wurde und in den Medien reflektiert wurde. Zwar wurde die Debatte während der Europa-Wahl ausgesetzt, dennoch finden sich auch 2020 innerparteiliche Diskussionen zum Thema. Alle anderen Parteien veränderten ihre Positionen kaum oder gar nicht über die Jahre. Auch die CDU, die gerade ein neues Grundsatzprogramm erarbeitet, führt zu neuen Gentechniken keine sichtbare innerparteiliche Debatte. Die Grünen sprechen wie fast alle anderen Parteien für mehr Bürgerbeteiligung auf Bundesebene aus. Dabei bringen sie die Mediation als Beteiligungsinstrument ins Spiel, das auch beim Thema CRISPR seine Anwendung finden könnte.

4.6 Positionen und Handlungsspielräume der Medien

Die Medien haben in ihrer Vielfalt einen entscheidenden Einfluss auf die Meinungsbildung der Bevölkerung und damit auf die Debatte um CRISPR. Als in China genmanipulierte Babys geboren wurden, kritisierten deutsche Medien, wie zum Beispiel die FAZ, dass der Deutsche Bundestag dem Thema nicht die ihm zukommende Aufmerksamkeit erkennen lässt.[301] Es ist aber zu fragen, welchen Beitrag die Medien selbst erbringen, um die Debatte zu stärken. In Großbritannien kritisierte der britische Ethikrat, dass die dortigen Medien das Thema allzu häufig allein auf die der Entwicklung von „Designer-Babys" begrenzen.[302] Ist die Öffentlichkeit also bereits von sensationslüsternen Medi-

300 vgl. Bündnis 90/Die Grünen: Antworten auf die Wahlprüfsteine der Arbeitsgemeinschaft bäuerliche Landwirtschaft (AbL) anlässlich der Europawahl 2019. 2019, https://www.bund.net/fileadmin/user_upload_bund/publikationen/bund/europawahl/Gruene_Antworten_Gentechnik.pdf, Stand: 12.12.2019.

301 vgl. Frankfurter Allgemeine: Politiker zu Crispr-Zwillingen: Und sagten kein einziges Wort. 04.12.2018, https://www.faz.net/aktuell/feuilleton/debatten/warum-schweigt-der-bundestag-zu-den-crispr-babys-15922791.html, Stand: 06.10.2019.

302 vgl. Brüning, A.: Vorreiter Europa, Genforschung Crispr: Genforscher können Designer-Babys erschaffen, in: Berliner Zeitung. 08.04.2015, https://www.berliner-zeitung.de/zukunft-technologie/genforschung-crispr-genforscher-koennen-designer-babys-erschaffen-li.48418, Stand: 03.03.2020.

en fehlgeleitet, Medien, die lieber über „Designer-Babys" berichten als umfassend zu informieren? Oder verhält es sich eher so, wie der Soziologe und Philosoph Jürgen Habermas sagt: „*Statt öffentlicher Meinung spielt sich in der manipulierten Öffentlichkeit eine akklamationsbereite Stimmung ein, ein Meinungsklima.*"[303] Und die Süddeutsche Zeitung schreibt am 18. Juni 2018 selbst zu Habermas' 90. Geburtstag:

> „[...] *es bleibt das Problem, dass sein rationaler Diskurs nicht recht zur schmutzigen Realität demokratischer Meinungsbildung passen will, wo Streit und Argumentation, Rhetorik und Wahrhaftigkeit, Personal- und Sachfragen, Gemeinwohl und Desinteresse unauflösbar vermengt sind auf dem Weg zur Mehrheitsentscheidung.*"[304]

Dennoch hoffte Habermas im Zuge der Finanzkrise in Europa 2007/2008 auf eine Qualitätspresse, die eine gemeinsame europäische Öffentlichkeit schaffen könne.[305] Wenn es diese europäische Öffentlichkeit gäbe, müsste diese auch für jedes andere Thema herstellbar sein und damit auch für CRISPR/Cas9. Nehmen die Medien diese Rolle ein und nutzen sie ihren Spielraum? Gibt es diese Öffentlichkeit in Bezug auf CRISPR? Oder schreitet der Strukturwandel der Öffentlichkeit so voran, dass zwischen „Fake News" und Meinungsblasen keine Zeit mehr für Aufklärung bleibt?

Was ist also die Aufgabe der Medien? Zuspitzen oder differenzieren? Sind sie ein entscheidender Ort des Argumentierens?[306]

Betrachtet man die schlichten Zahlen des Instituts für Risikoforschung, so kann von Öffentlichkeit nicht wirklich gesprochen werden. Der Bekanntheitsgrad von CRISPR liegt – wie bereits erwähnt – bei dürftigen 14% in der Bundesrepublik. Gehen wir also einen Schritt zurück zur Frage, welche Rolle die Medien spielen und wie sie zu diesem Thema berichtet.

In den deutschen Print- und Online Medien, auf Twitter und in Medizin-blogs sowie auf Podcasts wird in regelmäßigen Abständen über CRISPR berichtet. Eine Vielzahl an Berichten ist die Folge von bedeutenden Ergebnissen der Technik, neuen Richtlinien oder wegweisen-

303 Habermas 1962, S. 270.
304 vgl. Süddeutsche, 18.6.2019, S. 12.
305 ebd.
306 ebd., S. 11.

den Veranstaltungen und Kongressen. Im TA-Bericht, wurde bereits 2016 festgestellt, dass sich die Printmedien in Deutschland früher und intensiver mit dem Thema Synbio und damit auch mit CRISPR auseinandergesetzt haben als dies in anderen europäischen Ländern der Fall war.[307]

4.6.1 BMEL-Gesetzentwurf zur Änderung des Gentechnikgesetzes

Die deutschen Medien -Tagespresse, Blogs, Fernsehen und Onlinemedien – berichten 2016/2017 erstmals intensiver über CRISPR/Cas9. Hintergrund für die vermehrte Berichterstattung war der Gesetzentwurf zur Änderung des Gentechnikgesetzes in Deutschland. Dabei fiel das Medienecho sehr unterschiedlich aus:

Die „*Süddeutsche Zeitung online*“ lobte in ihrer Ausgabe vom 24. März 2017 beispielsweise, dass mit dem Gesetzentwurf erstmals neue Verfahren nach ihrem Ergebnis und nicht nach dem Prozess beurteilt wurden. Sie sah damit eine Chance, der Monopolisierung von Patenten auf Pflanzenzüchtungen durch große Konzerne vorzugbeugen, da die neue Methode eben laut Gesetzentwurf nicht als Gentechnik verstanden wurde und damit auch nicht patentierbar wäre.[308]

Die „Zeit Online“ kritisierte dagegen am 3. Dezember 2016 vorsichtig, dass der Gesetzentwurf Schlupflöcher für neue Techniken, wie CRISPR bieten könnte, bevor auf EU-Ebene eine Entscheidung der neuen Methode vollzogen sei.[309]

307 vgl. Endbericht zum TA-Projekt: Synthetische Biologie – die nächste Stufe der Bio- und Gentechnologie. 2015, S. 129f., https://www.tab-beim-bundestag.de/de/pdf/publikationen/berichte/TAB-Arbeitsbericht-ab164.pdf, Stand: 12.12.2019.

308 vgl. Süddeutsche Online: Die gute Seite der Gentechnik, 24.03.2017, https://www.sueddeutsche.de/wissen/samstagsessay-an-die-gruene-substanz-1.3434739, Stand: 12.12.2019.

309 vgl. Grefe, C.: Mehr "Murks" denn "guter Kompromiss", in: Die Zeit Online. 03.11.2016, https://www.zeit.de/wissen/2016-11/gentechnik-gesetz-eu-bund-laender-christian-schmidt-anbauverbote, Stand: 12.12.2019.

4.6.2 EuGH-Urteil Juni 2018

Nach dem EuGH-Urteil vom Sommer 2018 berichteten verschiedene Medien erneut über die Methode CRISPR/Cas9 und die Auswirkungen des Urteils. Auffällig ist hier, dass einige Medien sich klar für oder gegen das Urteil positionieren, während andere Medien verschiedene Interpretationen in ihren Artikel zuließen.

In der Süddeutschen Zeitung Online am 25. Juli 2018 wurde das EuGH-Urteil als Fehlentscheidung bezeichnet. Dabei sorgte sich die Autorin, des Artikels, Kathrin Zinkant, insbesondere über die Angst und Technikfeindlichkeit in Europa, die aus ihrer Sicht es neuer Forschung sehr schwer macht. Die Gegner der Gentechnik bezeichnete sie als rein gefühlsbestimmt, während die Befürworter sich von Sachargumenten leiten ließen.[310]

In einem Kommentar der FAZ 25. Juli 2918 wurde das Urteil dagegen positiv beurteilt. Der Autor, Jan Grossarth, argumentierte, dass die Forschung um CRISPR/Cas9 noch in ihren Anfängen stecke und die Auswirkungen noch nicht absehbar seien. Dazu zitierte er eine der Entdeckerinnen von CRISPR, Emmanuelle Charpentier, die für eine strikte Regulierung sei.[311] In einem Interview der Zeit zum EuGH-Urteil sagte Charpentier allerdings:

> *„Ich glaube es ist eine verpasste Gelegenheit. Vor einigen Wochen haben sich selbst führende Köpfe der Grünen für einen verantwortungsvollen Umgang mit der Gentechnik ausgesprochen – insbesondere im Hinblick auf CRISPR. Die Technologie ist viel genauer als bisherige Verfahren und sehr sicher. Und sie könnte eines Tages dazu beitragen, dass Pflanzenarten entstehen, die resistenter gegen bestimmte Krankheiten sind oder in Regionen angebaut werden können, die sonst zu trocken oder zu feucht sind. Denkt man an den Klimawandel und die rasant wachsende Weltbevölkerung, stecken in der Technologie viele Chancen.“*[312]

---

310 vgl. Süddeutsche Online: EuGH Urteil: Die Angst vor der Gentechnik hat gewonnen. 25.7.2018, https://www.sueddeutsche.de/wissen/eugh-urteil-die-angst-vor-der-gentechnik-hat-gewonnen-1.4068777, Stand: 12.12.2019.

311 vgl. Grossarth, J.: Vorreiter Europa, in: FAZ Online. 25.07.2018, https://www.faz.net/aktuell/wirtschaft/mehr-wirtschaft/eugh-urteilt-zu-gentechniken-wie-crispr-cas-15708217.html, Stand: 12.12.2019.

312 ZEIT Online: Interview mit Emmanuelle Charpentier: Dieses Urteil. Wird CRISPR nicht aufhalten. 26.07.2018, https://www.zeit.de/wissen/gesundheit/2018-07/

Hier zeigt sich, dass die Medien, je nach Positionierung, Zitate der Forscher für eine positive oder negative Beurteilung von CRISPR nutzen. Eine differenzierte Berichterstattung lässt sich damit nicht wirklich bestätigen. Diese entsteht allein durch die Vielfalt der Kommentare, nicht aber durch die Qualität der einzelnen Berichte.

4.6.3 Geburt der genmanipulierten Zwillinge in China 29. November 2018

Anfang Dezember 2018 war ein sprunghafter Anstieg der Medien-Berichte zu verzeichnen, nachdem öffentlich wurde, dass in China mit Hilfe des Biophysikers He Jianku die ersten mit CRISPR/Cas9-Methode genmodifizierten Kinder auf die Welt gekommen seien. Auffällig ist, dass in der Berichterstattung besonders häufig das Wort „Designer-Baby" fällt. Ebenso lässt sich aber auch nachweisen, dass die etablierten Tages- und Wochenzeitungen nicht eindimensional argumentieren, sondern verschiedene Urteile zum Thema zuließen.

Das lässt sich beispielsweise gut an der *„Zeit Online" vom 28. November 2018* zeigen: In einem ersten Kommentar mit dem Titel *„Baby nach Wunsch"*, urteilt der Autor, Gero von Randow vor allem, dass die Risiken bei der Methode noch zu hoch seien, um das Verfahren an der menschlichen Keimbahn einzusetzen. Darüber hinaus sorgt er sich darum, dass das Verfahren zu einer gesellschaftlichen Spaltung führen könnte: *„Hier die Schönen, Reichen, Gesunden, dort der minderwertige Rest."*[313] In einem weiteren Kommentar der Zeit vom 27. November 2018, kommt die Autorin, Alina Schadwinkel zu einem etwas anderen Urteil. Zwar beanstandet sie, dass der Forscher He Jianku die Methode in dieser Form angewendet hat, macht aber auch darauf aufmerksam, dass dies als ein Weckruf verstanden, werden kann, der nicht zur Frage

emmanuelle-charpentier-crispr-genschere-gentechnik-eugh-urteil-genetik/seite-2, Stand. 12.12.2019.

313 Randow, G: Baby nach Wunsch, in: ZEIT Online, 28.11.2018, https://www.zeit.de/2018/49/gentechnik-genveraenderte-babys-crispr-china-ethik-forschung-moratorium, Stand: 12.12.2019.

führen sollte, ob die Methode, sondern wie CRISPR genutzt werden sollte.[314]

Die Berichterstattung zu CRISPR findet zwar in den Medien statt, allerdings eher punktuell. Eine gesamtgesellschaftliche Öffentlichkeit hat die Presse jedoch bisher nicht erreicht, was auch daran liegen dürfte, dass das Thema nicht so sichtbar ist, wie z.B. der Klimawandel, der mit schmelzenden Gletschern und heißen Sommern, leichter in den Fokus gerückt wurde. Hinzu kommt, dass es zu diesem Thema keine Identifikationsfigur wie „Greta Thunberg" gibt, die sich als Schützer unseres genetischen Erbes präsentieren lässt. Auch die medial allseits präsente CORONA-Epidemie 2020/21 hat der CRISPR-Debatte nur bedingt mehr Aufmerksamkeit gegeben, obwohl die Technik sowohl bei der Entwicklung einiger Schnelltest als auch der Entwicklung von Impfstoffen indirekt beteiligt ist. Festzustellen ist, dass die Anwendung der Technik kaum kontrovers diskutiert wird, sondern gerade bei der Entwicklung von CORONA-Impfstoffen als sicher gilt. Das könnte langfristig zu einer höheren Grundakzeptanz von CRISPR führen. Eine Debatte um die Regulierung, wie Deregulierung der neuen Gentechnik wird damit aber unwahrscheinlicher.

4.7 Positionen und Handlungsspielräume der Universitäten, Forschungsinstitute und unabhängigen Institute

Deutschland verfügt laut dem statistischen Bundesamt über 428 Hochschulen, davon 106 Universitäten und 217 allgemeine Fachhochschulen.[315] Davon bieten allein zehn Universitäten das Fach Biowissenschaften an. Darüber hinaus beschäftigen sich die juristischen und medizinischen Fakultäten mit den Lebenswissenschaften. Hinzu kommen noch die außeruniversitären Forschungseinrichtungen, wie das Robert-

314 Schadwinkel, A. Genveränderte Babys: Diese Zäsur darf nicht das Ende von Crispr sein, in: Die Zeit Online, 27.11.2018, https://www.zeit.de/wissen/2018-11/genveraenderte-babys-crispr-gentechnik-china-ethik-forschung, Stand: 12.12.2019.

315 vgl. Bundesministerium für Bildung und Forschung: Bundesbericht Forschung und Innovation 2018. 2018, https://www.bmbf.de/upload_filestore/pub/Bufi_2018_Hauptband.pdf, Stand: 12.12.2019.

Koch-Institut (RKI), das Max-Planck-Institut, das Paul-Ehrlich-Institut (PEI), das Julius Kühn-Institut (JKI), das Friedrich Löffler Institut (FLI) und das Europäische Laboratorium für Molekularbiologie sowie zahlreiche Akademien, wie die Leopoldina-Nationale Akademie der Wissenschaften, die Deutsche Akademie der Technikwissenschaften – acatech, die Union der deutschen Akademien der Wissenschaften und die Deutsche Forschungsgemeinschaft (DFG). Wie bereits erwähnt, hat das Bundesministerium für Bildung und Forschung 5 Projekte ins Leben gerufen, die die Forschung mit und an CRISPR unterstützen.

Wie sich die Forschung positioniert und welche Maßnahmen sie ergriffen hat, soll im Folgenden an einigen Beispielen zur Keimbahnintervention am Menschen und an der Genom-Editierung von Pflanzen erläutert werden.

4.7.1 Forschung an Embryonen April 2015

Als im April 2015 chinesische Forscher an nicht entwicklungsfähigen menschlichen Embryonen CRISPR/Cas9 anwendeten, nahm die Die Nationale Akademie der Wissenschaften Leopoldina, die Deutsche Akademie der Technikwissenschaften – acatech, die Union der deutschen Akademien der Wissenschaften und die Deutsche Forschungsgemeinschaft (DFG) hierzu Stellung. Dabei betonten sie, dass die Methode für die Anwendung in der Keimbahn noch nicht ausgereift sei und dass dies in Deutschland auch grundsätzlich verboten sei. Gleichwohl sprachen sie sich in der gemeinsamen Stellungnahme für eine zielstrebige Grundlagenforschung im Bereich des „Genome Editing" aus, an der sich Deutschland beteiligen sollte. Darüber hinaus betonten sie das hohe wissenschaftliche Potenzial, das in der Forschung in vielen Bereichen ethisch und rechtlich unbedenklich ist.

4.7.2 Keimbahneingriff 2017

Mit den weitergehenden Versuchen in der Keimbahn, wie sie 2017 von Shoukrat Mitalipov durchgeführt wurden, veränderte sich allerdings die Einstellung einiger deutscher Wissenschaftler zur Keimbahnintervention. So äußerte sich beispielsweise der Nachwuchsgruppenleiter, Pädiatrische Hämatologie & Onkologie der Medizinischen Hochschule Hannover, Max-Eder:

> *„Zusammengefasst kann diese Studie, besonders in Bezug auf vorhergegangene Studien an Keimbahnzellen, als vorbildlich bezeichnet werden und zeigt damit, dass eine kontrollierte Durchführung von Experimenten an Keimbahn-Zellen dem wissenschaftlichen Fortschritt und der medizinischen Entwicklung dienlich sein kann. Einer differenzierten Debatte über die Durchführung auch in Europa, welche im Rahmen der Nationalen Akademie der Wissenschaft bereits angestoßen wurde, sollten wir uns nicht verschließen.“*[316]

4.7.3 Diskussionspapier der Leopoldina 2017

Im März 2017 veröffentlichte die Leopoldina ein Diskussionspapier, das in die gleiche Richtung zielte. Dies ging deutlich über die Stellungnahme von 2015 hinaus und zeigte die inzwischen veränderte Positionierung im Bereich der Keimbahnintervention auf. Hierin sprachen sich die Autoren für den Einsatz von „Genome Editierung“ zur Erforschung der menschlichen Embryonalentwicklung aus.

> *„Der Einsatz von genomeediting an menschlichen Keimbahnzellen und frühen Embryonen ist für das Verständnis der frühen menschlichen Embryonalentwicklung von besonderer Relevanz und wird daher in mehreren international angesehenen Forschungsinstitutionen, z. B. am Karolinska-Institut in Schweden, praktiziert. Auf Basis dieser Ergebnisse könnten beispielsweise die Verfahren der In-vitro-Fertilisation (IVF) verbessert und neue Therapieansätze für genetische Erkrankungen entwickelt werden.“*[317]

Die Verwendung von Embryonen zu Forschungszwecken und eine Anwendung von „Genome Editing“ zur Behandlung und Prävention

316 Science Media Center: CRISPR-Cas9 kann mutierte Erbanlage in menschlichen Embryonen korrigieren. 02.08.2017, https://www.sciencemediacenter.de/alle-angebote/research-in-context/details/news/crispr-cas9-kann-mutierte-erbanlage-in-menschlichen-embryonen-korrigieren/, Stand: 13.12.2019.

317 Leopoldina: Ethische und rechtliche Beurteilung des Genome Editing in der Forschung an humanen Zellen, März 2017, S. 7, https://www.leopoldina.org/uploads/tx_leopublication/2017_Diskussionspapier_GenomeEditing.pdf, Stand: 13.12.2019.

von Erkrankungen wurde nun befürwortet. Eine anderweitige Verbesserung menschlicher Eigenschaften wurde nicht unterstützt.[318]

4.7.4 Geburt der Zwillinge in China 29. November 2018

Nach der Geburt der genmanipulierten Zwillinge wurde von der Wissenschafts-Community dieser Versuch allerdings verurteilt. 100 Wissenschaftler kritisierten in einem Brief das Vorgehen des chinesischen Wissenschaftlers scharf.[319]

Auch Emmanuelle Charpentier, die die Genschere CRISPR/Cas9 maßgeblich mitentwickelt hatte, äußerte sich: *„He Jiankui hat eindeutig eine rote Linie überschritten, vor allem weil er bei seiner Forschung die Sorgen der internationalen wissenschaftlichen Gemeinschaft in Bezug auf die Editierung menschlicher Keimbahnen ignoriert hat."*[320]

4.7.5 Stellungnahme-des Ethikrats zu CRISPR

Die Stellungnahme des Deutschen Ethikrats vom 9. Mai 2019 zur Keimbahnintervention wurde von Seiten der Wissenschaft positiv aufgenommen. Der Ethikrat hatte grundsätzlich die Intervention in der Keimbahn nicht ausgeschlossen, allerdings gefordert, dass sie ausreichend sicher sein müsse. So kommentierte beispielsweise der Genetiker Prof. Nellen, der Universität Kassel am 14. September 2019, dass

318 vgl. Deutscher Bundestag: Wissenschaftliche Dienste. Ausarbeitung zur Anwendung von Gentechnik in der Medizin. Rote Gentechnik. 01.12.2017, https://www.bundestag.de/resource/blob/536704/8690b532fa7ae8054c51ca2a56422a62/WD-8-040-17-pdf-data.pdf, Stand. 13.12.2019.

319 vgl. T-Online: Weiteres Baby mit manipulierten Genen in China erwartet. 28.11.2018, https://www.t-online.de/nachrichten/wissen/id_84858794/crispr-cas9-weiteres-baby-mit-manipulierten-genen-in-china-erwartet.html, Stand: 12.12.2019.

320 Tagesspiegel Online: Forscher He Jiankui ist "stolz" auf seine Gen-Experimente an Babys. 28.11.2018, https://www.tagesspiegel.de/wissen/genschere-crispr-forscher-he-jiankui-ist-stolz-auf-seine-gen-experimente-an-babys/23691372.html, Stand: 13.12.2019.

hier vor allem nicht dem Mainstream gefolgt wurde, sondern man der Komplexität der Materie gerecht wurde.[321]

4.7.6 Internationales Moratorium

Die internationale Wissenschafts-Community sprach sich bereits 2015 für eine Grundlagenforschung und Experimente an Keimbahnzellen aus. Die Geburt von sogenannten Designerbabys lehnte sie dagegen ab. Gleichwohl wurde damals kein Moratorium verabschiedet. Im TA-Bericht der Schweiz von 2019 wurde aber festgestellt, dass sich die deutsche Wissenschafts-Community überwiegend für ein Moratorium ausspricht.[322] Bei der Anwendung an der Keimbahn des Menschen sprachen sie sich für ein internationales Moratorium aus, „[...]*um offene Fragen transparent und kritisch zu diskutieren, den Nutzen und potenzielle Risiken der Methoden beurteilen zu können und Empfehlungen für zukünftige Regelungen zu erarbeiten.*“[323] Das Moratorium sollte jedoch nicht die Forschung und Anwendung generell ausschließen.

4.7.7 EuGH-Urteil Juni 2018

Im Bereich der „Genom-Editierung“ von Pflanzen ist die Wissenschafts-Community nicht so einheitlich aufgestellt, wie es bei der Keimbahnintervention der Fall ist.

Die im Juli 2018 gefällte Entscheidung des Europäischen Gerichtshofs (EuGH) kritisierten 130 Wissenschaftler in einem offenen Brief an die Bundesministerin für Bildung und Forschung, Anja Karliczek, und ihre Kollegin Julia Klöckner im Bundesministerium für Ernährung und Landwirtschaft.

321 vgl. CRISPR Whisper: Herausforderung an die Gesellschaft. 14.09.2019, https://crispr-whisper.de/2019/05/14/herausforderung-an-die-gesellschaft/, Stand: 12.12.2019.

322 vgl. TA-Swiss: Genome Editing – Interdisziplinäre Technikfolgenabschätzung. Band 70. 2019, https://vdf.ch/genome-editing-interdisziplinare-technikfolgenabschatzung.html, Stand: 01.02.2020.

323 BBAW 2015, S. 7.

Unter der Überschrift *„Die Politik ist am Zug"* forderten die Forscher in den bestehenden Gesetzen „zumindest die GVO-Definitionen an den wissenschaftlichen Fortschritt anzupassen". Nichts zu tun, sei keine Alternative. *„Die Anwendung des „Genome Editing braucht klare Richtlinien, aber – und das ist essentiell – auf einer deutlich differenzierteren Ebene, als sie pauschal unter die strengen Regularien des Gentechnikgesetzes zu verbannen."*[324]

Die Stellungnahme der DFG geht in dieselbe Richtung und fordert in einem sieben Schritte-Plan eine grundlegende Überarbeitung des europäischen Rechtsrahmens. Im ersten Schritt fordern sie, dass das das europäische Gentechnikrecht überarbeitet werden sollte. Genomeditierte Organismen sollten vom Anwendungsbereich des Gentechnikrechts ausgenommen werden, sofern keine artfremde genetische Information eingefügt wurde und/oder eine Kombination von genetischem Material vorliegt, die sich ebenso auf natürliche Weise oder durch konventionelle Züchtungsverfahren ergeben könnte.

Über ein behördliches Vorprüfungsverfahren sollte im Einzelfall auf wissenschaftlicher Grundlage geklärt werden, ob ein gentechnisch veränderter Organismus (GVO) im Sinne der novellierten Regelungen vorliegt. Diese moderaten, in einem überschaubaren zeitlichen Rahmen umsetzbaren Änderungen des geltenden Gentechnikrechts würden dem wissenschaftlichen Kenntnisstand besser Rechnung tragen als das bestehende GVO-Regelungsgefüge.[325]

Im Gegensatz dazu steht die Position des europäischen Netzwerks von Wissenschaftlern ENSSER, die sich für eine verantwortliche und soziale Umwelt einsetzen. Sie kritisieren vor allem die mediale Berichterstattung um das Urteil des Europäischen Gerichtshofes vom 25. Juli 2018. Sie kritisieren vor allem drei Punkte, die aus ihrer Sicht in den Medien vorherrscht:

324 Tagesspiegel Online: 130 Forscher fordern Änderung des Gentechnikgesetzes. 26.11.2018, https://www.tagesspiegel.de/wissen/streit-um-die-gen-schere-cri spr-130-forscher-fordern-aenderung-des-gentechnikgesetzes/23678852.html, Stand.12.12.2019, Stand: 13.12.2019.

325 vgl. Deutsche Forschungsgemeinschaft: Stellungnahme genomeditierte Pflanzen. 2019, https://www.dfg.de/download/pdf/dfg_im_profil/reden_stellungnahmen/2019/191204_stellungnahme_genomeditierte_pflanzen.pdf, Stand: 12.12.2019.

1. Wird laut ENSSER häufig in den Medien behauptet: „*Das Urteil des EuGHs sei unwissenschaftlich, weil bereits nachgewiesen sei, dass die neuen gentechnischen Verfahren so sicher seien wie konventionelle Züchtungsmethoden. Was im Urteil eher vorsichtig und im Konjunktiv formuliert wird – die mit dem Einsatz der neuen Verfahren verbundenen Risiken könnten sich als vergleichbar mit den bei der Erzeugung und Verbreitung von GVO durch Transgenese auftretenden Risiken erweisen (Ziffer 48) – wird kategorisch zurückgewiesen.*
2. *Aus diesem Verdikt der Unwissenschaftlichkeit wird abgeleitet, das Urteil sei rückwärtsgewandt und fortschrittsfeindlich.*
3. *Darum sei die Innovationsfähigkeit des Forschungs- und Wissenschaftsstandortes Europa grundsätzlich gefährdet, weshalb auch notwendige Innovationen, wie eine vielfältigere Landwirtschaft, die mit weniger Pestiziden auskommt, sich nun ebenso grundsätzlich nicht entwickeln liessen.*“[326]

Nach Meinung von ENSSER lässt sich keine dieser Behauptungen belegen. Sie sehen es als problematisch an, dass die Befürworter der neuen Technik, diese wie Chemikalien nur auf einzelne Inhaltsstoffe prüfen wollen. Stattdessen setzen Regulierungsbefürworter auf eine umfassende Risikobewertung.[327]

4.7.8 Maßnahmen für Öffentlichkeitsbeteiligung

Am 29. November 2019 startete der Blog CRISPR-Whisper: Der neue Wissenschafts-Blog berichtet über Aktivitäten und Ergebnisse der Deutschen Forschungsgemeinschaft (DFG), die mit CRISPR/Cas das derzeit viel diskutierte Immunsystem von Bakterien untersucht. Gestaltet wird der Blog vom Verein Science Bridge e.V. an der Universität

326 Ensser: Einseitige Angriffe und eine voreingenommene Berichterstattung zum EuGH Urteil über neue Gentechnikmethoden entlarven ein anmaßendes und unaufgeklärtes Wissenschafts- Demokratie- und Rechtsverständnis. 06.09.2019, https://ensser.org/publications/publications_2018/einseitige-angriffe-und-eine-voreingenommene-berichterstattung-zum-eugh-urteil-uber-neue-gentechnikmethoden-entlarven-ein-anmassendes-und-unaufgeklartes-wissenschafts-demokratie-und-rechtsverstandni/, Stand: 12.12.2019.

327 ebd.

Kassel, der, seit mehr als 20 Jahren Schüler- und Bürger-Laborkurse anbietet.[328]

Die Position der deutschen Wissenschaftler zum Thema CRISPR hat sich in den letzten Jahren deutlich verändert. Während sich zu Beginn der Entdeckung von CRISPR viele Wissenschaftler gegen eine Keimbahnintervention am Menschen aussprachen, hat sich diese Haltung mittlerweile geändert. Gerade im Bereich der Grundlagenforschung wird der Eingriff in die Keimbahn überwiegend unterstützt.

National wie international spricht sich die Forschung für Transparenz und einen Dialog mit der Öffentlichkeit aus. Ein Beispiel dafür, ist der CRISPR-Blog. Generell möchte die Wissenschafts-Community ihre Handlungsmaximen bei der Keimbahnintervention über ein Moratorium gestalten. Das heißt, dass sie möglichst selbst entscheiden, wie sie CRIPSPR nutzen. Bisher kam jedoch kein Moratorium zu Stande. Bei der Nutzung von CRISPR in Pflanzen fordert das Gros der Forschung hingegen, das Urteil des EuGHs zu überdenken und das europäische Gentechnikgesetz neu zu fassen.

4.8 Positionen und Handlungsspielräume der Umweltverbände

Umweltverbände beeinflussen und steuern in Deutschland neben Parteien, Regierung und Bundestag die Debatte um Gentechnik, die damit auch CRISPR/Cas9 einschließt. Welche Bedeutung den Umweltverbänden dabei zukommt, zeigt sich allein schon anhand der Mitgliederzahlen der drei größten Verbände – Greenpeace, NABU und BUND. So stieg laut dem Jahresbericht vom BUND die Mitgliederzahl 2019 auf 470.000 Mitglieder.[329] Greenpeace zählt mehr als 600.000 Mitglie-

328 vgl. Universität Kassel: Pressemitteilung: Neuer Blog macht aktuelle Forschung zu CRISPR-Cas anschaulich. 29.11.2018, https://www.uni-kassel.de/uni/aktuelles/meldung/post/detail/News/neuer-blog-macht-aktuelle-forschung-zu-crispr-cas-anschaulich/, Stand: 12.12.2019.

329 BUND: Jahresbericht 2019. 2019, https://www.bund.net/fileadmin/user_upload_bund/publikationen/bund/bund_jahresbericht_2019.pdf Stand: 12.12.2020.

der (Stand: Ende 2019) und der NABU 720.000 (Stand: 2019).[330][331] Insgesamt kommen die drei Verbände in Deutschland auf mehr als 1,8 Millionen Mitglieder. Vergleicht man die Zahlen mit denen der Mitglieder aller aktuell im Bundestag vertretenen Parteien, kommen diese gemeinsam nur auf 1,2 Millionen Mitglieder – eine halbe Million weniger.[332] Da hier nicht alle Verbände betrachtet werden können, liegt der Fokus im Wesentlichen auf den Positionen und Aktivitäten der drei größten Umweltverbände und solcher Organisationen, die sich speziell mit dem Thema befassen, wie zum Beispiel „Testbiotech", die Organisation „save our seeds" und das Online-Portal „keine-gentechnik.de," das von mehreren gentechnikkritischen Verbänden betrieben wird.

Dabei wird an den TAB- Bericht von 2016 angeknüpft, der zum Schluss kam, dass auf den Webseiten des Naturschutzbundes Deutschland (NABU), Greenpeace und Bund für Umwelt und Naturschutz e.V. (BUND) praktisch keine Verweise zu Synbio und damit auch zu CRISPR zu finden sind. Als einzig kritische Stimmen in Deutschland identifizierte der Bericht „Testbiotech" und das Online-Portal „keine-gentechnik.de".[333]

Auf der Grundlage des TA-Berichts von 2016 soll hier analysiert werden, ob sich tatsächlich die großen Umweltverbände in Bezug auf CRISPR so zurückgehalten haben und ob sich ihre Online-Präsenz und ihre Positionen seit 2016 weiterentwickelt haben.

330 Greenpeace: Fragen und Antworten. 21.01.2020, https://www.greenpeace.de/themen/ueber-uns/fragen-antworten-zu-greenpeace, Stand: 03.03.2020.

331 NABU: Jahresbericht 2019. 2019, https://www.nabu.de/imperia/md/content/nabude/nabu/200820-nabu-jahresbericht-2019.pdf, Stand: 03.03.2021.

332 Statista: Mitgliederzahlen der politischen Parteien in Deutschland am 31. Dezember 2019. 31.12.2019, https://de.statista.com/statistik/daten/studie/1339/umfrage/mitgliederzahlen-der-politischen-parteien-deutschlands/, Stand: 03.03.2020.

333 vgl. BT-Drucks. 18/7216, S. 117, http://dip21.bundestag.de/dip21/btd/18/072/1807216.pdf, Stand: 12.12.2019.

4.8.1 Dialogforum vom Bundeslandwirtschaftsministerium

Als eine der ersten Veranstaltungen der Bundesregierung zum Thema molekularbiologische Verfahren und damit zu CRISPR fand das Dialogforum zu neuen molekularbiologischen Verfahren des Landwirtschaftsministeriums erstmals 2017 statt. Wie positionierten sie die Umweltverbände dazu?

Auf der Webseite vom BUND findet sich eine Pressemitteilung zum Dialogforum des BMEL als auch ein offener Brief an den Bundesminister für Landwirtschaft Christian Schmidt. In dem offenen Brief, der vom BUND, Testbiotech und weiteren Organisationen unterstützt wurde, wurde auch Bezug auf das Dialogforum genommen. Dabei wurde die Offenheit des Dialogs in Frage gestellt. Auslöser war, dass die Zentrale Kommission für Biologische Sicherheit eine mit CRIPSR hergestellte Pflanze nicht als genveränderter Organismus im Sinne des GenTG eingestuft hatte. Damit wurde aus ihrer Sicht sowohl dem Dialog des BMEL als auch einer Entscheidung auf EU-Ebene vorgegriffen und an geltender Gesetzgebung vorbei agiert.[334] Darüber hinaus berichtete das Online-Portal „keine-gentechnik.de" vom Dialogforum. In ihrem Bericht hieß es, dass die Positionierung des Dialogforums bezüglich neuer molekularbiologischer Verfahren von den Umweltverbänden kritisch aufgenommen wurde. Aus ihrer Sicht war die Veranstaltung personell nicht ausgewogen genug besetzt. Hinzu kam, dass kurz vor der Bundestagswahl 2017 der Einfluss eines solchen Dialogforums begrenzt sei. Der Geschäftsführer des „Bund Ökologische Lebensmittelwirtschaft (BÖLW)" kritisierte, dass nicht nur die Befürworter der neuartigen Gentechniken bei einem solchen Forum zu Wort kommen dürften. Des Weiteren wurde beanstandet, dass der

334 vgl. testbiotech: Offener Brief an Bundesminister für Ernährung und Landwirtschaft Herrn Christian Schmidt zur Dialogveranstaltung zu den „neuen molekularbiologischen Techniken"/Bewertungen des BVL bzw. der ZKBS zu Pflanzen, die mit neuen gentechnischen Verfahren verändert wurden, https://www.testbiotech.org/sites/default/files/Verbändebrief%20BMEL%20molekularbiologische%20Techniken_0.pdf, Stand: 12.12.2019.

Vorsitzende des Ethikrats, Prof. Peter Darbrock, als Moderator des Forums nicht neutral genug sei.[335]

Auch über das zweite Dialogforum von 2017 berichtete die Informationsplattform Gentechnik. Hier fanden sich jedoch keine Hinweise, dass das Forum einseitig besetzt sei. Vielmehr standen die unterschiedlichen Einstellungen, die beim Forum zu den neuen Methoden geäußert wurden, im Vordergrund.[336]

4.8.2 BMEL-Gesetzentwurf zur Änderung des Gentechnikgesetzes

2016 bemühte sich die Bundesregierung um eine Änderung des Gentechnikgesetztes, die aufgrund der Opt-out Regelung auf EU-Ebene notwendig wurde. In dem Gesetzentwurf fand sich auch eine Textstelle zu CRISPR, in der das neue Verfahren als sicher bezeichnet wurde. Der Gesetzentwurf wurde von den großen und kleineren Umweltverbänden abgelehnt. So kritisierte der BUND, dass mit dem Gesetzesvorschlag „[…] *die schleichende gentechnische Kontamination von Landwirtschaft und Lebensmittelproduktion vorprogrammiert gewesen*" wäre.[337]

Die Arbeitsgemeinschaft bäuerliche Landwirtschaft (AbL) wurde sogar noch konkreter und betonte, dass sie froh sei, dass damit auch der in letzter Minute in die Gesetzesbegründung eingefügte Absatz zur neuen Gentechnik wieder vom Tisch sei: *„Er „wäre ein Freifahrtschein für die neuen Gentechnik-Verfahren geworden*", sagte AbL-Gentechnikexpertin Annemarie Volling.[338] Der gentechnisch kritische Informationsdienst Gentechnik, wandte sich ebenfalls gegen die in den Entwurf eingefügte Passage über CRISPR/Cas, obwohl weder EU-Kommission noch der

335 vgl. Informationsdienst Gentechnik: Nachricht: Streit bei Dialogveranstaltung zu neuen molekularbiologischen Techniken, 05.05.2017, https://www.keine-gentechnik.de/1/nachricht/32562/, Stand: 12.12.2019.

336 vgl. Informationsdienst Gentechnik: Nachricht: Dialog zum Genome Editing: „Wo sind die Toten?", 28.06.2017, https://www.keine-gentechnik.de/1/nachricht/32647/, Stand: 12.12.2019.

337 Informationsdienst Gentechnik: Nachricht: Gesetzentwurf zum Anbauverbot von Gentech-Pflanzen ist gescheitert, 20.05.2017, https://www.keine-gentechnik.de/nachricht/32588/, Stand: 12.12.2019.

338 ebd.

Europäische Gerichtshof bereits zum Thema eine Entscheidung getroffen hätten.[339]

Der Naturschutzbund Deutschland (NABU) ging noch einen Schritt weiter und forderte, dass im Gesetzentwurf angesprochene Innovationsprinzip grundsätzlich einer kritischen Untersuchung zu unterziehen.[340]

4.8.3 TA-Bericht (TAB)

Der TA-Bericht findet keine Erwähnung auf den Webseiten der großen Umweltverbände. Lediglich der Informationsdienst „keine gentechnik.de“ fasste den Bericht zusammen. Dabei fällt auf, dass sie zunächst einmal betonen, dass laut TA-Bericht CRISPR-Cas der synthetischen Biologie zugeordnet werden kann. Darüber hinaus weisen sie in ihrer Zusammenfassung auf die Empfehlung des TAB hin, dass sich die Politik sich schnellstmöglich vor allem mit „Genome Editing“ beschäftigen soll. Als einen dritten Punkt der Zusammenfassung heben sie hervor, dass Umweltverbände und kritische Experten bei der Risikobewertung hinzugezogen werden sollen.[341]

Auf den Hinweis im TA-Bericht, dass sich die großen Umweltverbände kaum mit dem Thema beschäftigten, ging „keine gentechnik.de“ in der Zusammenfassung nicht ein.

339 vgl. VLOG: Streit um Gentechnik-Gesetz geht weiter. 06.12.2016, https://www.ohnegentechnik.org/aktuelles/nachrichten/2016/dezember/streit-um-gentechnik-gesetz-geht-weiter/, Stand: 12.12.2019.

340 vgl. Nabu: Vorsorgeprinzip und Innovationsprinzip. Ergebnisse einer Kurzstudie im Auftrag des NABU. 12.10.2017, https://www.nabu.de/imperia/md/content/nabude/umweltpolitik/171017-nabu_vorsorgeprinzip__praesentation_gleich_petschow.pdf, Stand: 12.12.2019.

341 vgl. Informationsdienst Gentechnik: Nachricht: CRISPR als Teil der Synthetischen Biologie.28.01.2016, https://www.keine-gentechnik.de/nachricht/31600/, Stand: 12.12.2019.

4.8.4 SPD-Gesetzentwurf zur Änderung des Gentechnikgesetzes 24. Oktober 2017

Der Versuch der SPD-Fraktion, kurz nach der Bundestagswahl, einen Gesetzentwurf zur Änderung des Gentechnikrechts auf den Weg zu bringen, wurde von zwei Umweltverbänden positiv bewertet. Die Arbeitsgemeinschaft bäuerliche Landwirtschaft (AbL) äußerte sich positiv zur SPD-Initiative:

„*Die in dem Gesetzesvorschlag vorgesehenen bundesweiten, vom Bund erteilten Anbauverbote sind genau das, was wir brauchen, um eine gentechnikfreie Landwirtschaft und Lebensmittelerzeugung sicher zu stellen*", betonte Martin Schulz, der Bundesvorsitzende der AbL. „*Da noch keine neue Bundesregierung im Amt ist, besteht die Chance für alle Abgeordneten, sich ohne Fraktionszwang deutlich für eine gentechnikfreie Landwirtschaft und Lebensmittelerzeugung zu positionieren.*"[342]

Der Geschäftsführer des Verbandes „Lebensmittel Ohne Gentechnik", Alexander Hissting erklärte: „*Die Bundestagsabgeordneten sollten die Chance nutzen und diesen für die gentechnikfreie Landwirtschaft in Deutschland so wichtigen Gesetzentwurf endlich beschließen*"[343] Hissting befürchtete, dass das Abstimmungsverhalten der Parteien bei einer Jamaika-Koalition zu einer ähnlichen Blockade führen könnte, wie dies unter der großen Koalition der Fall war. Er sah deshalb die einzige Möglichkeit der zeitnahen Umsetzung in einer schnellen Verabschiedung des Gesetzentwurfs.[344]

4.8.5 Bericht zum Genome Editing des Bundesministeriums für Landwirtschaft und Ernährung

Der 2017 veröffentlichte Bericht zum „Genome-Editing" des Bundeslandwirtschaftsministeriums wurde vom Informationsdienst „keine

---

342 Informationsdienst Gentechnik: Nachricht: SPD will Bundesratsentwurf für Gentechnikgesetz beschließen. 01.11.2017,https://www.keine-gentechnik.de/1/nachricht/32826/, Stand: 12.12.2019.

343 ebd.

344 ebd.

Gentechnik" kritisch begleitet. Dabei fiel den Autoren zum einen auf, dass die Anmerkungen des Bundesamtes für Naturschutz, das in der Regel Gentechnik kritisch gegenübersteht, nicht vollständig übernommen wurden. Weiterhin beanstandeten sie, dass das Wort Risiko im ganzen Text nur dreimal vorkomme und die Aussagen des Berichts zur Sicherheit der Methode in einem Gegensatz zur Positionierung der Wissenschaftlervereinigung ENSSER stehe, die sie als unabhängige Quelle beispielhaft nennen.[345]

4.8.6 Koalitionsvertrag von SPD und CDU/CSU 2018

Der Koalitionsvertrag der Bundesregierung zwischen SPD, CDU und CSU von 2018 wurde von den Umweltverbänden BUND, NABU und AbL, in Bezug auf die Gentechnik positiv aufgenommen. Dabei bezogen sie sich auf die Verständigung von SPD und Union zum Verbot für den Anbau von gentechnisch veränderten Pflanzen auf dem gesamten Bundesgebiet. Der „Anbauverband Bioland" stellte gleichwohl die Forderung auf, sich auf EU-Ebene dafür einzusetzen, dass CRISPR/Cas9 als Gentechnik eingestuft werde. Ebenso bemängelten sie, dass dieses spezielle Thema keine Erwähnung im Koalitionsvertrag gefunden habe.[346]

4.8.7 EuGH-Urteil zu CRISPR 2018

Bereits vor dem Urteil des EuGHs im Juni 2018 forderten 21 Organisationen und Stiftungen aus der Landwirtschaft und den Umwelt- und Verbraucherverbänden in einer Resolution, neue Verfahren und biologisch veränderte Produkte als Gentechnik zu regulieren und zu kennzeichnen. Aus ihrer Sicht war das Risiko bei den neuen Verfahren noch

345 vgl. Informationsdienst Gentechnik: Nachricht: Deutsche Fachbehörden legen Bericht zu Genome Editing vor. 11.12.2017,https://www.keine-gentechnik.de/nachricht/32888/, Stand: 12.12.2019.

346 vgl. Informationsdienst Gentechnik: Nachricht: Große Koalition für Vorsicht bei CRISPR-Cas. 07.02.2018, https://www.keine-gentechnik.de/nachricht/32996/, Stand: 12.12.2019.

nicht ausreichend erforscht und sie forderten deshalb die Regierung auf, das Vorsorgeprinzip konsequent anzuwenden. Insbesondere die Gefahr der mangelnden Rückholbarkeit genveränderter Organismen, die sich ungehindert in der Natur verbreiten könnten, bereitete ihnen besondere Sorge.[347]

Die Reaktionen auf das Urteil fielen seitens Umweltverbänden dementsprechend positiv aus. Hubert Weiger, Vorsitzender des Bund für Umwelt und Naturschutz Deutschland (BUND) begrüßte das Urteil und sagte: *„Mit seinem Urteil bestätigt Europas höchstes Gericht die Position von Umwelt- und Verbraucherschützern, unabhängigen Wissenschaftlern und gentechnikfrei wirtschaftenden Unternehmen."*[348]

4.8.8 Geburt der genmanipulierten Zwillinge in China 29. November 2018

Die Geburt der China-Zwillinge wurde von den Umweltverbänden nicht kommentiert. Vermutlich aus dem einfachen Grund, dass sie sich beim Thema CRISPR in Bezug auf ihre Auswirkung in der Landwirtschaft und Natur und nicht in der Humanmedizin befassen.

4.8.9 Antwort der Bundesregierung zur Forschungsförderung 20. Februar 2019

Dass sich die Umweltverbände sehr intensiv mit der politischen Debatte um CRISPR auseinandersetzen, zeigt sich aber nicht nur bei ihren Reaktionen auf das EuGH-Urteil oder auf den Koalitionsvertrag, sondern auch bei kleineren politischen Vorgängen, wie der Antwort

---

347 vgl. Bund: Pressemitteilung: Wahlfreiheit und Vorsorge sichern: 21 Verbände fordern mit Resolution die Regulierung und Kennzeichnung neuer Gentechniken. 03.07.2018, https://www.bund.net/service/presse/pressemitteilungen/detail/news/wahlfreiheit-und-vorsorge-sichern-21-verbaende-fordern-mit-resolution-die-regulierung-und-kennzeichn/, Stand: 12.12.2019.

348 Ökotest: Urteil des EuGH zu Gentechnik.26.07.2018, https://www.oekotest.de/freizeit-technik/Urteil-des-EuGH-zu-Gentechnik-EU-Richter-definieren-neue-Zuchtmethode-als-Gentechnik_600652_1.html, Stand: 12.12.2019.

der Bundesregierung auf eine Anfrage der Grünen-Bundestagsfraktion. Hierbei zielte die Frage auf die finanzielle Unterstützung der Forschung durch die Bundesregierung im Bereich der Gentechnik. Der Bio-Dachverband BÖLW sah in der Antwort der Bundesregierung eine Bestätigung einer einseitigen Forschungsförderung zu Lasten der Sicherheit. Auch der BUND kritisierte, dass niemand gentechnisch veränderte Pflanzen oder Tiere essen wolle. Auch der Verband „Lebensmittel ohne Gentechnik" kritisierte, dass die Bundesregierung Forschung fördere, die in der Bevölkerung keine Akzeptanz hätte.[349]

4.8.10 Europawahl 2019

Zur Europawahl fragten zehn Verbände – dazu gehören der Bund für Umwelt- und Naturschutz (BUND), Greenpeace, Demeter und die Arbeitsgemeinschaft bäuerliche Landwirtschaft – die Parteien direkt an, um ihren Standpunkt zu neuen gentechnischen Verfahren zu erfahren.[350]

4.8.11 Stellungnahme des Ethikrats zu CRISPR 9. Mai 2019

Auch für die Stellungnahme des Ethikrats lassen sich auf den Webseiten der Umweltverbände keine Stellungnahmen finden. Die Umweltverbände haben die Stellungnahme des Ethikrats nicht kommentiert, denn hier geht es um Humanmedizin und damit um ein Forschungsfeld, das die Themen der Umweltverbände nicht direkt berührt.

---

349 vgl. Informationsdienst Gentechnik: Nachricht: Bundesregierung investiert Millionen in Genome Editing. 11.03.2019, https://www.keine-gentechnik.de/nachricht/33612/, Stand: 12.12.2019.

350 vgl. Informationsdienst Gentechnik: Nachricht: Europawahl: Parteien antworten auf Fragen zur Gentechnik. 24.05.2019, https://www.keine-gentechnik.de/1/nachricht/33701/, Stand: 12.12.2019.

4.8.12 Novelle der Bundesregierung zur Gentechnik-Sicherheitsverordnung

Ein weiterer Beleg für das steigende Interesse, aber auch den Einfluss der Umweltverbände zum Thema, zeigte sich bei der Novelle der Bundesregierung zur Gentechnik-Sicherheitsverordnung. Interessant ist dabei, dass die Kritik der Umweltorganisationen direkt oder indirekt Auswirkungen auf den Inhalt der Novelle hatte. Die Bundesländer, die von gentechnikkritischen Organisationen einen Brandbrief zum Thema erhalten hatten, forderten im Umweltausschuss des Bundesrates, strengere Sicherheitsauflagen für die Arbeiten mit „Gene-Drive-Organismen" in geschlossenen Systemen. Letztlich wurde die Novelle erst in der in der veränderten Version des Bundesrates verabschiedet.[351]

4.8.13 Moratorium „Gene Drives"

Aber nicht nur auf Bundesebene wurden die Umweltverbände aktiver. Auch auf EU-Ebene positionierten sie sich sichtbar. So forderten sie in einer Petition vom 29. März 2017 die Bundesregierung im Rahmen ihrer bevorstehenden EU-Ratspräsidentschaft auf, im zweiten Halbjahr 2020 ein europaweites Freisetzungsverbot für „Gene-Drive-Organismen" zu verabschieden. Darüber hinaus sollte Deutschland seine Position als Verhandlungsführer der EU dazu nutzen, sich bei der nächsten UN-Biodiversitätskonvention darauf zu einigen, eine Freisetzung von „Gene-Drive-Organismen" zu verhindern. Im Gegensatz zur Novelle sind hier die Aussichten auf Einflussnahme als gering einzuschätzen, da sich die Bundesregierung im Bereich CRISPR bisher nicht auf eine gemeinsame Linie hat einigen können und sich bisher außerdem auf EU-Ebene und international zu diesen Themen der Stimme enthalten hat.[352]

351 vgl. Informationsdienst Gentechnik: Nachricht: Bundesrat will mehr Sicherheit für Gene Drives. 11.06.2019, https://www.keine-gentechnik.de/1/nachricht/33712/, Stand: 12.12.2019.

352 vgl. Initiative gentechnikfreie Bodenseeregion: Gene Drives: Europaparlament fordert weltweites Moratorium. 23.01.2020, https://www.gentechnikfreie-boden

4.8.14 Verbraucherkonferenz Bundesinstitut für Risikoforschung

Die Verbraucherkonferenz vom Bundesinstitut für Risikoforschung (BfR) wurde zunächst äußerst kritisch vom BUND begleitet. So fürchteten sie, dass das Landwirtschaftsministerium mit dieser kleinen Bürgerrunde ein eignes Bürgervotum schaffen wolle, obwohl in den Umfragen eine Mehrheit der Bevölkerung gegen Gentechnik sei. Zusätzlich sorgte sie, dass das BfR dem Bundesagrarministerium unterstellt ist, das wiederum der neuen Technologie eher aufgeschlossen gegenübersteht.[353]

4.8.15 Brief an Landwirtschaftsministerin Julia Klöckner 21. Oktober 2019

In einem Brief an Bundeslandwirtschaftsministerin Julia Klöckner versuchten sie erneut Einfluss zu nehmen und zeigten sich besorgt, dass das EuGH-Urteil nur lückenhaft in der EU- Gesetzgebung umgesetzt würde.[354]

4.8.16 Arbeitspapier der Brüsseler Generaldirektion Gesundheit und Lebensmittelsicherheit

Dass die Umweltverbände frühzeitig versuchten, Einfluss auf EU-Ebene zu nehmen, zeigt sich an ihrem Kommentar zum Arbeitspapier der EU-Gesundheitskommissarin. Der BUND sprach seine Sorge aus, dass durch die neue EU-Kommission die neuen Gentechnikverfahren

seeregion.org/gene-drives-europaparlament-fordert-weltweites-moratorium/, Stand: 20.02.2020.

353 vgl. Informationsdienst Gentechnik: Nachricht: Fast 150 Anmeldungen für Bürgerkonferenz zur „Biotechnik“. 29.07.2019, https://www.keine-gentechnik.de/nachricht/33756/, Stand. 12.12.2019.

354 vgl. BUND: Verbändebrief anlässlich des EU-Verbraucherrates am 24. Oktober 2019 Umsetzung der Richtlinie 2001/18 im Hinblick auf neue Gentechnik-Verfahren. 21.10.2019, https://www.bund.net/fileadmin/user_upload_bund/publikationen/landwirtschaft/landwirtschaft_gentechnik_verbaendebrief.pdf, Stand: 12.12.2019.

offenbar weniger streng reguliert würden als die bisher bekannten Verfahren.

„Konsumenten wollen ganz klar keine Gentechnik im Essen; Landwirtschaft und Lebensmittelindustrie wollen ohne Gentechnik arbeiten; der Lebensmittelhandel will keine gentechnisch veränderten Produkte verkaufen. Dies gilt selbstverständlich auch für die Verfahren der ‚Neuen Gentechnik',“ betonte auch der Geschäftsführer der ARGE Gentechnik-frei.[355]

4.8.17 Bericht des Instituts für unabhängige Folgenabschätzung in der Biotechnologie vom 18. November 2019

Neben der kritischen Begleitung der Bundes- und europäischen Politik gab der Deutsche Naturschutzring (DNR) ein Papier zum Gentechnikverfahren CRISPR/Cas9 in Auftrag. Der von „Testbiotech“ erstellte Bericht kam zu dem Ergebnis, dass die Ausbreitung von mit CRISPR veränderten Pflanzen und Tieren schwerwiegende Folgen für den Artenschutz haben könnte. *„Die mit CRISPR veränderten Organismen werden ihrer Wirkung mit Störsendern verglichen, die das ökologische System aus dem Gleichgewicht bringen“*, so der Bericht.[356]

4.8.18 Bioökonomiestrategie Bundesregierung 20. Januar 2020

Die Bioökonomiestrategie der Bundesregierung wurde von den Umweltverbänden kritisch begleitet. Insbesondere der positive Umgang mit Gentechnik in der Strategie wurde mit Sorge beobachtet. Mit Skepsis wurde auch die Entscheidung für ein neues Beratergremium und der damit verbundene breite Dialog gesehen, solange die Beteili-

355 Informationsdienst Gentechnik: Nachricht: Neue Gentechnik: Will EU-Kommission Regeln aufweichen?. 02.12.2019, https://www.keine-gentechnik.de/nachricht/33877/, Stand: 12.12.2019.

356 Testbiotech: Gentechnik gefährdet unsere Lebensgrundlagen Eine Streitschrift zu zehn Jahren Testbiotech. Dezember 2019, https://www.testbiotech.org/sites/default/files/Gentechnik_gefaehrdet_unsere_Lebensgrundlagen.pdf, Stand: 20.02.2020.

gung von Umwelt- und Entwicklungsverbänden nicht wirklich umgesetzt wird.[357]

Es zeigt sich, dass sowohl die großen Umweltverbände wie BUND, Greenpeace und NABU als auch auf Gentechnik spezialisierte Verbände seit 2016 das Thema CRISPR verstärkt aufgreifen. Zudem begleiten sie die Aktionen der Bundesregierung zum Thema CRISPR kritisch. Darüber hinaus geben sie eigene Papiere und Untersuchungen zu CRISPR in Auftrag und haben ihre Lobbyarbeit auf EU-Ebene zum Thema verstärkt. Während der TA-Bericht von 2016 noch zu dem Ergebnis kam, das das Engagement der Umweltverbände kaum vorhanden war, hat sich dies sichtbar verändert und war in den letzten vier Jahren deutlich wahrnehmbar. Damit gestalten sie den Dialog um CRISPR deutlich mit.

4.9 Positionen und Handlungsspielräume der Wirtschaft

CRISPR/Cas9 ist in vielen unterschiedlichen Bereichen für die Wirtschaft von großem Interesse. Sowohl im Bereich der roten, weißen als auch grünen Gentechnik besitzt sie ein enormes Potential. Wie sich die deutsche Wirtschaft im Einzelnen zu CRISPR/Cas9 positioniert und welche Maßnahmen sie bereits initiiert hat, kann hier nicht umfassend behandelt werden. Deshalb soll beispielhaft die Bayer AG betrachtet werden, die sowohl in der roten als auch grünen Gentechnik in den letzten Jahren einen Schwerpunkt gesetzt hat.

Bayer hat durch den Kauf von Monsanto im Sommer 2019 seine Kompetenz im Bereich der Grünen Gentechnik weiter ausgebaut und setzte sich damit an die Spitze der führenden Konzerne, die auf Grüne Gentechnik fokussiert sind. Auf der Webseite des Konzerns wird die neue Technologie CRISPR/Cas als *„ein rein natürlicher Prozess, der durch ein isoliertes Bakterium hergestellt wurde“*, angesehen. Und weiter

357 vgl. Informationsdienst Gentechnik: Nachricht: Bioökonomie: Strategie mit gentechnischen Zutaten. 17.01.2020, https://www.keine-gentechnik.de/nachricht/33912/, Stand: 20.02.2020.

„[...] werden hier keine artfremden Gene in die Zelle eingebracht. Es ist etwas, das genauso in der Natur passieren könnte.“[358]

Bayer sieht die Vorteile in der Methode vor allem in der Beschleunigung und der Zielgenauigkeit die Nutzpflanze so zu verändern, dass sie beispielsweise resistenter gegen Herbizide ist.[359]

4.9.1 Innovationsprinzip

Am 24. Oktober 2013 unterzeichneten zwölf CEOs multinationaler Unternehmen, darunter auch die Bayer AG einen offenen Brief an EU-Parlamentspräsident Martin Schulz, an den EU-Ratspräsident Hermann van Rompuy und EU-Kommissionspräsident José Manuel Barroso. In dem Brief schlugen sie vor, ein Innovationsprinzip einzuführen, wie bereits unter Punkt 4.1.1.1 erwähnt. Das Innovationsprinzip fand Eingang in den Gesetzentwurf der Bundesregierung zur Änderung des Gentechnikrechts 2015. Da das Gesetz jedoch im Bundestag scheiterte, konnten sich die Befürworter für das Prinzip aus Politik und Wirtschaft nicht durchsetzen. Auf EU-Ebene ist das Innovationsprinzip aber weiterhin im Gespräch. Im Dezember 2019 fand unter der Schirmherrschaft des finnischen Ratspräsidenten eine Konferenz zum Innovationsprinzip statt. Ende 2019 stellte die neue Kommissionspräsidentin Ursula von der Leyen den neuen europäischen Green Deal vor, der zum Ziel hat, das Europa bis 2050 klimaneutral wird.[360] Zunächst war davon die Rede, dass in dem Green Deal Papier auch das Innovationsprinzip aufgenommen würde. In der letzten Fassung war dies aber nicht der Fall. Nun wird nur noch darauf verwiesen, dass Auswirkungen von Rechtstexten auf Innovationen berücksichtigt werden. Weiter heißt es im Hinblick auf neue molekularbiologische

358 Bayer: Politische Grundsätze und Positionen. 12.12.2019, https://www.bayer.de/de/politische-grundsaetze-und-positionen.aspx, Stand: 12.12.2019.

359 vgl. Deutschlandfunk: Biotechnologie: EuGH urteilt über umstrittene Gentechnik-Methode, 24.07.2018, https://www.deutschlandfunk.de/biotechnologie-eugh-urteilt-ueber-umstrittene-gentechnik.724.de.html?dram:article_id=423732, Stand: 12.12.2019.

360 Europäische Kommission: Mitteilung der Kommission. Der europäische Grüne Deal. 11.12.2019, https://eur-lex.europa.eu/legal-content/DE/TXT/HTML/?uri=CELEX:52019DC0640&from=EN, Stand: 20.01.2020.

Techniken: *„Die EU müsse das Potenzial „neuer innovativer Techniken" erwägen, um die Nachhaltigkeit des Nahrungssystems zu verbessern."*[361]

Hier zeigt sich der Versuch von einigen Wirtschaftsunternehmen, ihren Einfluss auf politischer Ebene geltend zu machen. In Bezug auf das Innovationsprinzip konnten sie sich jedoch bisher nicht wirklich durchsetzen.[362] Bayer fordert gleichwohl weiterhin die Anwendung des Innovationsprinzips, um das Vorsorgeprinzip nicht als Alleinstellungsmerkmal gelten zu lassen.

4.9.2 Gentechnikrecht

Um genom-editierte Pflanzen erfolgreich auf den Markt bringen zu können, fordert Bayer eine *„angemessene Gesetzgebung bei Pflanzen"*, die die Pflanzenzüchtung nach dem Endprodukt und nicht nach dem technischen Prozess beurteilt.[363]

Weiterhin fordern sie mehr Transparenz in Gesetzgebungsverfahren. Konkret bedeutet das, dass Regierungsstellen beispielsweise ihre Gesetzesvorschläge offenlegen.[364]

4.9.3 EuGH-Urteil zu CRISPR 2018

Das EuGH-Urteil vom Sommer 2018 spaltete die Wirtschaft. Bayer befürchtete eine Überregulierung der Wirtschaft, so dass die neue Züchtungsmethode CRISPR in Europa gar nicht zum Einsatz kommen

---

361 Wettach, S.: Die Spuren der Lobbyisten in der der EU-Klimapolitik. in: WirtschaftsWoche. 11.12.2019, https://www.wiwo.de/politik/europa/new-green-deal-die-spuren-der-lobbyisten-in-der-eu-klimapolitik/25323462.html, Stand: 30.12.2019.

362 vgl. Wettach, S.: Die Spuren der Lobbyisten in der der EU-Klimapolitik. in: Wirtschaftswoche. 11.12.2019, https://www.wiwo.de/politik/europa/new-green-deal-die-spuren-der-lobbyisten-in-der-eu-klimapolitik/25323462.html, Stand: 30.12.2019.

363 vgl. Bayer: Politische Grundsätze und Positionen. 12.12.2019, https://www.bayer.de/de/politische-grundsaetze-und-positionen.aspx, Stand: 12.12.2019.

364 vgl. Bayer: Politische Grundsätze und Positionen. 12.12.2019, https://www.bayer.de/de/politische-grundsaetze-und-positionen.aspx, Stand: 12.12.2019.

könnte. Weiter betonten sie, dass eine Pflanze, in die keine artfremden Gene eingeführt wurden und diese sowohl durch konventionelle Züchtung als auch natürliche Mutation entstanden sein könnte, dies keine Gentechnik sei. Erneut forderten sie eine Einordnung nach dem Ergebnis und nicht nach dem Erzeugungsprozess.[365]

Auch der Deutsche Bauernverband zeigte sich deutlich verärgert von dem Urteil. Allerdings argumentierte er vor allem vor dem Hintergrund der Herausforderungen des Klimawandels, die trockenheitstolerante Züchtungen mit Hilfe von CRISPR notwendig machen.[366]

Im Gegensatz dazu stand die Positionierung führender Lebensmittelhändler, wie Edeka, Lidl, Rewe und Spar. Sie hatten bereits im Vorfeld gefordert, die neuen Verfahren strikt zu regulieren und sie als gentechnisch veränderte Organismen einzustufen. Sie fürchteten, dass die neue Technik, den von Verbrauchern gewünschten Qualitätsstandard *„Ohne Gentechnik"* nicht mehr gerecht werde und damit ihre Teilhabe am stark wachsenden Bio-Markt einbrechen könnte. Sie forderten daher eine klare Beachtung des Vorsorgeprinzips und der Wahlfreiheit und damit eine Risikobewertung der neuen Verfahren sowie deren Kennzeichnung.[367]

4.9.4 Geburt der genmanipulierten Zwillinge in China 29. November 2018

Über die Geburt der genmanipulierten Zwillinge in China findet sich kein Kommentar der Wirtschaft. Allerdings vertritt Bayer auf seiner Webseite die Position, dass **die menschliche Keimbahn nicht verändert werden darf**, und unterstützt ein diesbezügliches Moratorium

365 vgl. Bayer: Hier sind die Fakten: Landwirtschaft und Ernährung von morgen. September 2018, S. 25, https://www.bayer.de/downloads/broschuere-hier-sind-die-fakten-landwirtschaft-und-ernaehrung-von-morgen.pdfx, Stand: 12.12.2019.

366 vgl. Welt Online: Europäischer Gerichtshof bremst die Biotech-Revolution aus, 25.07.2018, https://www.welt.de/wirtschaft/article179966490/Gentechnologie-EuGH-bremst-neues-Verfahren-Crispr-Cas9.html, Stand: 12.12.2019.

367 vgl. Informationsdienst Gentechnik: Nachricht: Handelskonzerne fordern klare Regulierung der Neuen Gentechnik.11.07.2018, https://www.keine-gentechnik.de/1/nachricht/33290/, Stand: 12.12.2019.

von Wissenschaftlern aus dem Jahr 2015. „*Veränderungen am Erbgut gelten als Grenze, die nicht überschritten werden darf.*“ Somatische Therapieansätze am Menschen halten sie dagegen für ethisch vertretbar.[368]

4.9.5 Stellungnahme des Ethikrats Mai 2019

Ein Kommentar zur Stellungnahme des Ethikrats findet sich nicht auf der Webseite von Bayer. Während der Ethikrat 2018 in seiner Stellungnahme unter bestimmten Umständen eine Intervention der Keimbahn für zulässig hält, nimmt Bayer die Position eines Moratoriums von Wissenschaftlern von 2015 ein. Die Stellungnahme des Ethikrats geht dagegen über die Position von Bayer hinaus, da sie unter bestimmten Umständen die Intervention an der Keimbahn in Zukunft für zulässig halten.

4.9.6 Gesellschaftliche Debatte

Auch Bayer fordert eine gesellschaftliche Debatte zur Genom-Editierung, die die rechtlichen Rahmenbedingungen für das neue Verfahren im Hinblick auf seine Innovationsfähigkeit gestaltet.[369] Interessant ist hierbei, dass Bayer die Innovationsfähigkeit im Zusammenhang mit den rechtlichen Rahmenbedingungen erwähnt. Hier deutet sich indirekt die Forderung der Wirtschaft an, neben dem Vorsorgeprinzip das Innovationsprinzip einzuführen und rechtlich abzusichern.

Bayer folgt in der Debatte um neue molekularbiologische Verfahren, wie CRISPR eine zweigeteilte Positionierung. In Bezug auf die Anwendung von CRISPR in der grünen Gentechnik fordern sie die Politik auf, CRISPR nicht als Gentechnik einzustufen und bemühen sich, ihre Position insbesondere auf EU-Ebene durchzusetzen. Im Bereich der Keimbahnintervention lehnen sie einen Eingriff klar ab. Dies hängt auch mit dem Kauf von Monsanto durch Bayer zusammen. Monsanto

368 Bayer: Politische Grundsätze und Positionen. 12.12.2019, https://www.bayer.de/de/politische-grundsaetze-und-positionen.aspx, Stand: 12.12.2019.

369 ebd.

ist führend in der grünen Gentechnik und der Veränderung von Pflanzen durch CRISPR. Andere Wirtschaftsunternehmen, wie etwa große Supermarktketten plädieren dagegen generell gegen Gentechnik, da der Markt an ökologischen Produkten stark anwächst und in Deutschland Verbraucher generell Gentechnik überwiegend ablehnen. Wie die Wirtschaft ihren Einfluss geltend macht, lässt sich beispielhaft an der Forderung der Einführung eines Innovationsprinzips aufzeigen. Hier wurde und wird auf Bundes- wie EU-Ebene immer wieder versucht, das Innovationsprinzip als gleichwertig einzuführen. Damit könnten neue Techniken generell neu bewertet und als weniger gefährlich eingestuft werden. Dies ist aber bisher noch nicht gelungen.

5 Instrumente und Handlungsebenen und Ihrer Akteure zur Regulierung von CRISPR/CAS9

Die CRISPR-Forschung findet weltweit statt. Eine einheitliche internationale Vorgehensweise gibt es aber nicht. Da dieser Forschungszweig sehr jung ist, decken die bestehenden Gesetze national wie international die Grenzen der neuen Methoden nicht vollständig ab. Das führt zu Grauzonen und Unklarheiten im Umgang mit der neuen Technik. Somit ist zu klären, welche Instrumente für eine Regulierung eingesetzt werden sollten und welche Handlungsebene hierfür geeignet erscheint.

5.1 Nationale Ebene

Auf nationaler Ebene sind in Deutschland die Bundesregierung, das Parlament, der Bundesrat und möglicherweise eine direkte Bürgerbeteiligung zu nennen, die als Entscheidungsträger für eine Regulierung von CRISPR in Frage kommen. Im Folgenden wird untersucht, ob diese Institutionen in der Lage sind, das Thema zu regulieren.

5.1.1 Bundesregierung

Da in Deutschland die Bundesregierung die meisten Gesetze in den Bundestag einbringt, wäre zunächst zur erwarten, dass eine Diskussion sowie die Gesetzesinitiative zu CRISPR/Cas9 von der Bundesregierung käme. Der Versuch, das Gentechnikrecht 2017 neu zu fassen, stammte auch von der Bundesregierung. Hier wurde auch CRISPR/Cas9 einbezogen. Allerdings scheiterte dieser Versuch im Bundestag. Insbesondere die Frage, ob CRISPR/Cas9 überhaupt Gentechnik ist oder nicht, blieb strittig. Ebenso gab es keine einheitliche Regierungsposition dazu, welche Beurteilungskriterien bei neuen molekularbiologischen Verfahren angewendet werden sollten. Bisher gibt es nur das Vorsorgeprinzip als regulierendes Kriterium, das insbesondere zum Schutz zukünftiger Generationen dient. Das Innovationsprinzip als ein eher technik- und wirtschaftsfreundliches Bewertungskriterium einzuführen, ist zwischen SPD (Bundesumweltministerium) und CDU (Landwirtschaftsministerium) umstritten. Die Regierung ist in Bezug auf CRISPR/Cas9 auf nationaler Ebene bisher nicht wirklich bereit, einen Schritt in Richtung einer Änderung des Gentechnikrechts oder Embryonenschutzgesetzes zu tun. Zur Erinnerung: Beide Gesetze sind veraltet. Das Gentechnikrecht bedarf allein schon aufgrund der Entscheidung des EuGHs und der Opt-Out-Richtlinie einer Neufassung. Die Regierung hat bisher keinen neuen Gesetzesvorschlag eingebracht. Dafür unterstützt sie insbesondere die Grundlagen-Forschung zu neuen Techniken mit Forschungsgeldern und setzt auf eine Selbstbeschränkung der Forschung.

Ist die Bundesregierung also in Bezug auf neue molekularbiologische Verfahren schlicht handlungsunfähig? Ja und Nein! Weitgehend „ja“, weil Gentechnik in Deutschland so konfliktbeladen ist, dass sich die Parteien hier schnell politisch verbrennen können. Das Thema wird aber nicht wirklich von SPD und CDU angepackt. Zwar gibt es Einzelbekundungen der Landwirtschaftsministerin Julia Klöckner (CDU), die das EuGH Urteil ablehnt, sowie die Bekundung der Bundesumweltministerin Svenja Schulze (SPD), die wiederum CRISPR gänzlich ablehnt. Daran lässt sich aber noch nicht eine konstruktive Streitkultur ablesen.

Aber es gibt einen Ausweg. Da Forschung nicht allein nationales Thema ist, sondern internationaler Regularien bedarf, kann die Bundesregierung das Thema beispielsweise auf die EU- bzw. internationale Ebene verschieben. Das ist auch geschehen. Die Bundesregierung schlug vor, das Verfahren vor allem auf europäischer Ebene zu regeln. Aber auch hier fand bisher keine wirkliche Regelung statt. Stattdessen schaffte das Gerichtsurteil des EuGHs Fakten, bevor die Politik wirklich den Prozess hätte anstoßen können.

Eine Entscheidung auf nationaler Ebene würde wahrscheinlich nur getroffen werden, wenn auf europäischer Ebene bereits dahingehende Entscheidungen getroffen wurden, die eine rechtliche Anpassung auf nationaler Ebene notwendig machen. Eine weitere Möglichkeit, das Thema zu regeln, wäre eine Initiative des Kanzleramts. Die politische Entscheidungsfindung auf der Bundesebene wird auch als „Präsidentialisierung“ beschrieben. Damit ist gemeint, dass Entscheidungen während großen Krisen vom Kanzleramt ausgehen. Ob Eurokrise, Flüchtlingspolitik oder Corona-Lockdown – das Kanzleramt entscheidet quasi im „Alleingang“.[370] Nun ist die CRISPR-Technik zwar Teil oder Lösung des Pandemieproblems in Form von Schnelltest und Impfstoffen, doch ist sich die Öffentlichkeit dessen nicht bewusst. Dies zeigt auch einmal mehr, dass Gentechnik im medizinischen Bereich über eine große Akzeptanz verfügt, die kaum diskutiert wird. Da davon ausgegangen wird, dass die gentechnischen Impfstoffe nicht in das Erbgut eindringen können, besteht auch keine Notwendigkeit für eine Debatte. Würden Gesetzesänderungen benötigt, um mit Hilfe der CRISPR-Forschung einen dringend benötigten Impfstoff in Deutschland schneller zu entwickeln, gäbe es möglicherweise eine Chance, um eine Deregulierung durch die Bundesregierung herbeizuführen. Die Notwendigkeit besteht aber im Moment nicht, so dass eine Positionierung des Kanzleramts nicht notwendig ist.

Die Analyse der Maßnahmen der Bundesregierung hat gezeigt, dass sie in kleineren Runden und durch verschiedene öffentliche Informationsangebote den gesellschaftlichen Dialog gestärkt hat. Dennoch lässt sich auch hierbei keine klare Positionierung feststellen.

Die Regierung nutzte den Dialog, um ihre Entscheidungskompetenz zu delegieren. Dies geschah nicht innerhalb der Regierung, sondern dem Ethikrat fiel die Aufgabe zu, eine gangbare Position zu definieren, eine Position, die sogar die Möglichkeit bereithält, Keimbahninterventionen am Menschen in Zukunft unter bestimmen Bedingungen für zulässig zu erklären. Der Ethikrat, der als unabhängiges Organ die Regierung nur berät, jedoch nicht entscheidet, wird so zum eigentlichen Wegbereiter neuer ethisch problematischer Technologien. Damit kann sich Politik auf eine moralisch akzeptierte, höhere Instanz berufen, ohne den Diskurs selbst anzuführen. So lässt sich der Weg für neue Verfahren leichter legitimieren.

370 vgl. Schulze, M. 2016, S. 71.

5.1.1.1 Parlament

„Hier schlägt das Herz der Demokratie, oder es schlägt nicht", sagte Norbert Lammert bei seiner Antrittsrede als Parlamentspräsident im Deutschen Bundestag 2005.[371] In Bezug auf CRISPR/Cas9 könnte man sagen, das Herz des Parlaments ist „bradykard". Es schlägt, aber es schlägt sehr langsam und kaum hörbar. Im Bundestag gab es bisher zwei gescheiterte Versuche, das Gentechnikrecht zu modernisieren. Die Anträge der Opposition scheiterten an einer mangelnden Mehrheit. Dennoch besitzt das Parlament zumindest die Möglichkeit, das Thema in die Öffentlichkeit zu tragen. Dafür besitzt es verschiedene Instrumente: Dazu zählen die „Aktuelle Stunde" oder die Einsetzung einer Enquete-Kommission. Ebenso ist es notwendig, die jeweiligen Debatten zu Uhrzeiten auf die Agenda zu heben, die fernsehwirksam verarbeitet werden können. So wurde ein Antrag der FDP zu CRISPR beispielsweise gegen 23:00 Uhr debattiert und damit viel zu spät, um die breite Öffentlichkeit zu erreichen.

Eine „Aktuelle Stunde" gab es zu CRISPR oder neuen Gentechniken aber bisher nicht. Auch wurde keine Enquete-Kommission zu den Lebenswissenschaften eingesetzt (Stand Januar 2020). Laut Geschäftsordnung des Bundestages ist es Aufgabe von Enquete-Kommissionen, Bestandsaufnahmen über Auswirkungen technischer und ökonomischer Entwicklungen sowie rechtlicher und politischer Maßnahmen vorzunehmen, künftige Regelungs- und Entwicklungsmöglichkeiten aufzuzeigen und Empfehlungen für politische Entscheidungen zu erarbeiten.[372] Eine Enquete-Kommission wurde für CRISPR/Cas9 nicht eingesetzt. Natürlich gibt es den Deutschen Ethikrat, dessen 26 Mitglieder zur Hälfte vom Bundestag gewählt werden. Dennoch hätte eine Enquete-Kommission noch eine andere Bedeutung. Das zeigt sich allein schon daran, dass die Stellungnahme des Ethikrats nicht einmal von allen Fraktionen sichtbar kommentiert wurde. Und das ist etwas erstaunlich, zumal der Ethikrat Eingriffe in die Keimbahn unter bestimmten Voraussetzungen für zulässig hält. Und das ist eine wirkliche

371 Deutscher Bundestag: Rede von Bundestagspräsident Dr. Norbert Lammert bei der konstituierenden Sitzung des 16. Deutschen Bundestages. 2005, https://www.bundestag.de/parlament/praesidium/reden/2005/013-245094, Stand: 03.03.2020.

372 vgl. § 56 GOBT.

Verschiebung der Positionen zum Thema. Bisher wurde der Eingriff an der Keimbahn von SPD, CDU, Die Grünen, DIE LINKE und AFD abgelehnt. Einzig die FDP schloss Eingriffe in die Keimbahn nicht aus. Auch hier wäre eine Aktuelle Stunde wünschenswert gewesen, bzw. es stellt sich die Frage, ob nicht doch eine Enquete-Kommission eine größere Aufmerksamkeit erhalten würde als der Ethikrat. Hinzu kommt, dass die Stellungnahmen des Ethikrats zwar durchaus großen Einfluss besitzen, jedoch die Vertreter nicht unmittelbar von der Bevölkerung gewählt wurden. Einer Enquete-Kommission würde damit eine größere Legitimität zukommen. Es bleibt festzuhalten, dass der Bundestag Mittel und Wege für einen breiter angeführten Dialog hätte, diesen aber bisher nicht nutzt.

5.1.2 Bürgerbeteiligung

Da von allen Seiten gefordert wird, einen breiten Dialog über CRISPR zu führen, stellt sich die Frage, wie dies auch umgesetzt werden kann. Die Parteien haben in ihren Grundsatzprogrammen, wie aufgezeigt, verschiedene Ideen zu mehr Bürgerbeteiligung auf nationaler Ebene. Die CSU fordert bei wichtigen Fragen bundesweite Volksentscheide und das trifft auf CRISPR sicherlich zu. Die SPD wünscht sich in Grenzen mehr Bürgerbeteiligung, wird aber nicht konkreter. Die AFD geht einen Schritt weiter und fordert nicht nur Volksbegehren, sondern verlangt eine Nachkontrolle von beschlossenen Gesetzen durch Volksabstimmungen. Dies stellt das parlamentarische System allerdings komplett in Frage und führt es letztlich ad absurdum. Die FDP fordert, ähnlich wie die CSU, Volksbegehren und Volksentscheide und verbindet dies mit einer Wissensgesellschaft, die in der Lage ist, direkt mitzubestimmen. DIE LINKE fordert dagegen die Einführung von Wirtschafts- und Sozialräten, die ebenso mit Verbrauchern wie Kommunen und Gewerkschaften besetzt sind und im Dialog Leitbilder erarbeiten. Zugleich sollen diese Räte gesetzgeberische Initiativen erhalten. Die Grünen setzten wiederum auf eine frühe Bürgerbeteiligung zum Beispiel in Form von Mediation und besseren Klagemöglichkeiten. Da hier nicht alle Vorschläge ausführlich betrachtet werden können, konzentriere ich mich im Rahmen meiner Untersuchungen auf die Frage von Volksentscheiden als Möglichkeit der direkten Beteiligung.

Die Frage ist zunächst einmal, ob sich direkte Demokratiebeteiligung für das Thema als ein gangbarer, wie sinnvoller Weg erweist. Dies lässt sich – vom Ende der Abwägung des „für" und „wider" -nur sehr differenziert betrachten. Es ist unstrittig, dass das Thema CRISPR komplex ist, dazu emotional hoch aufgeladen (Stichwort Gentechnik) und nur ein kleiner Teil der Bevölkerung überhaupt das Vorwissen und die Zeit hat, sich mit dem Thema fundiert auseinanderzusetzen. Weiterhin leiden solche Begehren häufig unter einer geringen Wahlbeteiligung, was ihre Legitimation zu Entscheidungen des Parlaments auf tönerne Füße stellt. Hinzu kommt, dass gerade der Brexit gezeigt hat, dass ein landesweiter Volksentscheid nicht unbedingt die beste Lösung ist, wenn es um Themen geht, die große gesellschaftliche Auswirkungen in sich bergen und zudem stark emotional besetzt sind und damit für rationale Argumente kaum offenstehen. Gleichwohl ist auch zu konstatieren, dass von allen Seiten zu CRISPR ein öffentlicher Dialog gefordert wird. Warum dann nicht nur öffentlich diskutieren, sondern auch direkt darüber abstimmen? Während der Brexit gerne als abschreckendes Beispiel für einen Volksentscheid erwähnt wird, gibt es auch andere Beispiele wie das Volksbegehren in Bayern zur *„Artenvielfalt – rettet die Bienen"*. Initiiert wurde das Volksbegehren von der ÖDP, nachfolgend unterstützt vom Bund Naturschutz in Bayern, dem Landesbund für Vogelschutz und den Grünen. Das Volksbegehren hatte zum Ziel, das bayerische Naturschutzgesetz zu ändern, um die Artenvielfalt besser zu schützen. Nachdem fast 1,8 Millionen Bürger das Begehren mit ihrer Unterschrift unterstützten hatten (das sind fast 18,3% Wahlberechtigte und damit ein Rekord bei der Wahlbeteiligung für eine solches Volksbegehren), nahm es der Bayerische Landtag an und verabschiedete den Gesetzentwurf am 17. Juli 2019.[373] Ein weiteres Beispiel ist das landesweite Referendum in Irland über das Abtreibungsgesetz. Dies eignet sich besonders gut, da es hier um ein ethisch konfliktbeladenes Thema geht und es um

373 vgl. Bayerischer Landtag: Landtag nimmt Artenschutz-Volksbegehren an. 27.07.2019, https://www.bayern.landtag.de/aktuelles/aus-dem-plenum/landtag-nimmt-artenschutz-volksbegehren-an/, Stand: 03.03.2020.

die Rechte von Embryonen und Eltern geht, die auch bei der Nutzung von CRISPR eine wichtige Rolle spielen. Es muss dazu gesagt werden, dass Volkentscheide in Irland zur politischen Routine gehören. In Deutschland hat es bisher keinen nennenswerten Vorstoß gegeben, eine Bürgerbeteiligung auf Bundesebene einzuführen. Irland hatte bis zum Referendum das strikteste Abtreibungsverbot in der EU. Nachdem jedoch der UN-Menschenrechtsausschuss kritisiert hatte, dass das Gesetz gegen die Menschenrechtsvereinbarung verstoße, war Irland dazu aufgefordert worden, das Gesetz neu zu fassen. Eine per Losverfahren eingesetzte Bürgerversammlung (Citizens Assembly) machte dem irischen Parlament den Vorschlag, das Gesetz zu ändern und unter bestimmten Bedingungen Abtreibungen zu erlauben. 99 zufällig ausgewählte Bürger und Bürgerinnen trafen sich unter der Leitung zweier neutraler Moderatoren. Die Bürger und Bürgerinnen bildeten sich ihre Meinung in Anhörungen mit Experten/innen, betroffenen Frauen und Lobbygruppen. Die Anhörungen der Assembly wurden wiederum live übertragen.[374] Die Diskussionen verliefen dabei stark kontrovers. Letztlich entschieden sich jedoch 64% der Teilnehmer für eine Lockerung des Abtreibungsgesetzes. Das Parlament folgte dem Vorschlag und ebnete damit den Weg zum vorgeschriebenen verfassungsändernden Referendum. Der Entscheidung der Assembly folgten wiederum auch die meisten Iren beim Referendum – 66% entschieden sich für eine Gesetzesänderung.[375] Damit wurde mit Hilfe eines deliberativen Verfahrens eine Entscheidung für ein Problem getroffen, das zuvor über Jahre nicht gelöst werden konnte.

Gerade das mehrstufige Bürgerbeteiligungsverfahren in Irland könnte für ein Beteiligungsverfahren um CRISPR als Vorlage dienen. Bei komplexen Themen, wie der Keimbahnintervention aber auch bei Fragen zur Nutzung von „Gene Drives" könnte die Vorschaltung einer Assembly, deren Sitzungen national übertragen werden, zur Versachlichung des Dialogs um die Anwendung der Gentechnik führen. So

374 vgl. Electoral Reform Society: The Irish abortion referendum: How a Citizens' Assembly helped to break years of political deadlock. 29.05.2018, https://www.electoral-reform.org.uk/the-irish-abortion-referendum-how-a-citizens-assembly-helped-to-break-years-of-political-deadlock/, 03.03.2020.

375 vgl. The Irish Times: Referendum result. 25.05.2018, https://www.irishtimes.com/news/politics/abortion-referendum/results, 03.03.2020.

wäre es möglich, Entscheidungen zur Regulierung oder Deregulierung zu treffen.

5.2 Europäische Ebene

Eine erste in Entscheidung im Umgang mit CRISPR gibt es ja bereits auf europäischer Ebene – nämlich das mehrfach erwähnte Urteil des EuGHs von 2018. Damit ist vorerst entschieden, dass CRISPR zur Gentechnik zu zählen ist. Das bedeutet aber kein konzertiertes Handeln der EU und seiner Gremien, noch seiner Bürger, sondern hier zeigt sich ein Steuerungsversagen europäischer Politik. Wohl gemerkt, geht es hier nicht um die Frage, ob das Urteil richtig oder falsch ist, sondern darum, dass Politik unbequeme Entscheidungen so lange vor sich herschiebt, bis darüber Gerichte entscheiden. Im November 2019 forderten die EU-Mitgliedstaaten allerdings die Kommission auf, bis 2021 zu untersuchen, was das Urteil für Konsequenzen hat. Dies ist zumindest ein erster Versuch, das Thema politisch zu gestalten. Nun bleiben der EU zwei Möglichkeiten: Entweder übernimmt sie international die Vorreiterrolle, sich für eine strenge Regulierung der CRISPR-Technik einzusetzen oder aber sie ändert die EU-Freisetzungslinie, die dem Urteil zu Grunde liegt. Mit einer Änderung der Freisetzungslinie könnte erreicht werden, dass CRISPR nicht als Gentechnik verstanden wird und damit den strengen Regularien der Gentechnik nicht untersteht. Einen Schritt in diese Richtung ist die Aussetzung der Umweltverträglichkeitsprüfung und der Zustimmung der Richtlinien 2001/18/EG und 2009/41/EG für klinische Versuche von Impfstoffen für COVID-19, die Gene Editing Methoden nutzen. Damit erleichtert die EU erstmals Forschung im Bereich von Gene Editing. Diese politische Vorgehensweise ist im Bereich neuer gentechnischer Verfahren ein Novum, zumal bisher die Politik eher Wissenschaft und „Pressure-Groups" hinterherlief, als ihnen politisch voranging.

5.3 Internationale Ebene

Anfang des Jahres 2020 hat sich das Europäische Parlament für ein globales Moratorium bezüglich des Verbots Freisetzung von Organismen, die mit Hilfe von „Gene Drives" verändert wurden, ausgesprochen. Allerdings muss das EU-Parlament die Durchsetzung nicht durchführen. Forum für ein solches Moratorium wäre das nächste Treffen zur UN-Biodiversitätskonvention (CBD) im Oktober 2020 wurde wegen der CORONA-Pandemie auf 2021 verschoben. Ein Moratorium erfordert allerdings Einstimmigkeit unter den Teilnehmern. Und hier liegt auch das Problem, wie es sich an der deutschen Haltung zu diesem Thema gut zeigen lässt. Da die Bundesregierung beim Thema CRISPR uneins ist, hat sie sich in der Vergangenheit generell bei Abstimmungen auf internationaler Ebene enthalten.[376] Der Umgang mit der „Neuen Technologie" muss zwar auf internationaler Ebene entschieden werden, jedoch kann dies nur stattfinden, wenn zuvor national eine einheitliche Position zum Thema zustande kommt. Außerdem ist zu bedenken, dass ein Moratorium zum Verbot von „Gene Drives" schon einmal gescheitert ist. Die Verabschiedung eines Moratoriums zum Verbot der Freilassung von Organismen, die mittels „Gene Drive" verändert wurden, scheiterte 2016 an den afrikanischen Staaten. Diese wollten sich die Möglichkeit der Nutzung von „Gene Drives" offenhalten. Durch die „Gene Drive-Methode" könnten beispielsweise Mücken ausgerottet werden, die Malaria übertragen. Unterstützer eines Moratoriums fürchten einen Eingriff ins Ökosystem und sorgen sich, dass nicht abgeschätzt werden kann, welche Auswirkungen die Veränderungen haben. Eine Einigung auf dieser Ebene ist daher wohl eher unwahrscheinlich. Bleibt die Frage der Nutzung von CRISPR am Menschen und der Umgang damit. In Bezug auf die rote Gentechnik haben die Vereinten Nationen das Humangenom zum Erbe der Menschheit erklärt. Das könnte allerdings von vorherein die Nutzung von CRISPR an der Keimbahn stark einschränken, da nicht in das Erbe der Menschheit eingegriffen werden darf. Folglich ist zu fra-

376 vgl. Initiative gentechnikfreie Bodenseeregion: Gene Drives: Europaparlament fordert weltweites Moratorium. 23.01.2020, https://www.gentechnikfreie-bodenseeregion.org/gene-drives-europaparlament-fordert-weltweites-moratorium/, Stand: 20.02.2020.

gen, welche Möglichkeiten der Veränderung es dann überhaupt noch gibt? 2015 sprachen sich die Teilnehmer des internationalen bioethischen Komitees der UNESCO im Rahmen ihres jährlichen Treffens für einen zeitlich begrenzten Stopp der Intervention der Keimbahn beim Menschen aus. Das hatte aber keine direkten Auswirkungen auf die Forschung. Einen Lösungsansatz könnte die WHO bieten. Sie hat eine Arbeitsgruppe gegründet, die versucht, gemeinsame Standards bei einer klinischen Anwendung der Genom-Editierung an der Keimbahn zu entwickeln. Damit geht es hier nicht mehr um ein generelles Verbot, sondern um Regeln, die einzuhalten sind.

Es zeigt sich, dass allein die Forderung nach internationalen Vereinbarungen nur bedingt weiterhilft. Auch ist es nicht zielführend, dass Politik aufgrund der sich widerstreitenden Interessengruppen das Thema vertagt, da sonst einzelne Interessengruppen die Gesetzgebung durch Klagen allein formen und bestimmen. Oder es sind Wissenschaftler, wie in China geschehen, die unkontrolliert Fakten schaffen.

5.3.1 Internationale Forschungsgemeinschaft

Nach den Versuchen an den Embryonen in China schien die internationale Forschungsgemeinschaft zunächst geschockt. Um noch zu retten, was zu retten ist, und um nicht die Kontrolle an Gerichte und die Politik über ihre Forschungsfreiheit zu verlieren, wird von einigen Wissenschaftlern ein Moratorium zu CRISPR gefordert. Die Idee stammt aus den 70er Jahren. 1975 wurden erstmals auf der Konferenz von Asilomar verbindliche Regeln für den Umgang mit Gentechnik verabschiedet. 2015 wurde von Wissenschaftlern der Vorschlag gemacht, ein Moratorium zu den neuen molekulargenetischen Techniken zu verabschieden. Ein Konsens konnte jedoch nicht hergestellt werden. Der erneute Versuch 2019, doch noch ein Moratorium zu verwirklichen, zeigt den Versuch führender Wissenschaftler, zu verhindern, dass der Einfluss auf ihre Forschung durch andere Institutionen dominiert wird. Es wird befürchtet, dass die Forschung an der menschlichen Keimbahn dadurch möglicherweise sehr viel stärker eingeschränkt werden könnte.

18 internationale Experten haben am 13. März 2019 in der Zeitschrift *Nature* einen Aufruf unterzeichnet, in dem sie ein gemeinsames Moratorium zur menschlichen Keimbahnintervention fordern. Dabei geht es nicht um einen Bann genetischer Manipulationen, sondern um einen befristeten Stopp der klinischen Manipulation der Keimbahn von Embryonen. Grundlagenforschung soll weiterhin erlaubt sein – auch an Embryonen. Allerdings sollen diese nicht ausgetragen werden dürfen.

> *"We call for a global moratorium on all clinical uses of human germline editing — that is, changing heritable DNA (in sperm, eggs or embryos) to make genetically modified children." [...] "To be clear, our proposed moratorium does not apply to germline editing for research uses, provided that these studies do not involve the transfer of an embryo to a person's uterus. It also does not apply to genome editing in human somatic (non-reproductive) cells to treat diseases, for which patients can provide informed consent and the DNA modifications are not heritable."*[377]

Der Vorteil eines Moratoriums wäre, dass die einzelnen Länder im Nachhinein klären könnten, ob sie das Moratorium in nationales Recht umsetzen.[378] Da es aber bisher keine Einigung auf ein Moratorium gibt, ist fraglich, ob dies tatsächlich in naher Zukunft verabschiedet wird.

5.3.2 Wirtschafts- und Umweltverbände und Stiftungen

Wirtschafts- und Umweltverbände haben in der Vergangenheit gezeigt, dass sie ihren Einfluss nutzen, um die Regulierungen zu CRISPR in die eine oder andere Richtung zu lenken. Die deutsche Wirtschaft hat sich auf der nationalen, wie europäischen Ebene für ein Innovationsprinzip stark gemacht, das neuen Methoden wie CRISPR mehr Entwicklungsspielraum einräumt. Die *Bill und Melinda Gates Stiftung* setzt sich beispielsweise gegen ein Moratorium für „Gene Drives“ auf internationaler Ebene ein, um Malaria wirksam bekämpfen zu können.

377 Lander, E.; Baylis, F et al: Adopt a moratorium on heritable genome editing. In: Nature.13.03.2019, https://www.nature.com/articles/d41586-019-00726-5, Stand: 12.12.2019.

378 ebd.

Umwelt- bzw. Landwirtschaftsverbände haben auf der anderen Seite durch eine Klage vor dem EuGH einen ersten Teil-Erfolg auf EU-Ebene für eine Einordnung von CRISPR als Gentechnik erzielt. In Deutschland haben Umweltverbände mit dafür gesorgt, dass die Gentechniksicherheitsverordnung überarbeitet wurde. International fordern Umweltverbände schon lange ein Moratorium für „Gene Drives", was nun zumindest auch vom EU-Parlament unterstützt wird. Ist die Handlungsunfähigkeit der Politik vielleicht gar kein Problem, da Lobbygruppen die Regulierung bzw. Deregulierung vorantreiben? Zunächst einmal fördern sie die Aufmerksamkeit für das Thema, was positiv zu bewerten ist. Probleme ergeben sich zum einen daraus, dass die Wirtschafts- und Umweltverbände finanziell sehr unterschiedlich ausgestattet sind, so dass ihr Einfluss nicht gleich verteilt ist. Zum anderen sind sie nicht demokratisch legitimiert. Das führt zu einem Ungleichgewicht in der Einflussnahme. Dieses Ungleichgewicht ist sicherlich auch ein Grund, dass Umweltverbände und Bürgervereine durch Gerichtsurteile ihre Interessen durchsetzen, da hier ihre Chancen der Durchsetzung größer sind. Erhalten jedoch die Verbände über Gerichte Mitentscheidungsbefugnisse, um ihre Sonderinteressen durchzusetzen, schwächt dies die Legitimation der Entscheidung, wie es sich am EuGH-Urteil zeigt. In Deutschland wurde das Urteil zwar zunächst von allen politischen Akteuren begrüßt, kurze Zeit später bezeichnete die deutsche Landwirtschaftsministerin das Urteil als sachlich falsch. Nach wie vor ist unklar, wie das Urteil in den einzelnen EU-Ländern umgesetzt werden wird. Hier zeigt sich, dass Lobbygruppen sich zwar als Vorantreiber von neuen Themen eignen, letztlich aber aufgrund ihrer Sonderinteressen nicht das Gesamtwohl vertreten können und damit nicht dazu in der Lage sind, einen anerkannten Konsens zum Thema zu erreichen.

6 Fazit

Seit der Entdeckung der Gentechnik im Jahr 1973 wird mit Hilfe verschiedenster Methoden das Erbgut von Lebewesen aktiv verändert. Das brauchte jedoch bisher erheblich Zeit und Expertenwissen. Durch CRISPR ist dies nun anders geworden. Zum einen können Versuche nun sehr viel schneller durchgeführt werden, als mit herkömmlichen Methoden und zum anderen können auch Laien die Methode benutzen. Dies ist eine Beschleunigung als auch eine Demokratisierung der Anwendung von Wissenschaft. Hierin liegt zugegebenermaßen ein Potenzial. Wie soll man aber umgehen mit einer Methode, die das Erbgut von Menschen und der Natur nicht rückholbar verändern könnte. Genau an dieser Stelle sind politische Akteure gefragt, die regulieren müssen, was kann und was darf Wissenschaft. Problematisch ist in diesem Zusammenhang, dass die Politik kaum Schritt mit dem Fortschreiten der Wissenschaft hält und deshalb auch nicht erreicht hat, das Thema CRISPR öffentlich zu diskutieren. Warum nicht? Dieser Frage wurde in dieser Studie nachgegangen.

Zunächst konnte aufgezeigt werden, dass sich Regierung, Parlament und Parteien durchaus mit CRISPR beschäftigen und von allen Beteiligten die Notwendigkeit eines öffentlichen Dialogs betont wird. Bevölkerungsumfragen zeigen jedoch, dass die Diskussion über CRISPR vorrangig von Experten geführt wird und in der Bevölkerung weitgehend unbekannt ist.

Als erstes besteht zunächst einmal das altbekannte Sachverständigendilemma mit einer Entwertung demokratischer Entscheidungsstrukturen. Ein derart komplexes, wie umstrittenes Thema wird von den politischen Entscheidungsträgern auf eine moralisch und wissenschaftlich höhere Ebene verschoben. An dessen Ende geben Ethikrat und Gerichte den Takt vor, während Parlament und Regierung sich eher auf bisherige Einstellungen zur Gentechnik zurückziehen.

Ein zweites größeres Problem ergibt sich durch das Regierungsbündnis einer großen Koalition in Deutschland, deren Mitglieder in Bezug auf neue molekularbiologische Verfahren konträre Positionen beziehen. Während die SPD das Verfahren eindeutig als Gentechnik bezeichnet und die damit verbundene Regulierung befürwortet, möchte die CDU die Entwicklungsmöglichkeiten weniger einschränken. Damit ist die Regierung nur eingeschränkt diskussions- noch entscheidungsfähig. Dies wirkt sich sowohl auf die öffentliche Debatte als auch auf die internationale Positionierung und Entscheidungsfähigkeit Deutschlands zum Thema aus. Die Opposition, Bündnis90/Die Grünen, DIE LINKE und die FDP nehmen sich des Themas in stärkerem Masse an und fordern mit den ihnen parlamentarisch zu Verfügung stehenden Mitteln, dass die Regierung sich zum Thema zu positioniert. Da ihnen aber die Mehrheit zur Durchsetzung ihrer Anträge fehlt, schaffen sie nur wenig Aufmerksamkeit für das Thema. So können sie auch nicht entscheidend zu einer Regulierung oder Deregulierung von CRISPR beitragen.

Ein drittes Problem besteht darin, dass mit der Schaffung des deutschen Ethikrats das Parlament nicht mehr Ursprungsdiskussionsort von ethisch umstrittenen Themen ist. Damit verliert CRISPR ein bedeutendes Podium zum öffentlichen Diskurs. Wie der Abschnitt dieser Studie über das Parlament bereits zeigte, gab es zwar zahlreiche Anträge, Große und Kleine Anfragen von den Fraktionen, eine Technikfolgeanalyse des TAB, die das Thema behandelten – nicht aber eine Enquete-Kommission, die CRSIPR dauerhaft auf die parlamentarische Agenda gehoben hätte.

Nun sind die Chancen und Gefahren, die von der neuen Methode ausgehen, natürlich nicht allein auf nationaler Ebene zu lösen. So ist die Verschiebung auf die europäische Ebene nicht nur der Versuch, sich der Sache auf nationaler Ebene zu entziehen, sondern die logische Konsequenz ein Politikfeld regulierbar zu machen, das international abgestimmt werden muss. Das wird auch von allen Seiten gefordert. Sowohl die Bundesregierung als auch der Ethikrat und auch die Forschung fordern seit geraumer Zeit eine internationale einheitliche Vorgehensweise. Bei der Analyse der Lösungsmöglichkeiten auf internationaler Ebene fiel auf, dass das Thema nicht nur international kontrovers diskutiert wird, sondern es zeigte sich auch – mit Blick auf die

Bundesrepublik – dass die Große Koalition aufgrund ihrer Uneinigkeit zum Thema nicht in der Lage war, sich eindeutig zu positionieren. Deutschland enthält sich auf internationaler Ebene bei Fragen zum Thema „Genome Editing".[379] Einzig die WHO hat einen ersten kleinen Schritt gemacht, indem sie eine internationale Registrierung für Forschungsprojekte eingeführt hat. Das ist aber nur der kleinste Nenner für eine künftige Regulierung. So betont der Parlamentarische Staatssekretär bei der Bundesministerin für Bildung und Forschung, Thomas Rachel, selbst während einer Rede:

> *„Die Vorarbeiten auf internationaler Ebene entbinden uns aber nicht von der Pflicht, in Deutschland die Frage zu diskutieren und am Ende zu entscheiden, ob Anwendungen beim Menschen vor dem Hintergrund unserer Werte- und Rechtsordnung, wie sie vor allem durch das Grundgesetz charakterisiert ist, durchgeführt werden sollten."*[380]

Gleichwohl gibt es bisher weder eine sichtbare staatliche noch eine nicht-staatliche Initiative, die die Frage der Regulierung der Keimbahnintervention auf der internationalen Ebene lösen könnte. Das führt die Diskussion zurück zur Forderung, eine öffentliche Debatte zu fördern und damit eine direkte Bürgerbeteiligung zu erwägen. Das würde zwar die Kontroverse auf internationale Ebene nicht lösen, könnte aber zu einer Art Vorbildfunktion zur Lösung von ethisch konfliktbeladenen Themen führen und darüber hinaus die Positionierung der Bundesregierung zum Thema klären helfen.

Bisher versucht die Bundesregierung vor allem in Projekten, wie zum Beispiel das Dialogforum des Bundesministeriums für Landwirtschaft,

---

379 Dass das EU-Parlament aber in Notsituationen entscheidungsfähig sein kann, zeigt die Aussetzung der Umweltverträglichkeitsprüfung und der Zustimmung der Richtlinien 2001/18/EG und 2009/41/EG für klinische Versuche von Impfstoffen für COVID-19, die Gene Editing Methoden nutzen vom Sommer 2020. Unter dem Druck der Pandemie wurden vom europäischen Parlament eine Ausnahmereglungen für den Umgang mit Gene Editing Methoden geschaffen. Besonderer Schönheitsmakel bleibt allerdings, dass die Öffentlichkeit darüber praktisch nichts mitbekommen hat.

380 Bundesministerium für Bildung und Forschung: Rede des Parlamentarischen Staatssekretärs bei der Bundesministerin für Bildung und Forschung, Thomas Rachel, anlässlich der Dialogkonferenz „Genom-Editierung". 19.11.2019, https://www.bmbf.de/de/jeder-forscher-ist-in-seiner-ethischen-verantwortung-gefordert-10221.html, Stand: 12.12.2019.

die Beteiligung der Gesellschaft durch Teilöffentlichkeiten zu erreichen. Aber der Blick auf die Partei- und Wahlprogramme zeigt auch, dass die Forderung nahezu in allen Parteien – ausgenommen- die CDU – besteht, auf Bundesebene direkte Demokratieelemente einzubauen. Gerade in Bereichen wie CRISPR, wo die konträren Positionen der Bundesregierung die Handlungsfähigkeit einschränken, könnte ein Volksentscheid einen Beitrag leisten, Deutschlands Handlungsfähigkeit in der Gentechnik wiederherzustellen. Vieles spricht gegen solche Abstimmungen. Als problematisch erweist sich vor allem, dass Alternativen möglicherweise falsch oder verkürzt dargestellt werden. Dass es auch anders geht, zeigt die Abstimmung zum Abtreibungsvotum in Irland. Dort wurde mit Hilfe eines mehrstufigen öffentlichen Beteiligungsverfahrens in einem ethisch stark umstrittenen Themenfeld eine Entscheidung herbeigeführt. Interessant ist dabei, dass vor der Abstimmung eine Mehrheit der Bevölkerung gegen eine Änderung des Abtreibungsgesetzes war. Das zeigt, dass selbst bei höchst umstrittenen Themen in der Bevölkerung, zu der auch die Gentechnik in Deutschland zählt, durch Information eine Öffnung der Diskussion möglich ist.

Der Deutsche Bundestag hat sich im Juni 2020 dafür entschieden, erste Schritte für eine stärkere Bürgerbeteiligung auf der Bundesebene zu gehen. Das Parlament plant, einen Bürgerrat zu installieren, der per Losverfahren ausgewählt wird. Der Rat soll bis 2021 Empfehlungen für Deutschlands Rolle in der Welt formulieren.[381] Das Modellprojekt des Bundestages könnte langfristig auch ein Forum für ethisch umstrittene Themen, wie CRISPR bieten und Empfehlungen für die nationale wie internationale Positionierung Deutschlands erstellen.

381 Deutscher Bundestag: Bundestag beschließt neue Form der Bürgerbeteiligung: Bürgerrat soll Parlament Bürgergutachten zur Rolle Deutschlands in der Welt vorlegen. 18.06.2020, https://www.bundestag.de/presse/pressemitteilungen/701614-701614, Stand: 23.06.2020.

7 Literaturverzeichnis

7.1 Dokumente Online

AfD

Grundsatzprogramm der Alternative für Deutschland: „Programm für Deutschland". Stuttgart, 30./1.05.2016, https://www.AfD.de/wp-content/uploads/sites/111/2017/01/2016-06-27_AfD-grundsatzprogramm_web-version.pdf, Stand: 12.12.2019.

AfD: Bundestagswahlprogramm. 2017, https://cdn.AfD.tools/wp-content/uploads/sites/111/2017/06/2017-06-01_AfD-Bundestagswahlprogramm_Onlinefassung.pdf, Stand: 12.12.2019.

AfD: Europawahlprogramm. 2019, https://cdn.AfD.tools/wp-content/uploads/sites/111/2019/03/AfD_Europawahlprogramm_A5-hoch_web_150319.pdf, Stand: 12.12.2019.

BAYER

Bayer: Politische Grundsätze und Positionen. 12.12.2019, https://www.bayer.de/de/politische-grundsaetze-und-positionen.aspx, Stand: 12.12.2019.

Bayer: Politische Grundsätze und Positionen. 12.12.2019, https://www.bayer.de/de/politische-grundsaetze-und-positionen.aspx, Stand: 12.12.2019.

Bayer: Hier sind die Fakten: Landwirtschaft und Ernährung von morgen. September 2018, https://www.bayer.de/downloads/broschuere-hier-sind-die-fakten-landwirtschaft-und-ernaehrung-von-morgen.pdfx, Stand: 12.12.2019.

Bayerischer Landtag

Bayerischer Landtag: Landtag nimmt Artenschutz-Volksbegehren an. 27.07.2019, https://www.bayern.landtag.de/aktuelles/aus-dem-plenum/landtag-nimmt-artenschutz-volksbegehren-an/, Stand: 03.03.2020.

Bioökonomierat

Bioökonomierat: Was ist Bioökonomie? 2019, http://biooekonomierat.de/biooekonomie/, Stand: 1212.2019.

Bioökonomierat: Genome Editing: Europa benötigt ein neues Gentechnikrecht. 16.01.2019, http://biooekonomierat.de/fileadmin/Publikationen/berichte/BOE RMEMO_07_final.pdf, Stand: 12.12.201.

BUND

BUND: Jahresbericht 2019. 2019, https://www.bund.net/fileadmin/user_upload_bund/publikationen/bund/bund_jahresbericht_2019.pdf Stand: 12.12.2020.

BUND: Verbändebrief anlässlich des EU-Verbraucherrates am 24. Oktober 2019 Umsetzung der Richtlinie 2001/18 im Hinblick auf neue Gentechnik-Verfahren. 21.10.2019, https://www.bund.net/fileadmin/user_upload_bund/publikationen/landwirtschaft/landwirtschaft_gentechnik_verbaendebrief.pdf, Stand: 12.12.2019.

BÜNDNIS 90/DIE GRÜNEN

Grundsatzprogramm von BÜNDNIS 90/DIE GRÜNEN: „Die Zukunft ist grün.", beschlossen auf der Bundesdelegiertenkonferenz in Berlin vom 15./17. März 2002, https://www.gruene.de/fileadmin/user_upload/Dokumente/Grundsatzprogramm-2002.pdf, Stand: 04.12.2019.

BÜNDNIS 90/DIE GRÜNEN: Bundestagswahlprogramm 2013. 2013, https://cms.gruene.de/uploads/documents/BUENDNIS-90-DIE-GRUENEN-Bundestagswahlprogramm-2013.pdf, Stand: 12.12.2013.

BÜNDNIS 90/DIE GRÜNEN: Bundestagswahlprogramm 2017, 2017, https://cms.gruene.de/uploads/documents/BUENDNIS_90_DIE_GRUENEN_Bundestagswahlprogramm_2017_barrierefrei.pdf, Stand: 12.12.2019.

BÜNDNIS 90/DIE GRÜNEN: Das politische braucht einen Neustart. 09.04.2019, https://www.gruene.de/ueber-uns/2018/das-politische-braucht-einen-neustart.html, Stand: 12.12.2019.)

Renate Künast: Debattenbeitrag. Kein grünes Licht für CRISPR/Cas, 29.06.2019, https://www.gruene.de/artikel/kein-gruenes-licht-fuer-crispr-cas, Stand: 12.12.2019.

BÜNDNIS 90/DIE GRÜNEN: Antworten auf die Wahlprüfsteine der Arbeitsgemeinschaft bäuerliche Landwirtschaft (AbL) anlässlich der Europawahl 2019. 2019, https://www.bund.net/fileadmin/user_upload_bund/publikationen/bund/europawahl/Gruene_Antworten_Gentechnik.pdf, Stand: 12.12.2019.

BÜNDNIS90/DIE GRÜNEN Fraktion

BÜNDNIS 90/DIE GRÜNEN-Bundestagsfraktion: Neue Gentechnikverfahren. Was ist dran am CRISPR-Hype?, 31.10.2018, https://www.gruene-bundestag.de/themen/gentechnik/was-ist-dran-am-crispr-hype, Stand: 03.03.2020.

Bündnis 90/Die Grünen Bundestagsfraktion: Gentechnik, https://www.gruene-bundestag.de/themen/gentechnik, Stand: 12.10.2019.

BÜNDNIS 90/DIE GRÜNEN: Keine Gentechnik auf Äckern und Tellern. 05.2019, https://www.gruene-bundestag.de/fileadmin/media/gruenebundestag_de/publikationen/broschueren_und_flyer/f19-5gentec108x139_web_.pdf, Stand: 03.03.2020.

BÜNDNIS90/DIE GRÜNEN Bundestagsfraktion: Rede von Dr. Anna Christmann. Gentherapie, https://www.gruene-bundestag.de/parlament/bundestagsreden/gentherapie, Stand:12.10.2019.

Büro für Technikfolgenabschätzung

Büro für Technikfolgenabschätzung: Genome Editing am Menschen. 04.12.2019, https://www.tab-beim-bundestag.de/de/untersuchungen/u30900.html, Stand: 07.10.2019.

Bundesamt für Naturschutz

Bundesamt für Naturschutz: Pressemitteilung: Gutachten: Keine ausreichende Kontrolle Neuer Techniken außerhalb des Gentechnikrechts. 15.11.2017, https://www.bfn.de/presse/pressemitteilung.html?no_cache=1&tx_ttnews%5Btt_news%5D=6203&cHash=05c576847c023690a78f4ed301b9ed7f, Stand: 1.10.2019.

Bundesamt für Naturschutz: Zusammenfassung der wesentlichen Ergebnisse des Rechtsgutachtens von Prof. Dr. Dr. Tade M. Spranger. „Umfassende Untersuchung verschiedener europäischer Richtlinien und Verordnungen in Bezug auf ihre Möglichkeiten der Regulierung von Umweltauswirkungen Neuer Techniken neben dem Gentechnikrecht". 27.11.2017, https://www.bfn.de/fileadmin/BfN/recht/Dokumente/NT_Auffangrechte_RGutachten_Zusammenfassung.pdf, Stand: 01.10.2019

Bundesamt für Verbraucherschutz und Lebensmittelsicherheit

Bundesamt für Verbraucherschutz und Lebensmittelsicherheit: Stellungnahme zur gentechnikrechtlichen Einordnung von neuen Pflanzenzüchtungstechniken, insbesondere ODM und CRISPR-Cas9. 28.02.2017, https://www.bvl.bund.de/SharedDocs/Downloads/06_Gentechnik/Stellungnahme_rechtliche_Einordnung_neue_Zuechtungstechniken.pdf;jsessionid=382ED4BEE0B5B0D9DF8CF4E42C1539EE.1_cid360?__blob=publicationFile&v=4, Stand: 28.09.2019.

Bundesministerium für Bildung und Forschung

Bundesministerium für Bildung und Forschung: Rahmenprogramm: Gesundheitsforschung der Bundesregierung. November 2018, https://www.bmbf.de/upload_filestore/pub/Rahmenprogramm_Gesundheitsforschung.pdf, Stand: 04.10.2109.

Bundesministerium für Bildung und Forschung: Forschung fördern. REALiGN-HD – Ethische und rechtliche Konzepte für die Anwendung neuer Techniken einer präzisen Genomeditierung bei hereditären Erkrankungen. 2016, https://www.gesundheitsforschung-bmbf.de/de/realign-hd-ethische-und-rechtliche-konzepte-fur-die-anwendung-neuer-techniken-einer-5441.php, Stand: 04.10.2109.

Bundesministerium für Bildung und Forschung: GEENGOV – Governance biomedizinischer Genom-Editierung. 2016, https://www.gesundheitsforschung-bmbf.de/de/geengov-governance-biomedizinischer-genom-editierung-5472.php, Stand: 05.10.2019.

Bundesministerium für Bildung und Forschung: GenE-TyPE – Eine naturwissenschaftliche, ethische und rechtliche Analyse moderner Verfahren der Genom-Editierung und deren möglicher Anwendungen. 2016, https://www.gesundheitsforschung-bmbf.de/de/gene-type-eine-naturwissenschaftliche-ethische-und-rechtliche-analyse-moderner-verfahren-5475.php, Stand. 05.10.2019.

Bundesministerium für Bildung und Forschung: GenomELECTION – Ethische, rechtliche und kommunikationswissenschaftliche Aspekte im Bereich der molekularen Medizin und Nutzpflanzenzüchtung. 2016, https://www.gesundheitsforschung-bmbf.de/de/genomelection-ethische-rechtliche-und-kommunikationswissenschaftliche-aspekte-im-bereich-5460.php, Stand: 05.10.2019.

Bundesministerium für Bildung und Forschung: BAGE – Ethische Bewertungskompetenz und Alltagsphantasien von Jugendlichen und Studierenden zu den Möglichkeiten der Genom Editierung BAGE. 2016, https://www.gesundheitsforschung-bmbf.de/de/bage-ethische-bewertungskompetenz-und-alltagsphantasien-von-jugendlichen-und-studierenden-5468.php, Stand: 06.10.2019.

Bundesministerium für Bildung und Forschung: Rahmenprogramm: Gesundheitsforschung der Bundesregierung. November 2018, https://www.bmbf.de/upload_filestore/pub/Rahmenprogramm_Gesundheitsforschung.pdf, Stand: 06.10.2019.

Bundesministerium für Bildung und Forschung: Bundesbericht Forschung und Innovation 2018. 2018, https://www.bmbf.de/upload_filestore/pub/Bufi_2018_Hauptband.pdf, Stand: 12.12.2019.

Bundesministerium für Bildung und Forschung: Rede des Parlamentarischen Staatssekretärs bei der Bundesministerin für Bildung und Forschung, Thomas Rachel, anlässlich der Dialogkonferenz „Genom-Editierung". 19.11.2019, https://www.bmbf.de/de/jeder-forscher-ist-in-seiner-ethischen-verantwortung-gefordert-10221.html, Stand: 12.12.2019.

Bundesministerium für Ernährung und Landwirtschaft

Bundesministerium für Ernährung und Landwirtschaft: Fragen und Antworten: Neue molekularbiologische Techniken (NMT). 13. August 2019, https://www.bmel.de/SharedDocs/FAQs/DE/faq-neuezuechtungstechnologien/FAQ-NeueZuechtungstechnologien_List.html#f68602, Stand: 20.09.2019.

Bundesministerium für Ernährung und Landwirtschaft: Fragen und Antworten: Gentechnik in Lebensmitteln. Dürfen in Bundesministerium für Ernährung und Landwirtschaft: Deutschland gentechnisch veränderte Organismen (GVO) angebaut werden?. 06.08.2019, https://www.bmel.de/DE/Landwirtschaft/Pflanzenbau/Gentechnik/_Texte/GentechnikLebensmittelnFragenUndAntworten.html, Stand: 25.09.2019.

Bundesministerium für Ernährung und Landwirtschaft: Das deutsche Gentechnikrecht. 06.08.2019, https://www.bmel.de/DE/Landwirtschaft/Pflanzenbau/Gentechnik/_Texte/Gentechnikrecht.html, Stand: 25.09.2019.

Bundesministerium für Ernährung und Landwirtschaft: 1. Dialogveranstaltung zu den neuen molekularbiologischen Techniken. 24.04.2017, https://www.bmel.de/SharedDocs/Downloads/DE/_Landwirtschaft/Gruene-Gentechnik/erste_Dialogveranstaltung_NMT.pdf?__blob=publicationFile&v=3, Stand: 27.10.2019.

Bundesministerium für Ernährung und Landwirtschaft: Grünbuch Ernährung, Landwirtschaft, Ländliche Räume. 30.12.2016, https://www.bmel.de/SharedDocs/Downloads/DE/Broschueren/Gruenbuch.pdf?__blob=publicationFile&v=2, Stand: 29.09.2019.

Bundesministerium für Ernährung und Landwirtschaft: Kriterien für einen verantwortungsvollen Umgang mit Genome Editing. 2. Dialogveranstaltung zu den neuen molekularbiologischen Techniken. 26.06.2016, https://www.bmel.de/SharedDocs/Downloads/DE/_Landwirtschaft/Gruene-Gentechnik/Dokumentation_2_Dialogveranstaltung_NMT.pdf?__blob=publicationFile&v=3, Stand: 02.10.2019.

Bundesministerium für Ernährung und Landwirtschaft: Wissenschaftlicher Bericht zu den neuen Techniken in der Pflanzenzüchtung und der Tierzucht und ihren Verwendungen im Bereich der Ernährung und Landwirtschaft. 23.02.2018, https://www.bmel.de/SharedDocs/Downloads/DE/_Landwirtschaft/Gruene-Gentechnik/Bericht_Neue_Zuechtungstechniken.pdf?__blob=publicationFile&v=3, Stand: 02.10.2019.

Bundesministerium für Ernährung und Landwirtschaft: Entwurf: Verordnung zur Neuordnung des Rechts über die Sicherheitsstufen und Sicherheitsmaßnahmen bei gentechnischen Arbeiten in gentechnischen Anlagen. 22.06.2018, https://www.bmel.de/SharedDocs/Downloads/DE/Glaeserne-Gesetze/Referentenentwuerfe/GenTSV-E.pdf?__blob=publicationFile&v=2, Stand: 03.10.2019.

Bundesministerium für Ernährung und Landwirtschaft: Grüne Gentechnik, https://www.bmel.de/DE/themen/landwirtschaft/gruene-gentechnik/gruene-gentechnik_node.html, Stand: 03.04.2020.

Bundesministerium für Ernährung und Landwirtschaft: Übersicht über Nutz- und Zierpflanzen, die mittels neuer molekularbiologischer Techniken für die Bereiche Ernährung, Landwirtschaft und Gartenbau erzeugt wurden – marktorientierte Anwendungen. 20.03.2020, https://www.bmel.de/SharedDocs/Downloads/DE/_Landwirtschaft/Gruene-Gentechnik/NMT_Uebersicht-Zier-Nutzpflanzen.pdf?__blob=publicationFile&v=3, Stand: 20.09.2020.

Bundesministerium für Gesundheit

Bundesministerium für Gesundheit: Gendiagnostikgesetz. 12.04.2016 https://www.bundesgesundheitsministerium.de/service/begriffe-von-a-z/g/gendiagnostikgesetz.html, Stand: 24.09.2019.

Bundesministerium für Gesundheit: Gentechnik. 13.11.2015, https://www.bundesgesundheitsministerium.de/service/begriffe-von-a-z/g/gentechnik.html, Stand: 29.09.2019.

Bundesministerium für Umwelt, Naturschutz und nukleare Sicherheit

Bundesministerium für Umwelt, Naturschutz und nukleare Sicherheit: Antwortschreiben. Offener Brief vom 4. Juli 2018 2018. Gefahren von „Gene Drive"-Organismen. 24.09.2018, https://www.testbiotech.org/sites/default/files/Antwort%20BMU_Gene%20Drive_2018%20%281%29.pdf, Stand: 04.10.2019.

Bundesministerium für Wirtschaft und Energie

Bundesministerium für Wirtschaft und Energie: Stärkung von Investitionen in Deutschlands. Bericht der Expertenkommission im Auftrag des Bundesministers für Wirtschaft und Energie, Sigmar Gabriel. April 2015, https://www.bmwi.de/Redaktion/DE/Downloads/I/investitionskongress-report-gesamtbericht-deutsch-barrierefrei.pdf?__blob=publicationFile&v=1, Stand: 1.10.2019.

Bundesinstitut für Risikobewertung

Bundesinstitut für Risikobewertung: BfR Verbrauchermonitor 2019. 2019, https://www.bfr.bund.de/cm/350/bfr-verbrauchermonitor-08-2019.pdf, Stand: 27.10.2019.

Bundesinstitut für Risikobewertung: BfR Verbrauchermonitor 2018. August 2018, https://www.bfr.bund.de/cm/350/bfr-verbrauchermonitor-08-2018.pdf, Stand: 27.10.2019

Bundesinstitut für Risikobewertung: BfR Verbrauchermonitor 2017. August2017, https://www.bfr.bund.de/cm/350/bfr-verbrauchermonitor-08-2017.pdf, Stand: 27.10.2019.

Bundesinstitut für Risikobewertung: Die häufigsten Fragen (FAQ) zur BfR-Verbraucherkonferenz Genome Editing. 15.07.2019, https://www.bfr.bund.de/cm/343/die-haeufigsten-fragen-zur-bfr-verbraucherkonferenz-genome-editing-2019-07-15.pdf, Stand: 06.10.2019.

Bundesrat/BR-Drucksachen/BR-Protokolle

Bundesrat: Das Jahr im Bundesrat 2019, https://www.bundesrat.de/SharedDocs/texte/19/20190110-ausblick-2019.html, Stand: 12.12.2019.

BR-Plenarprotokoll 978, 07.06.2019, https://www.bundesrat.de/SharedDocs/downloads/DE/plenarprotokolle/2019/Plenarprotokoll-978.pdf?__blob=publicationFile&v=2, Stand: 03.10.2019.

BR-Drucks. 317/15, https://www.bundesrat.de/SharedDocs/drucksachen/2015/0301-0400/317-15(B).pdf?__blob=publicationFile&v=1, Stand: 23.02.2019.

BR-Drucks, 137/19, https://www.bundesrat.de/SharedDocs/drucksachen/2019/0101-0200/137-19(B).pdf;jsessionid=9D6C8D2C9C9942A10A9CCA76B58D6235.1_cid365?__blob=publicationFile&v=1, Stand: 24.02.2019.

BR-Drucks. 650/16, https://www.bundesrat.de/SharedDocs/TO/952/erl/31.pdf?__blob=publicationFile&v=1, Stand: 0710.2019.

Bundestag-Drucksachen

BT-Drucks. 18/176, http://dip21.bundestag.de/dip21/btp/18/18176.pdf, Stand: 08.10.2109.

BT-Drucks. 18/196, http://dipbt.bundestag.de/dip21/btp/18/18196.pdf#P.19509, Stand: 08.10.2019.

BT-Drucks. 18/198, https://www.bundestag.de/resource/blob/479556/06ce24c1b05a70f29ec80cb4103e25d5/18198-data.txt, Stand: 12.10.2019.

BT-Drucks. 18/207, http://dip21.bundestag.de/dip21/btp/18/18207.pdf, Stand: 08.10.2019.

BT-Drucks. 18/224, http://dip21.bundestag.de/dip21/btp/18/18224.pdf, Stand: 12.10.2019.

BT-Drucks. 18/225, http://dipbt.bundestag.de/dip21/btp/18/18225.pdf, Stand: 08.10.2019.

BT-Ausschuss-Drucks. 18/404, https://www.bundestag.de/resource/blob/532588/aab69563c1cc8ffa6801c1cb085a82fd/18_wahlperiode-data.pdf, Stand: 07.10.2019.

BT-Drucks. 18/6204, http://dip21.bundestag.de/dip21/btd/18/062/1806204.pdf, Stand: 07.10.2019.

BT-Drucks. 18/6707, http://dip21.bundestag.de/dip21/btd/18/067/1806707.pdf, Stand: 12.10.2019.

BT-Drucks. 18/7216, http://dip21.bundestag.de/dip21/btd/18/072/1807216.pdf, Stand: 07.10.2019.

BT-Drucks. 18/8698, http://dipbt.bundestag.de/dip21/btd/18/086/1808698.pdf, Stand: 08.10.2019.

BT-Drucks. 18/10028, http://dipbt.bundestag.de/doc/btd/18/100/1810028.pdf, Stand: 12.10.2019.

BT-Drucks. 18/10138, http://dip21.bundestag.de/dip21/btd/18/101/1810138.pdf, Stand: 07.10.2019.

BT-Drucks. 18/10201, http://dipbt.bundestag.de/dip21/btd/18/102/1810201.pdf, Stand: 12.10.2019.

BT-Drucks. 18/10301, http://dipbt.bundestag.de/dip21/btd/18/103/1810301.pdf, Stand: 29.09.2019.

BT-Drucks. 18/10309, http://dipbt.bundestag.de/doc/btd/18/103/1810309.pdf; Stand: 07.10.2109;

BT-Drucks. 18/10459, http://dip21.bundestag.de/dip21/btd/18/104/1810459.pdf, Stand: 29.09.2019.

BT-Drucks. 18/10583, http://dip21.bundestag.de/dip21/btd/18/105/1810583.pdf, Stand. 03.10.2019.

BT-Drucks. 18/11947, https://dip21.bundestag.de/dip21/btd/18/119/1811947.pdf, Stand: 12.10.2019.

BT-Drucks. 19/14, http://dip21.bundestag.de/dip21/btd/19/000/1900014.pdf, Stand: 07.10.2019.

BT-Drucks. 19/67, https://dipbt.bundestag.de/doc/btp/19/19067.pdf, Stand: 07.10.2019.

BT-Drucks. 19/68, https://dipbt.bundestag.de/dip21/btp/19/19068.pdf, Stand: 11.10.2109.

BT-Drucks. 19/97, http://dip21.bundestag.de/dip21/btp/19/19097.pdf, Stand:13.10.2019.

BT-Drucks. 19/120, http://dip21.bundestag.de/dip21/btd/19/001/1900120.pdf, Stand: 12.10.2019.

BT-Drucks. 19/135, http://dip21.bundestag.de/dip21/btp/19/19135.pdf, Stand: 11.10.2019.

BT-Drucks. 19/3456, http://dip21.bundestag.de/dip21/btd/19/034/1903456.pdf, Stand: 07.10.2019

BT-Drucks. 19/3384, http://dip21.bundestag.de/dip21/btd/19/033/1903384.pdf, Stand: 12.10.2019.

BT-Drucks. 19/4130, http://dip21.bundestag.de/dip21/btd/19/041/1904130.pdf, Stand: 12.10.2019.

BT-Drucks. 19/5815, http://dip21.bundestag.de/dip21/btd/19/058/1905815.pdf, Stand: 12.10.2019.

BT-Drucks. 19/5996, http://dip21.bundestag.de/dip21/btd/19/059/1905996.pdf, Stand: 07.10.2019.

BT-Drucks. 19/6253, http://dip21.bundestag.de/dip21/btd/19/062/1906253.pdf, Stand: 13.10.2019.

BT-Drucks. 19/7250, https://dip21.bundestag.de/dip21/btd/19/072/1907250.pdf, Stand: 03.03.2020.

BT-Drucks. 19/7926, http://dip21.bundestag.de/dip21/btd/19/079/1907926.pdf, Stand: 05.10.2019.

BT-Drucks.19/9224, http://dip21.bundestag.de/dip21/btd/19/092/1909224.pdf, Stand: 07.10.2019

BT-Drucks. 19/9270, http://dip21.bundestag.de/dip21/btd/19/092/1909270.pdf, Stand: 07.10.2019.

BT-Drucks. 19/9952, http://dip21.bundestag.de/dip21/btd/19/099/1909952.pdf, Stand: 07.10.2019.

BT-Drucks. 19/10166, http://dipbt.bundestag.de/dip21/btd/19/101/1910166.pdf, Stand: 13.10.2019.

BT-Drucks. 19/11138, http://dip21.bundestag.de/dip21/btd/19/111/1911138.pdf, Stand: 13.10.2019.

BT-Drucks. 19/11179, http://dip21.bundestag.de/dip21/btd/19/111/1911179.pdf, Stand: 10.10.2019.

BT-Drucks. 19/11950, http://dipbt.bundestag.de/dip21/btd/19/119/1911950.pdf, Stand: 06.10.2019.

BT-Drucks. 19/12765, http://dip21.bundestag.de/dip21/btd/19/127/1912765.pdf, Stand: 14.10,2019.

BT-Drucks. 19/ 13072, http://dip21.bundestag.de/dip21/btd/19/130/1913072.pdf, Stand: 02.02.2020.BT-Drucks. 19/15947, http://dipbt.bundestag.de/dip21/btd/19/159/1915974.pdf, Stand: 10.02.2020.

BT-Drucks. 19/16565, http://dip21.bundestag.de/dip21/btd/19/165/1916565.pdf, Stand: 10.02.2020.

BT-Drucks. 19/16576, http://dip21.bundestag.de/dip21/btd/19/165/1916576.pdf, Stand. 10.10.2019.

BT-Drucks. 19/247834, http://dipbt.bundestag.de/extrakt/ba/WP19/2478/247834.html, Stand. 02.02.2020.

Bund/Länder-Arbeitsgemeinschaft

Bund/Länder-Arbeitsgemeinschaft: Tätigkeitsbericht der Bund/Länder-Arbeitsgemeinschaft Gentechnik (LAG). 21.02.1018, https://www.lag-gentechnik.de/documents/taetigkeitsbericht_2016-2017_1538744162.pdf, Stand. 06.10.2019.

CDU/CSU

Grundsatzprogramm der CDU, „Freiheit und Sicherheit. Grundsätze für Deutschland.“, beschlossen vom 21. Parteitag Hannover, 3./4.12.2007, https://www.cdu.de/system/tdf/media/dokumente/071203-beschluss-grundsatzprogramm-6-navigierbar_1.pdf?file=1&type=field_collection_item&id=1918, Stand: 04.12.2018.

Beschluss des Bundesfachausschusses Bildung, Forschung und Innovation der CDU Deutschlands, „Leitbild für eine zukunftsfähige Hochschul- und Forschungslandschaft in Deutschland“. 2017, https://www.cdu.de/system/tdf/media/dokumente/170116-bfa-bildung-hochschule-forschung.pdf?file=1&utm_source=Newsletter&utm_medium=email&utm_content=&utm_campaign=email-campaign, Stand: 04.12.2019.

Antworten der CDU und CSU auf Fragen von Testbiotech e.V..31.07.2017, https://www.testbiotech.org/sites/default/files/CDU_CSU%20Antwort%20auf%20Forderungen%20von%20Testbiotech.pdf, Stand: 05.12.2018.

31. Parteitag der CDU Deutschlands: Beschluss: Leitfragen zum neuen Grundsatzprogramm der CDU. 7./8.12. 2018, https://www.cdu-suedbrookmerland.de/image/surftip/181208beschlussleitfragengrundsatzprogramm.pdf, Stand: 03.03.2020.

Antworten der CDU und CSU auf die Fragen der Arbeitsgemeinschaft bäuerliche Landwirtschaft (AbL) zur Wahl zum Europäischen Parlament 2019. 10.04.2019, https://www.bund.net/fileadmin/user_upload_bund/publikationen/bund/europawahl/CDU-CSU_Antworten_Gentechnik.pdf, Stand. 05.12.2019.

CSU. Grundsatzprogramm. 2016, http://csu-grundsatzprogramm.de/grundsatzprogramm-gesamt/, Stand: 06.12.2019.

CSU: Bayernplan. 2017, https://www.csu.de/common/download/Beschluss_Bayernplan.pdf, Stand: 06.12.2019.

Convention on Biological Diversity

Convention on Biological Diversity: Text of the Cartagena Protocol on Biosafety. 16.07.2013, http://bch.cbd.int/protocol/text/, Stand: 24.09.2019.

CRISPR Whisper

CRISPR Whisper: Herausforderung an die Gesellschaft. 14.09.2019, https://crispr-whisper.de/2019/05/14/herausforderung-an-die-gesellschaft/, Stand: 12.12.2019.

Deutscher Bundestag

Deutscher Bundestag: Parlament. Instrumente der Kontrolle. 2019, https://www.bundestag.de/parlament/aufgaben/regierungskontrolle_neu/kontrolle/instru-255462, Stand: 07.10.2019.

Deutscher Bundestag: Dokumentations- und Informationssystem. Basisinformationen über den Vorgang: …Gesetz zur Änderung des Gentechnikgesetzes. 2017, http://dipbt.bundestag.de/dip21.web/bt?rp=http://dipbt.bundestag.de/dip21.web/searchProcedures/simple_search.do?nummer=19/14%26method=Suchen%26wahlperiode=%26herausgeber=BT, Stand: 08.10.2019.

Deutscher Bundestag: Wissenschaftliche Dienste. Ausarbeitung zur Anwendung von Gentechnik in der Medizin. Rote Gentechnik. 01.12.2017, https://www.bundestag.de/resource/blob/536704/8690b532fa7ae8054c51ca2a56422a62/WD-8-040-17-pdf-data.pdf, Stand. 13.12.2019.

Deutscher Bundestag: Bundestag beschließt neue Form der Bürgerbeteiligung: Bürgerrat soll Parlament Bürgergutachten zur Rolle Deutschlands in der Welt vorlegen. 18.06.2020, https://www.bundestag.de/presse/pressemitteilungen/701614-701614, Stand: 23.06.2020.

Deutscher Bundestag: Rede von Bundestagspräsident Dr. Norbert Lammert bei der konstituierenden Sitzung des 16. Deutschen Bundestages. 2005, https://www.bundestag.de/parlament/praesidium/reden/2005/013-245094, Stand: 03.03.2020.

Deutscher Ethikrat

Deutscher Ethikrat: Ad-Hoc Empfehlung: Keimbahneingriffe am menschlichen Embryo: Deutscher Ethikrat fordert globalen politischen Diskurs und internationale Regulierung. 29.09. 2017, https://www.ethikrat.org/fileadmin/Publikationen/Ad-hoc-Empfehlungen/deutsch/empfehlung-keimbahneingriffe-am-menschlichen-embryo.pdf, Stand: 12.12.2019.

Deutscher Ethikrat: Pressemitteilung: Anwendung von Keimbahneingriffen derzeit ethisch nicht vertretbar. 26.11.2018, https://www.ethikrat.org/mitteilungen/2018/anwendung-von-keimbahneingriffen-derzeit-ethisch-nicht-vertretbar/, Stand: 12.12.2019.

Deutscher Ethikrat: Stellungnahme: Eingriffe in die menschliche Keimbahn. 09.05.2019, S. 30, file:///C:/Users/lbr/Downloads/stellungnahme-eingriffe-in-die-menschliche-keimbahn%20(1).pdf, Stand: 12.12.2019.

Die Debatte

Die Debatte: Grüne Gentechnik und CRISPR/Cas – Was sagt eigentlich die Politik?. 27.10.2017, https://www.die-debatte.org/genchirurgie-politik/, Stand: 05.12.2019.

Deutsche Forschungsgemeinschaft

Deutsche Forschungsgemeinschaft: Stellungnahme genomeditierte Pflanzen. 2019, https://www.dfg.de/download/pdf/dfg_im_profil/reden_stellungnahmen/2019/191204_stellungnahme_genomeditierte_pflanzen.pdf, Stand: 12.12.2019.

Electoral Reform Society

Electoral Reform Society: The Irish abortion referendum: How a Citizens' Assembly helped to break years of political deadlock. 29.05.2018, https://www.electoral-reform.org.uk/the-irish-abortion-referendum-how-a-citizens-assembly-helped-to-break-years-of-political-deadlock/, 03.03.2020.

Europäische Union

https://eur-lex.europa.eu/legal-content/DE/TXT/PDF/?uri=CELEX:32020R1043&from=EN, Stand: 20.02.2021.

Europäische Kommission: Mitteilung der Kommission. Der europäische Grüne Deal. 11.12.2019, https://eur-lex.europa.eu/legal-content/DE/TXT/HTML/?uri=CELEX:52019DC0640&from=EN, Stand: 20.01.2020

Bill Gates

Gates, B.: What I learned at work this year. 2018, http://www.gatesnotes.com/About-Bill-Gates/Year-in-Review-2018, Stand: 29.12.2018.

Gentechnik-Sicherheitsverordnung

Gentechnik-Sicherheitsverordnung – GenTSV, https://www.gesetze-im-internet.de/gentsv/BJNR023400990.html, Stand. 03.10.2019.

Gerichtshof der Europäischen Union

Gerichtshof der Europäischen Union: Urteil des Gerichtshofs (Große Kammer). 25.07.2018, https://eur-lex.europa.eu/legal-content/DE/TXT/PDF/?uri=CELEX:62016CJ0528&from=DE, Stand: 27.10.2019.

Gerichtshof der Europäischen Union: Pressemitteilung: Durch Mutagenese gewonnene Organismen sind genetisch veränderte Organismen (GVO) und unterliegen grundsätzlich den in der GVO-Richtlinie vorgesehenen Verpflichtungen. 25.07.2018, https://curia.europa.eu/jcms/upload/docs/application/pdf/2018-07/cp180111de.pdf, Stand: 26.09.2019.

Greenpeace

Greenpeace: Fragen und Antworten. 21.01.2020, https://www.greenpeace.de/themen/ueber-uns/fragen-antworten-zu-greenpeace, Stand: 03.03.2020.

Informationsdienst Gentechnik

Informationsdienst Gentechnik: Nachricht: CRISPR als Teil der Synthetischen Biologie.28.01.2016, https://www.keine-gentechnik.de/nachricht/31600/, Stand: 12.12.2019.

Informationsdienst Gentechnik: Nachricht: Streit bei Dialogveranstaltung zu neuen molekularbiologischen Techniken, 05.05.2017, https://www.keine-gentechnik.de/1/nachricht/32562/, Stand: 12.12.2019.

Informationsdienst Gentechnik: Nachricht: Gesetzentwurf zum Anbauverbot von Gentech-Pflanzen ist gescheitert, 20.05.2017, https://www.keine-gentechnik.de/nachricht/32588/, Stand: 12.12.2019.

Informationsdienst Gentechnik: Nachricht: Dialog zum Genome Editing: „Wo sind die Toten?", 28.06.2017, https://www.keine-gentechnik.de/1/nachricht/32647/, Stand: 12.12.2019.

Informationsdienst Gentechnik: Nachricht: SPD will Bundesratsentwurf für Gentechnikgesetz beschließen. 01.11.2017,https://www.keine-gentechnik.de/1/nachricht/32826/, Stand: 12.12.2019.

Informationsdienst Gentechnik: Nachricht: Deutsche Fachbehörden legen Bericht zu Genome Editing vor. 11.12.2017,https://www.keine-gentechnik.de/nachricht/32888/, Stand: 12.12.2019.

Informationsdienst Gentechnik: Nachricht: Große Koalition für Vorsicht bei CRISPR-Cas. 07.02.2018, https://www.keine-gentechnik.de/nachricht/32996/, Stand: 12.12.2019.

Informationsdienst Gentechnik: Nachricht: Bundesregierung investiert Millionen in Genome Editing. 11.03.2019, https://www.keine-gentechnik.de/nachricht/33612/, Stand: 12.12.2019.

Informationsdienst Gentechnik: Nachricht: Europawahl: Parteien antworten auf Fragen zur Gentechnik. 24.05.2019, https://www.keine-gentechnik.de/1/nachricht/33701/, Stand: 12.12.2019.

Informationsdienst Gentechnik: Nachricht: Bundesrat will mehr Sicherheit für Gene Drives. 11.06.2019, https://www.keine-gentechnik.de/1/nachricht/33712/, Stand: 12.12.2019.

Informationsdienst Gentechnik: Nachricht: Fast 150 Anmeldungen für Bürgerkonferenz zur „Biotechnik". 29.07.2019, https://www.keine-gentechnik.de/nachricht/33756/, Stand. 12.12.2019.

Informationsdienst Gentechnik: Nachricht: Neue Gentechnik: Will EU-Kommission Regeln aufweichen?. 02.12.2019, https://www.keine-gentechnik.de/nachricht/33877/, Stand: 12.12.2019.

Informationsdienst Gentechnik: Nachricht: Bioökonomie: Strategie mit gentechnischen Zutaten. 17.01.2020, https://www.keine-gentechnik.de/nachricht/33912/, Stand: 20.02.2020.

Informationsdienst Gentechnik: Nachricht: Handelskonzerne fordern klare Regulierung der Neuen Gentechnik.11.07.2018, https://www.keine-gentechnik.de/1/nachricht/33290/, Stand: 12.12.2019.

Initiative gentechnikfreie Bodenseeregion

Initiative gentechnikfreie Bodenseeregion: Gene Drives: Europaparlament fordert weltweites Moratorium. 23.01.2020, https://www.gentechnikfreie-bodenseeregion.org/gene-drives-europaparlament-fordert-weltweites-moratorium/, Stand: 20.02.2020.

Leopoldina

Leopoldina: Ethische und rechtliche Beurteilung des Genome Editing in der Forschung an humanen Zellen, März 2017, https://www.leopoldina.org/uploads/tx_leopublication/2017_Diskussionspapier_GenomeEditing.pdf, Stand: 13.12.2019.

DIE LINKE

Programm der Partei DIE LINKE.2011, https://www.die-linke.de/fileadmin/download/grundsatzdokumente/programm_formate/programm_der_partei_die_linke_erfurt2011.pdf, Stand: 19.09. 2019.

DIE LINKE: Wahlprogramm 2017. 2017, https://www.die-linke.de/fileadmin/download/wahlen2017/wahlprogramm2017/die_linke_wahlprogramm_2017.pdf, Stand: 12.12.2019.

DIE LINKE: Antworten zur Gentechnik. 2019, https://www.bund.net/fileadmin/user_upload_bund/publikationen/bund/europawahl/Linke_Antworten_Gentechnik.pdf, 12.12.2019.

DIE LINKE- Fraktion

DIE LINKE im Bundestag: Gentechnik in der Landwirtschaft, https://www.linksfraktion.de/themen/a-z/detailansicht/gentechnik-in-der-landwirtschaft/, Stand: 13.10.2019.

DIE LINKE im Bundestag: Synthetische Biologie: Chancen und Risiken ethisch abwägen! Rede von Ralph Lenkert. 09.06.2016, https://www.linksfraktion.de/nc/parlament/reden/detail/synthetische-biologie-chancen-und-risiken-ethisch-abwaegen/, Stand: 13.10.2019.

DIE LINKE im Bundestag: Gentechnik – Segen und Fluch zugleich. Rede von Ralph Lenkert. 23. 03.2017, https://www.linksfraktion.de/nc/parlament/reden/detail/ralph-lenkert-gentechnik-segen-und-fluch-zugleich/, Stand: 14.10.2019.

FDP

FDP: Grundsatzprogramm, Karlsruhe, 12.04.2012, https://www.fdp.de/sites/default/files/uploads/2016/01/28/karlsruherfreiheitsthesen.pdf, Stand: 12.12.2019.

FDP. Bundestagswahlprogramm. 2017, https://www.fdp.de/sites/default/files/uploads/2017/08/07/20170807-wahlprogramm-wp-2017-v16.pdf, Stand: 12.12.2019.

FDP: Chancen ergreifen, Wandel gestalten – für ein Deutschland der Innovation. Beschluss des 69. Ord. Bundesparteitags der FDP, Berlin, 12./13.05.2018, https://www.fdp.de/sites/default/files/uploads/2018/05/17/2018-05-13-bpt-chancen-ergreifen-wandel-gestalten-fuer-ein-deutschland-der-innovation.pdf, Stand: 12.12.2019.

FDP: Europas Chancen nutzen. Das Programm der Freien Demokraten zur Europawahl 2019. 2019https://www.fdp.de/sites/default/files/uploads/2019/04/30/fdp-europa-wahlprogramm-a5.pdf, Stand: 12.12.2019.

Max-Planck-Gesellschaft

Max-Planck-Gesellschaft: CRISPR-Cas 9. Eine Schere aus Enzym und RNA, https://www.mpg.de/11018867/crispr-cas9, Stand: 28.10.2019.

Max-Planck-Gesellschaft: Regulating genome edited organisms as GMOs has negative consequences for agriculture, society and economy. 2018, https://www.mpg.de/13748566/position-paper-crispr.pdf, Stand: 27.10.2019.

Max-Planck-Gesellschaft: Optogenetik: Die molekularen Grundlagen und Anwendungen. 2020, https://www.mpg.de/optogenetik-grundlagen-anwendung, Stand: 12.08.2020.

Max-Planck-Gesellschaft: Synthetische Biologie – Leben aus dem Baukasten?, https://www.mpg.de/themenportal/synthetische-biologie, Stand: 20.8.2020.

MTA Dialog

MTA Dialog: Hat Genschere CRISPR-Cas9 auch Nebenwirkungen?. 20.05.2020, https://www.mta-dialog.de/artikel/hat-genschere-crispr-cas9-auch-nebenwirkungen.html, Stand: 20.08.2020.

Nabu

NABU: Jahresbericht 2019. 2019, https://www.nabu.de/imperia/md/content/nabude/nabu/200820-nabu-jahresbericht-2019.pdf, Stand: 03.03.2021.

Nabu: Vorsorgeprinzip und Innovationsprinzip. Ergebnisse einer Kurzstudie im Auftrag des NABU. 12.10.2017, https://www.nabu.de/imperia/md/content/nabude/umweltpolitik/171017-nabu_vorsorgeprinzip__praesentation_gleich_petschow.pdf, Stand: 12.12.2019.

Nuffield Council

Nuffield Council on Bioethics: Genome editing and human reproduction: social and ethical issues short guide. 2016, S. 8, https://www.nuffieldbioethics.org/assets/pdfs/Genome-editing-and-human-reproduction-short-guide.pdf, Stand: 12.12.2019.

Offene Briefe verschiedener Organisationen

Offener Brief zum Entwurf eines Vierten Gesetzes zur Änderung des Gentechnikgesetzes. 14.10.2016, http://db.zs-intern.de/uploads/1476715247-Offener%20Brief%20zum%20Gesetzentwurf%20Gentechnik.pdf, Stand: 24.02.2019.

Offener Brief an Bundesminister für Ernährung und Landwirtschaft Herrn Christian Schmidt zur Dialogveranstaltung zu den „neuen molekularbiologischen Techniken"/Bewertungen des BVL bzw. der ZKBS zu Pflanzen, die mit neuen gentechnischen Verfahren verändert wurden, https://www.testbiotech.org/sites/default/files/Verbändebrief%20BMEL%20molekularbiologische%20Techniken_0.pdf, Stand: 12.12.2019.

Open Letter to José Manuel Barroso, Herman Van Rompuy, Martin Schulz: The Innovation Principle: "Stimulating Economic Recovery". 24.09.2013, https://corporateeurope.org/sites/default/files/corporation_letter_on_innovation_principle.pdf, Stand: 29.09.2019.

Pflanzenforschung

Pflanzenforschung: Cas9, https://www.pflanzenforschung.de/de/pflanzenwissen/lexikon-a-z/cas9-10143, Stand: 20.03.2020.

SPD

Grundsatzprogramm der SPD, „Hamburger Programm", beschlossen auf dem Hamburger Bundesparteitag am 28.10.2007, https://www.spd.de/fileadmin/Dokumente/Beschluesse/Grundsatzprogramme/hamburger_programm.pdf, Stand: 04.12. 2019.

SPD-Regierungsprogramm: Zeit für mehr Gerechtigkeit. 2017, https://www.spd.de/fileadmin/Dokumente/Regierungsprogramm/SPD_Regierungsprogramm_BTW_2017_A5_RZ_WEB.pdf, Stand: 12.10.2019.

SPD: Kommt zusammen und macht Europa stark! Wahlprogramm für die Europawahl. 26. 05.2019, https://www.spd.de/fileadmin/Dokumente/Europa_ist_die_Antwort/SPD_Europaprogramm_2019.pdf, 12.12.2019.

SPD-Fraktion

SPD-Fraktion: Pressemitteilung: CDU/CSU verweigert praktikable Regelung für Gentechnik-Anbauverbote. 18.05.2017, https://www.spdfraktion.de/presse/pressemitteilungen/cducsu-verweigert-praktikable-regelung-gentechnik-anbauverbote, Stand: 01.10.2019.

Statista

Statitsta: Mitgliederzahlen der politischen Parteien in Deutschland am 31. Dezember 2019. 31.12.2019, https://de.statista.com/statistik/daten/studie/1339/umfrage/mitgliederzahlen-der-politischen-parteien-deutschlands/, Stand: 03.03.2020.

TAB beim Bundestag

Endbericht zum TA-Projekt: Synthetische Biologie – die nächste Stufe der Bio- und Gentechnologie. 2015, S. 129f., https://www.tab-beim-bundestag.de/de/pdf/publikationen/berichte/TAB-Arbeitsbericht-ab164.pdf, Stand: 12.12.2019.

Testbiotech

Testbiotech: Antwort: Elvira Drobinski-Weiß (SPD, MdB). 2017, https://www.testbiotech.org/gentechnik-grenzen/reaktionen/antwort_dobrinski-wei%C3%9F, Stand: 10.10.2019.

Universität Bielefeld

Universität Bielefeld: Molekularbiologie, https://www.uni-bielefeld.de/fakultaeten/biologie/studium/studiengaenge/bachelor/molekularbiologie/, Stand: 20.03.2020.

Wissenschaftsforum der Sozialdemokratie

Wissenschaftsforum der Sozialdemokratie: Geburt von genmanipulierten Babys: Grenzüberschreitung in China. 27.11.2018, https://forscher.de/category/meldungen/page/3/, Stand: 11.10.2019.

TA-Swiss

TA-Swiss: Genome Editing – Interdisziplinäre Technikfolgenabschätzung. Band 70. 2019, https://vdf.ch/genome-editing-interdisziplinare-technikfolgenabschat zung.html, Stand: 01.02.2020.

Testbiotech

Testbiotech: Gentechnik gefährdet unsere Lebensgrundlagen Eine Streitschrift zu zehn Jahren Testbiotech. Dezember 2019, https://www.testbiotech.org/sites/default/files/Gentechnik_gefaehrdet_unsere_Lebensgrundlagen.pdf, Stand: 20.02.2020.

VLOG

VLOG: Streit um Gentechnik-Gesetz geht weiter. 06.12.2016, https://www.ohne gentechnik.org/aktuelles/nachrichten/2016/dezember/streit-um-gentechnik-ge setz-geht-weiter/, Stand: 12.12.2019.

Zellux

Zellux: Somatische Gentherapie, https://zellux.net/m.php?sid=264#:~:text=Somati sche%20Gentherapie%20bezeichnet%20Methoden%2C%20die,bedingter%20Er krankungen%20zum%20Ziel%20haben, 20.09.2020.

7.2 Pressemitteilungen

Abercron v., M.: Zum heutigen Urteil des EUGH in Bezug zur sog. "Genschere" CRISPR/Cas. 25.07.2018,https://www.von-abercron.de/lokal_1_1_53_CRISPR -Cas.html, Stand: 08.10.2019.

AFD-Fraktion: Gehrke: Genetik kann Türen öffnen aber auch Diskriminierung fördern. 25.04.2019, https://www.AfDbundestag.de/gehrke-genetik-kann-tuere n-oeffnen-aber-auch-diskriminierung-foerdern/, Stand: 11.10.2019.

AFD-Fraktion: Protschka: Politische Rahmenbedingungen für Rapsanbau verbessern!.18.11.2019, https://www.AfDbundestag.de/protschka-politische-rahmen bedingungen-fuer-rapsanbau-verbessern/, Stand: 12.12.2019.

Brandenburg, M.: Pressemeldung: Aussitzen der Diskussion nicht mehr möglich. 09.05.2019, https://mbrandenburg.abgeordnete.fdpbt.de/meldung/Eingriffe-in -die-menschliche-Keimbahn, Stand: 13.10.2019.

Bund: Pressemitteilung: Wahlfreiheit und Vorsorge sichern: 21 Verbände fordern mit Resolution die Regulierung und Kennzeichnung neuer Gentechniken. 03.07.2018, https://www.bund.net/service/presse/pressemitteilungen/detail/news/wahlfreiheit-und-vorsorge-sichern-21-verbaende-fordern-mit-resolution-die-regulierung-und-kennzeichn/, Stand: 12.12.2019.

CDU/CSU-Fraktion: Pressemitteilung: Die Würde des Menschen ist Grundlage jeder Forschung. 28.11.2018,https://www.cducsu.de/presse/pressemitteilungen/die-wuerde-des-menschen-ist-grundlage-jeder-forschung, Stand: 10.10.2019.

Ensser: Einseitige Angriffe und eine voreingenommene Berichterstattung zum EuGH Urteil über neue Gentechnikmethoden entlarven ein anmaßendes und unaufgeklärtes Wissenschafts- Demokratie- und Rechtsverständnis. 06.09.2019, https://ensser.org/publications/publications_2018/einseitige-angriffe-und-eine-voreingenommene-berichterstattung-zum-eugh-urteil-uber-neue-gentechnikmethoden-entlarven-ein-anmassendes-und-unaufgeklartes-wissenschafts-demokratie-und-rechtsverstandni/, Stand: 12.12.2019.

DIE LINKE im Bundestag: Pressemitteilung von Petra Sitte: Keimbahn-Therapie nicht ausreichend erforscht. 09.05.2019, https://www.linksfraktion.de/presse/pressemitteilungen/detail/keimbahn-therapie-nicht-ausreichend-erforscht/, Stand: 14.10.2019.

FDP-Fraktion: Pressemitteilung: Brandenburg: Mit dem Gentechnik-Urteil entgehen Deutschland und Europa Chancen. 25.7.2018, https://www.fdpbt.de/pressemitteilung/112394, Stand: 12.10.2019.

Presse- und Informationsamt Bundesregierung: Europäischer Gerichtshof urteilt: Strenge Vorgaben für Gentechnik-Verfahren.25.07.2018,https://www.bundesregierung.de/breg-de/aktuelles/strenge-vorgaben-fuer-gentechnik-verfahren-1517256, Stand: 02.10.2019.

Science Media Center: CRISPR-Cas9 kann mutierte Erbanlage in menschlichen Embryonen korrigieren. 02.08.2017, https://www.sciencemediacenter.de/alle-angebote/research-in-context/details/news/crispr-cas9-kann-mutierte-erbanlage-in-menschlichen-embryonen-korrigieren/, Stand: 13.12.2019.

SPD-Fraktion: Pressemitteilung: SPD-Bundestagsfraktion begrüßt EuGH-Urteil zur modernen Gentechnik. 25.07.2018, https://www.spdfraktion.de/presse/pressemitteilungen/spd-bundestagsfraktion-begruesst-eugh-urteil-modernen-gentechnik, Stand: 10.10.2019.

SPD-Fraktion: Pressemitteilung: Klöckner muss Anbau von gentechnisch veränderten Pflanzen untersagen. 26.9.2018, https://www.spdfraktion.de/presse/statements/kloeckner-muss-anbau-gentechnisch-veraenderten-pflanzen-deutschland-grundsaetzlich, Stand: 10.10.2019.

SPD-Fraktion: Pressemitteilung: Deutscher Ethikrat für Moratorium bei Keimbahneingriffen am Menschen. 19.05.2019, https://www.spdfraktion.de/presse/pressemitteilungen/deutscher-ethikrat-moratorium-keimbahneingriffen-menschen, Stand: 11.10.2019.

Tackmann, K.: EuGH bestätigt kritische Position der LINKEN zu so genannten „neuen Züchtungsmethoden". 25.7.2018, https://kirstentackmann.de/eugh-bestaetigt-kritische-position-der-linken-zu-so-genannten-neuen-zuechtungsmethoden/, Stand: 14.10.2019.

Universität Kassel: Pressemitteilung: Neuer Blog macht aktuelle Forschung zu CRISPR-Cas anschaulich. 29.11.2018, https://www.uni-kassel.de/uni/aktuelles/meldung/post/detail/News/neuer-blog-macht-aktuelle-forschung-zu-crispr-cas-anschaulich/, Stand: 12.12.2019.

7.3 Zeitschriften

Brouns, S; Oost, J. et al.: Small CRISPR RNAs Guide Antiviral Defense in Prokaryotes. In: Science Vol. 321, Issue 5891. 2008, S. 960–964.

Doudna, J. A.; Charpentier, E. et al.: A Programmable Dual-RNA–Guided DNA Endonuclease in Adaptive Bacterial Immunity. In: Science Vol. 337, Isssue 6096. 2012, S. 816–821.

Lander, E.; Baylis, F et al: Adopt a moratorium on heritable genome editing. In: Nature.13.03.2019, https://www.nature.com/articles/d41586-019-00726-5 , Stand: 12.12.2019.

Nature: UN treaty agrees to limit gene drives but rejects a moratorium. 29.11.2018, https://www.nature.com/articles/d41586-018-07600-w, Stand: 04.10.2019.

7.4 Literatur allgemein

BBAW: Dritter Gentechnologiebericht 2015. Baden-Baden: Nomos, 2015.

Hardt, Annika: Technikfolgenabschätzung des CRISPR/Cas-System: Über die Anwendung in der menschlichen Keimbahn. Berlin: De Gruyter, 2019.

Habermas, Jürgen: Strukturwandel der Öffentlichkeit. Frankfurt am Main: Suhrkamp, 1962.

Habermas, Jürgen: Die Zukunft der menschlichen Natur. Auf dem Weg zu einer liberalen Eugenik? Frankfurt am Main: Suhrkamp, 2001

Houillon C.: Sexualität. Wiesbaden: Vieweg+Teubner Verlag, 1969

Schubert, Klaus/Bandelow, Nils: Lehrbuch der Politikfeldanalyse. München: Oldenbourg, 2003.

7.5 Medien

Brüning, A.: Vorreiter Europa, Genforschung Crispr: Genforscher können Designer-Babys erschaffen, in: Berliner Zeitung. 08.04.2015, https://www.berliner-zeitung.de/zukunft-technologie/genforschung-crispr-genforscher-koennen-designer-babys-erschaffen-li.48418, Stand: 03.03.2020.

Deutschlandfunk: EuGH urteilt über umstrittene Gentechnik-Methode. 24.07.2018, https://www.deutschlandfunk.de/biotechnologie-eugh-urteilt-ueber-umstrittene-gentechnik.724.de.html?dram:article_id=423732, Stand: 02.10.2019.

Reuters: Klöckner will gegen Einschränkungen neuer Gentechnik angehen. 05.09.2018, https://de.reuters.com/article/deutschland-agrar-gentechnik-idDEKCN1LL240, Stand: 03.10.2019.

Deutschlandfunk: Biotechnologie: EuGH urteilt über umstrittene Gentechnik-Methode, 24.07.2018, https://www.deutschlandfunk.de/biotechnologie-eugh-urteilt-ueber-umstrittene-gentechnik.724.de.html?dram:article_id=423732, Stand: 12.12.2019.

Der Spiegel: Gentechnik: Streit um Sicherheit. Juni 2019, https://www.saveourseeds.org/fileadmin/pics/SOS/genedrives/Spiegel-Artikel_GenTSV_zugeschnitten.jpg, Stand: 03.10.2019.

FAZ: Politiker zu Crispr-Zwillingen: Und sagten kein einziges Wort. 04.12.2018, https://www.faz.net/aktuell/feuilleton/debatten/warum-schweigt-der-bundestag-zu-den-crispr-babys-15922791.html, Stand: 06.10.2019.

FAZ: Interview mit Robert Habeck. 18.07.2018, https://www.faz.net/aktuell/wirtschaft/im-gespraech-robert-habeck-bundesvorsitzender-der-gruenen-15695935.html, Stand: 12.12.2019.

Grefe, C.: Mehr "Murks" denn "guter Kompromiss", in: Die Zeit Online. 03.11.2016, https://www.zeit.de/wissen/2016-11/gentechnik-gesetz-eu-bund-laender-christian-schmidt-anbauverbote, Stand: 12.12.2019.

Grossarth, J.: Vorreiter Europa, in: FAZ Online. 25.07.2018, https://www.faz.net/aktuell/wirtschaft/mehr-wirtschaft/eugh-urteilt-zu-gentechniken-wie-crispr-cas-15708217.html, Stand: 12.12.2019.

Handelsblatt: SPD erklärt Gesetz zum Anbauverbot für gescheitert. 16.05.2017, https://www.handelsblatt.com/politik/deutschland/genmais-in-deutschland-spd-erklaert-gesetz-zum-anbauverbot-fuer-gescheitert/19823312.html, Stand: 07.10.2019.

Ökotest: Urteil des EuGH zu Gentechnik.26.07.2018, https://www.oekotest.de/freizeit-technik/Urteil-des-EuGH-zu-Gentechnik-EU-Richter-definieren-neue-Zuchtmethode-als-Gentechnik_600652_1.html, Stand: 12.12.2019.

Randow, G: Baby nach Wunsch, in: ZEIT Online, 28.11.2018, https://www.zeit.de/2018/49/gentechnik-genveraenderte-babys-crispr-china-ethik-forschung-moratorium, Stand: 12.12.2019.

Hahn, Thomas: Hamburg sagt Tschüss zur Kohle. In: Süddeutsche Zeitung. 18.6.2019, S. 12.

Süddeutsche Online: Die gute Seite der Gentechnik, 24.03.2017, https://www.sueddeutsche.de/wissen/samstagsessay-an-die-gruene-substanz-1.3434739, Stand: 12.12.2019.

Süddeutsche Online: EuGH Urteil: Die Angst vor der Gentechnik hat gewonnen. 25.7.2018, https://www.sueddeutsche.de/wissen/eugh-urteil-die-angst-vor-der-gentechnik-hat-gewonnen-1.4068777, Stand: 12.12.2019.

Schadwinkel, A. Genveränderte Babys: Diese Zäsur darf nicht das Ende von Crispr sein, in: Die Zeit Online, 27.11.2018, https://www.zeit.de/wissen/2018-11/genveraenderte-babys-crispr-gentechnik-china-ethik-forschung, Stand: 12.12.2019.

Tagesspiegel Online: 130 Forscher fordern Änderung des Gentechnikgesetzes. 26.11.2018, https://www.tagesspiegel.de/wissen/streit-um-die-gen-schere-crispr-130-forscher-fordern-aenderung-des-gentechnikgesetzes/23678852.html, Stand.12.12.2019, Stand: 13.12.2019.

Tagesspiegel Online: Forscher He Jiankui ist "stolz" auf seine Gen-Experimente an Babys. 28.11.2018, https://www.tagesspiegel.de/wissen/genschere-crispr-forscher-he-jiankui-ist-stolz-auf-seine-gen-experimente-an-babys/23691372.html, Stand: 13.12.2019.

The Irish Times: Referendum result. 25.05.2018, https://www.irishtimes.com/news/politics/abortion-referendum/results, 03.03.2020.

T-Online: Weiteres Baby mit manipulierten Genen in China erwartet. 28.11.2018, https://www.t-online.de/nachrichten/wissen/id_84858794/crispr-cas9-weiteres-baby-mit-manipulierten-genen-in-china-erwartet.html, Stand: 12.12.2019.

Welt Online: Europäischer Gerichtshof bremst die Biotech-Revolution aus, 25.07.2018, https://www.welt.de/wirtschaft/article179966490/Gentechnologie-EuGH-bremst-neues-Verfahren-Crispr-Cas9.html, Stand: 12.12.2019.

Wettach, S.: Die Spuren der Lobbyisten in der der EU-Klimapolitik. in: Wirtschaftswoche. 11.12.2019, https://www.wiwo.de/politik/europa/new-green-deal-die-spuren-der-lobbyisten-in-der-eu-klimapolitik/25323462.html, Stand: 30.12.2019.

ZDF: Debatte um Genschere – Schweigen im Regierungsviertel. 18.01.2019, https://www.zdf.de/nachrichten/heute/heescher-politik-und-genschere-100.html, Stand: 06.10.2109.

Zeit: Dieses Urteil wird CRISPR nicht aufhalten. 26.07.2018, https://www.zeit.de/wissen/gesundheit/2018-07/emmanuelle-charpentier-crispr-genschere-gentechnik-eugh-urteil-genetik/seite-2, Stand: 27.10.2019.

ZEIT Online: Interview mit Emmanuelle Charpentier: Dieses Urteil. Wird CRISPR nicht aufhalten. 26.07.2018, https://www.zeit.de/wissen/gesundheit/2018-07/emmanuelle-charpentier-crispr-genschere-gentechnik-eugh-urteil-genetik/seite-2, Stand. 12.12.2019.

Zeitfracht Medien GmbH
Ferdinand-Jühlke-Straße 7
99095 Erfurt, Deutschland
produktsicherheit@kolibri360.de